LE BACCALAURÉAT ÈS SCIENCES

RÉSUMÉ DES CONNAISSANCES EXIGÉES PAR LE PROGRAMME OFFICIEL

PAR UNE RÉUNION DE PROFESSEURS

PRÉCIS

DE

COSMOGRAPHIE

PAR

A. TISSOT

PROFESSEUR DE MATHÉMATIQUES AU LYCÉE SAINT-LOUIS

RÉPÉTITEUR A L'ÉCOLE POLYTECHNIQUE

DEUXIÈME ÉDITION

Rédigée conformément aux nouveaux Programmes

PARIS

VICTOR MASSON ET FILS

PLACE DE L'ÉCOLE-DE-MÉDECINE

PRÉCIS

DE

COSMOGRAPHIE

DU MÊME AUTEUR

PRÉCIS DE GÉOMÉTRIE DESCRIPTIVE, 2ᵉ édition conforme aux programmes pour le baccalauréat ès sciences. 1 vol. in-18 avec figures dans le texte. 1 fr. Cartonné. . . . . 1 fr. 15

LEÇONS D'ARITHMÉTIQUE, à l'usage des classes de troisième et de mathématiques élémentaires. Première année. 1 volume petit in-8. . . . . . . 2 fr. 80

PARIS. — IMP. SIMON RAÇON ET COMP., RUE D'ERFURTH, 1.

LE BACCALAUREAT ÈS SCIENCES

RÉSUMÉ DES CONNAISSANCES EXIGÉES PAR LE PROGRAMME OFFICIEL

PAR UNE RÉUNION DE PROFESSEURS

PRÉCIS

DE

COSMOGRAPHIE

PAR

A. TISSOT

PROFESSEUR DE MATHÉMATIQUES AU LYCÉE SAINT-LOUIS

RÉPÉTITEUR A L'ÉCOLE POLYTECHNIQUE

DEUXIÈME ÉDITION

Rédigée conformément aux nouveaux Programmes

PARIS

VICTOR MASSON ET FILS

PLACE DE L'ÉCOLE-DE-MÉDECINE

1869

PRÉCIS

DE

COSMOGRAPHIE

LIVRE PREMIER

DU MOUVEMENT DIURNE, ET DES ÉTOILES CONSIDÉRÉES COMME POINTS
DE REPÈRE.

—

CHAPITRE PREMIER

Mouvement diurne apparent des étoiles. — Sphère céleste verticale ; axe du monde.
— Jour sidéral. — Mouvement de rotation réel de la Terre.

1. Mouvement diurne apparent des étoiles. — La *Terre*
est isolée dans l'espace, et a une forme peu différente de celle d'une
sphère ; de plus, elle est animée d'un mouvement de rotation uniforme
autour d'un de ses diamètres. Aucun phénomène ne vient nous révéler ce
mouvement, tant que nous nous bornons à considérer des objets fixés à
la surface de notre globe, parce qu'ils y participent comme nous ; mais,
pour en constater les effets, il suffit d'observer, pendant la nuit, un des
points lumineux qui se montrent alors dans le ciel, et auxquels on a donné
le nom d'*étoiles ;* si l'on compare à l'œil nu, de demi-heure en demi-
heure par exemple, la direction dans laquelle on voit ce point avec celle
d'un objet terrestre, on ne tarde pas à remarquer que l'angle formé par
les deux directions varie d'une manière continue ; ou bien encore, si l'on
dirige une lunette sur l'étoile, et que l'on maintienne l'instrument
immobile, on voit cette étoile traverser assez rapidement le champ de la
lunette.

Les déplacements ainsi mis en évidence sont des déplacements relatifs,
et pourraient s'expliquer par un mouvement de l'astre comme par la
rotation de la terre ; nous donnerons plus tard les raisons qui doivent
faire rejeter la première explication, mais il faut remarquer qu'elle est

Tissot, Cosm.   1 entièrement conforme aux apparences; l'observateur n'a pas conscience du mouvement qui lui est commun avec la lunette ou avec l'objet terrestre dont il s'est servi comme point de repère; dès lors, s'il s'en rapporte uniquement au témoignage de ses sens, il croira que c'est l'étoile qui a changé de position.

Imaginons deux droites perpendiculaires à l'axe de rotation de notre globe, et partant, l'une de l'étoile, l'autre de l'œil de l'observateur; la première restera fixe, et la seconde, au bout d'un certain temps, aura décrit un angle déterminé; mais il est évident que leurs positions relatives seront alors les mêmes que si, la seconde droite ne s'étant pas déplacée, la première avait tourné en sens contraire, et autour du même axe, d'un angle égal à celui dont a réellement tourné la seconde. Donc, par suite du mouvement de rotation uniforme de la Terre, toutes les étoiles doivent sembler décrire, avec une même vitesse angulaire constante, des circonférences ayant leurs centres sur une même droite. On verra bientôt que ces lois sont en effet celles du *mouvement diurne apparent*.

2. Sphère céleste. — La voûte surbaissée que nous croyons apercevoir au-dessus de nos têtes, et à laquelle les astres semblent fixés, n'est que le résultat d'une illusion dont la cause se trouve dans les propriétés optiques de l'air qui nous environne; en réalité, rien ne relie les étoiles entre elles, et elles sont situées à des distances de la Terre bien différentes les unes des autres. Cependant, on a souvent recours, en astro-

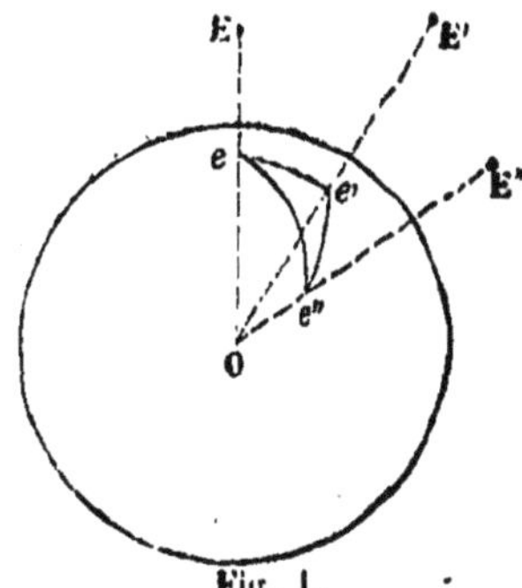

Fig. 1.

nomie, à la considération d'une sphère idéale (*fig.* 1), au centre O, de laquelle l'observateur serait placé, et que l'on désigne sous le nom de *sphère céleste*. Lorsqu'il s'agit de directions, et non de distances, on substitue, par la pensée, aux positions réelles des astres, E, E', E'', etc., leurs perspectives, *e*, *e'*, *e''*, etc., sur la surface de la sphère ainsi définie; les *distances angulaires* de ces astres, c'est-à-dire les angles que font entre eux les rayons visuels OE, OE', OE'', etc., sont alors mesurées par les arcs de grand cercle compris entre les points *e*, *e'*, *e''*, etc.; et l'angle trièdre OEE'E'', que déterminent trois des rayons visuels, se trouve remplacé par le triangle sphérique *ce'e''*, que forment les arcs de grand cercle *ee'*, *ee''*, *e'e''*.

Si les dimensions de notre globe n'étaient pas insensibles relativement aux distances qui le séparent des étoiles, les déplacements que subit l'observateur, par suite du mouvement de rotation diurne, feraient varier les distances angulaires de ces astres dans le cours d'une même nuit. On trouve, au contraire, les mêmes valeurs pour ces distances angulaires, quel que soit le moment où on les mesure, et quel que soit le lieu de l'observation. Par conséquent, lorsqu'il s'agit des étoiles, on doit considérer tous les points de la surface de la Terre comme se confondant avec la station de l'observateur, au centre de la sphère céleste [1]; chaque station se distinguera encore de toute autre par sa verticale.

3. Verticale; zénith et nadir; verticaux. — La *verticale*, ZZ' (*fig.* 2), d'un lieu terrestre est la direction du fil à plomb en ce lieu : elle perce la sphère céleste en deux points qu'on nomme *zénith* et *nadir*. Le grand cercle NHS perpendiculaire à la verticale est *l'horizon rationnel;* le zénith, Z, se trouve au-dessus de l'horizon, et le nadir, Z', au-dessous. Tous les grands cercles, comme ZMZ', qui contiennent la verticale, sont des *verticaux*.

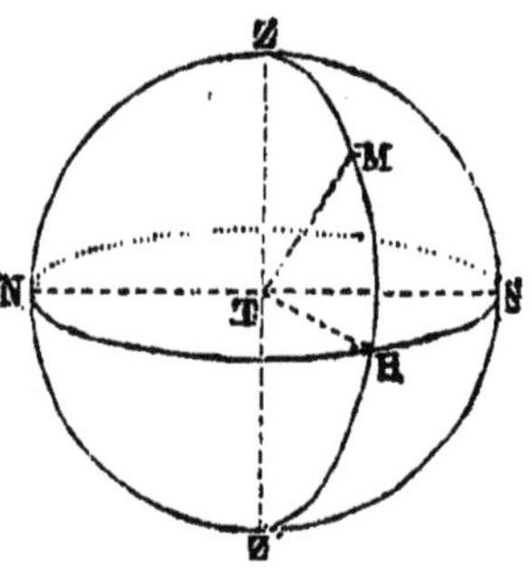

Fig. 2.

DISTANCES ZÉNITHALES, HAUTEURS. — On nomme *distance zénithale* d'un point M (*fig.* 2) de la sphère l'arc de grand cercle ZM compris entre ce point et le zénith; cet arc mesure l'angle ZTM de la verticale avec le rayon visuel TM. L'arc MH qui est complémentaire du premier, et qui mesure l'angle MTH du rayon visuel avec l'horizon, est la *hauteur* du point M. Lorsque ce point se trouve au-dessous de l'horizon, sa distance zénithale est plus grande que 90°, et sa hauteur est négative.

4. THÉODOLITE. — Un même instrument, qui porte le nom de *théodolite*, est employé ordinairement à la mesure des angles formés par des verticaux et à celle des distances zénithales. Il se compose essentiellement de deux limbes divisés (*fig.* 3), l'un HH horizontal, l'autre VV vertical, d'une alidade aa mobile sur le premier autour de son centre o, d'une alidade mobile autour du centre c du second, enfin d'une lunette ll faisant corps avec la seconde alidade. Le limbe VV peut tourner sur lui-même autour de l'axe horizontal ch, et, celui-ci, autour de la verticale $ov;$ l'appareil est disposé de manière que le dernier mouvement produise nécessairement celui de l'alidade aa

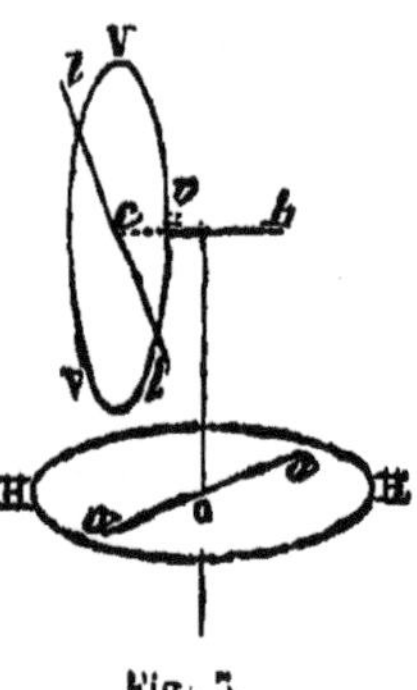

Fig. 3.

[1] A la distance de l'étoile la plus rapprochée, le rayon de la Terre serait vu sous un angle plus petit qu'un millième de millimètre à 5 kilomètres.

sur le cercle HH. L'instrument est d'ailleurs muni de trois vis de pression, dont chacune permet d'arrêter, quand on le juge à propos, l'un
des mouvements de rotation.

5. MESURE DE L'ANGLE DE DEUX VERTICAUX. — Pour obtenir l'angle des
verticaux de deux points, on vise successivement ces deux points avec la
lunette, et l'on note chaque fois le trait de la graduation du limbe
horizontal qui correspond à l'extrémité de l'alidade *aa* (*fig.* 3); l'arc compris entre ces deux traits mesure l'angle cherché. Soient O (*fig.* 4)
la position de l'observateur, OZ la verticale, A et B les deux points

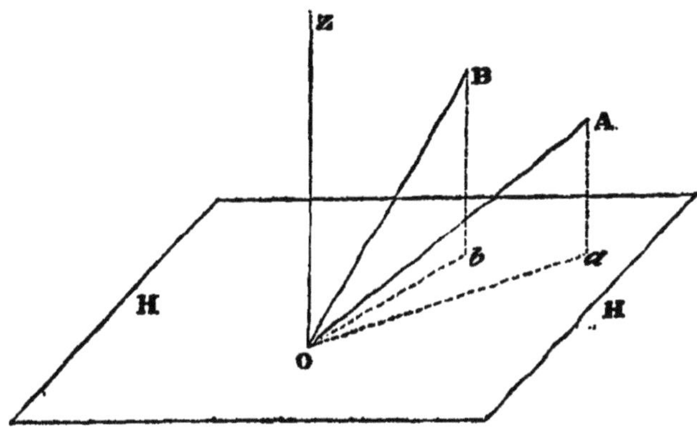

Fig. 4.

donnés, *a* et *b* leurs projections sur l'horizon HH. L'angle que l'on
détermine par la méthode précédente est *aob*, qui mesure le dièdre des
verticaux ZOA, ZOB, et que l'on dit être l'angle AOB *réduit à l'horizon*.
Lorsque l'on vise successivement les deux points A et B avec la lunette du
théodolite, le limbe vertical de l'instrument ne coïncide pas avec les
deux plans verticaux ZOA, et ZOB, parce que ce limbe se trouve à une
certaine distance *cv* (*fig* 3) de l'axe vertical *ov;* mais cette distance étant
négligeable par rapport à celles auxquelles on se trouve des deux
points visés, les deux positions du limbe déterminent deux plans parallèles aux plans ZOA, ZOB, et font entre elles le même angle que ces
derniers.

6. MESURE D'UNE DISTANCE ZÉNITHALE. — Pour mesurer une distance
zénithale, on commence par amener l'index de l'alidade du limbe vertical
en coïncidence avec le zéro de la graduation, et l'on fixe cette alidade sur
ce limbe; puis on fait tourner celui-ci autour des deux axes, jusqu'à ce
que la lunette se trouve dans la direction de l'objet; soient OM (*fig.* 5) cette
direction et OZ celle de la verticale. On fait exécuter ensuite à la partie
supérieure de l'instrument une demi-révolution autour de l'axe vertical ;

la lunette prend alors, par rapport à OZ (*fig.* 6), une position OM' symétrique de celle qu'elle avait d'abord, de sorte que si on la rend de nou-

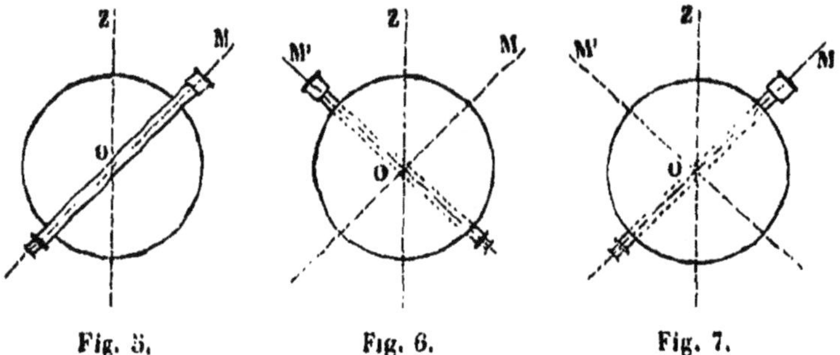

Fig. 5.　　　　Fig. 6.　　　　Fig. 7.

veau mobile, en desserrant l'une des vis de pression, et qu'on la ramène dans la direction OM (*fig.* 7), elle décrira un angle, M'OM, double de la distance zénithale cherchée, ZOM ; il n'y aura donc plus qu'à faire la lecture et à prendre la moitié du résultat obtenu.

7. Axes du monde ; pôles ; parallèles. — L'axe autour duquel s'effectue le mouvement de rotation diurne s'appelle l'*axe du monde ;* les points où il rencontre la sphère céleste sont les *pôles ;* l'un, P (*fig.* 8), que l'on a au-dessus de l'horizon en Europe, est le *pôle boréal ;* l'autre, P', est le *pôle austral.* On nomme *parallèles* tous les cercles qui sont perpendiculaires à l'axe du monde ; le parallèle eKe', qui passe par le centre, est l'*équateur ;* il partage la sphère en deux hémisphères, dont chacun porte le nom du pôle qui lui appartient.

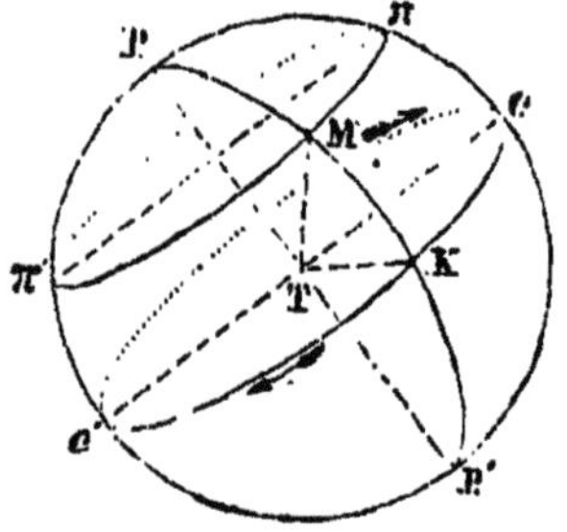

Fig. 8.

8. DISTANCES POLAIRES ; DÉCLINAISONS. — La *distance polaire* d'un point M (*fig.* 8) est l'arc du grand cercle PM compris entre ce point et le pôle ; l'arc complémentaire MK, qui mesure l'angle MTK du rayon visuel TM avec l'équateur, est la *déclinaison* du point M. Les déclinaisons se comptent de 0° à 90° à partir de l'équateur ; elles peuvent être boréales ou australes. Les divers points d'un parallèle ont tous même distance polaire et même déclinaison.

9. Méridien ; points cardinaux. — Le *méridien* d'un lieu est le grand cercle, PZP'Z' (*fig.* 9), qui contient la verticale de ce lieu et l'axe du monde ; il se trouve perpendiculaire à la fois à l'horizon et à l'équateur. Sa trace NS sur le premier de ces deux plans s'appelle la *méridienne horizontale ;* elle rencontre la sphère céleste en deux points diamétrale-

ment opposés, N et S, qui sont le *nord* et le *sud;* le nord est situé du
même côté du centre que le point de la méridienne où tomberait la projec-

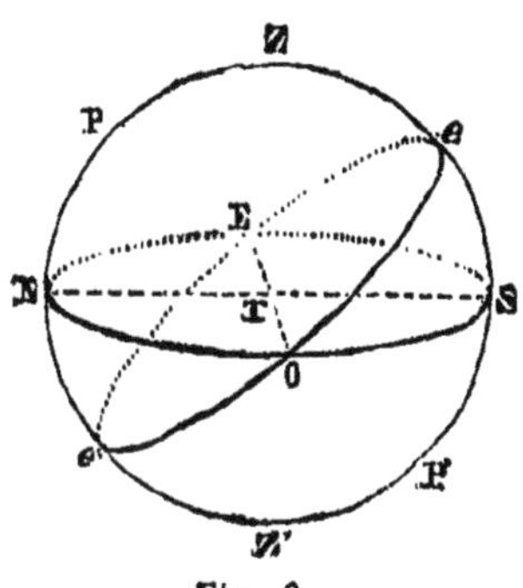

Fig. 9.

tion du pôle boréal sur le plan de l'horizon. Ce dernier plan et celui de l'équateur
se coupent suivant un diamètre EO qui est
la *perpendiculaire à la méridienne;* les
extrémités, E et O, de ce diamètre sont
l'*est* et l'*ouest;* quand on regarde le nord,
on a l'est à sa droite. Le nord, l'est, le
sud et l'ouest constituent les quatre *points
cardinaux*, et déterminent les quatre directions principales de la *rose des vents*.

L'arc PN (*fig.* 9) mesure la hauteur du
pôle, et l'arc Ze, l'angle de la verticale
avec l'équateur; ils sont égaux entre
eux, car tous deux sont complémentaires de la distance zénithale PZ du
pôle, qui mesure l'angle de l'axe du monde avec la verticale.

10. **Sens direct, sens rétrograde.** — Pour définir le sens d'un
mouvement qui s'effectue dans le plan d'un cercle de la sphère céleste,
les astronomes supposent un observateur placé le long du diamètre perpendiculaire à ce plan, de manière que, ses pieds se trouvant au centre
du cercle, sa tête soit du même côté du plan que le pôle boréal; si, alors,
en se tournant vers le mobile, il le voit aller de sa droite à sa gauche,
c'est-à-dire dans le sens inverse de celui du mouvement des aiguilles
d'une montre, on dit que le sens est *direct;* dans le cas contraire, le
sens est *rétrograde*. Le sens rétrograde est celui du mouvement diurne
apparent; il se trouve indiqué par des flèches sur la figure 8.

11. **Culminations et passages inférieurs; étoiles circumpolaires.** — Considérons une étoile située dans le plan
de l'équateur; chaque fois qu'elle décrit
la circonférence de ce cercle en vertu
du mouvement diurne apparent, elle
reste pendant une moitié du temps au-
dessus de l'horizon, et pendant l'autre moitié au-dessous. C'est à l'est, en E (*fig.* 10),
qu'elle *se lève*, c'est-à-dire qu'elle passe
au-dessus de ce plan; la hauteur de l'astre
augmente ensuite jusqu'à ce qu'il arrive en
e, où il atteint sa *culmination* et effectue
son *passage supérieur* au méridien; puis,
cette hauteur diminue et redevient nulle à

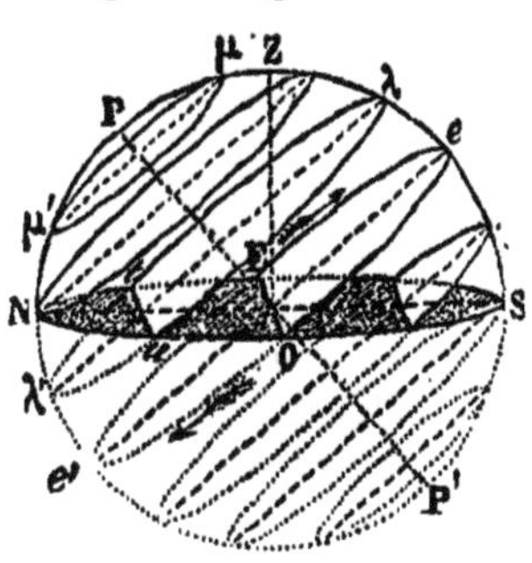

Fig. 10.

l'ouest, en O, où l'astre *se couche;* la distance zénithale de l'étoile est alors
égale à 90°; elle augmente encore jusqu'au moment du *passage inférieur*,

qui a lieu en *e*, puis elle diminue en reprenant 'es mêmes valeurs que précédemment, mais dans un ordre inverse.

Pour une étoile dont la distance polaire, Pλ ou Pλ' (*fig.* 10), est comprise entre 90° et la hauteur PN du pôle, les circonstances du mouvement diurne sont à peu près les mêmes; le parallèle λλ' que décrit l'étoile coupe l'horizon suivant une corde *tu* parallèle à EO; elle se lève en *t* et se couche en *u*, mais elle reste plus longtemps au-dessus de l'horizon qu'au-dessous. Le contraire aurait lieu pour une étoile de l'hémisphère austral située à la même distance de l'équateur.

Enfin, lorsque la distance polaire, Pμ ou Pμ' (*fig.* 10), est moindre que PN, l'étoile n'a ni lever ni coucher, et ses deux passages se font au-dessus de l'horizon; si elle est assez brillante, et que les circonstances soient favorables, on pourra la suivre toute la nuit à l'œil nu, et, pendant le jour, à l'aide d'une lunette ou d'un télescope. Dans chaque lieu du globe, on appelle *circumpolaires* les étoiles qui restent ainsi constamment au-dessus de l'horizon; leur nombre est d'autant plus grand que la hauteur du pôle est plus grande. A la zone qui les renferme, correspond, dans l'autre hémisphère céleste, une zone de même étendue, dont les étoiles ne sont jamais visibles; cette dernière serait limitée, sur la figure 10, par le parallèle du point S.

Pour un observateur placé à l'une des extrémités de l'axe de rotation de la terre, c'est à dire en P ou en P' (*fig.* 11), chacune des deux zones dont nous venons de parler formerait un hémisphère tout entier, et les étoiles décriraient des cercles parallèles à l'horizon.

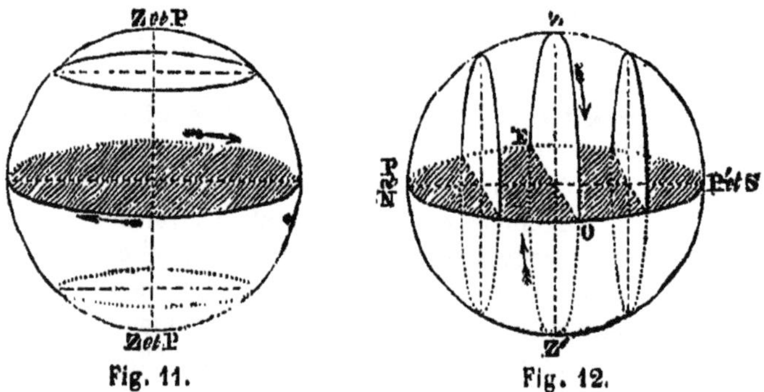

Fig. 11.   Fig. 12.

Au contraire, pour un lieu quelconque situé à 90° des extrémités du même axe, c'est-à-dire pour un lieu de l'équateur terrestre, aucune étoile n'est circumpolaire; l'horizon de ce lieu contient l'axe du monde, il est perpendiculaire aux parallèles décrits par les étoiles, et les divise chacun en deux parties égales (*fig.* 12).

12. Détermination du méridien. — Pour déterminer le plan du méridien, on emploie fréquemment la *méthode des hauteurs corres-*

pondantes. Supposons qu'après avoir visé, avec la lunette du théodolite, une étoile qui se trouvait en E (*fig.* 13) sur la sphère céleste, on relie cette lunette au limbe vertical à l'aide de la vis de pression de l'alidade, et qu'on fasse la lecture correspondante sur le limbe horizontal. Soit E′ le point du parallèle de l'étoile qui est à la même hauteur que le point

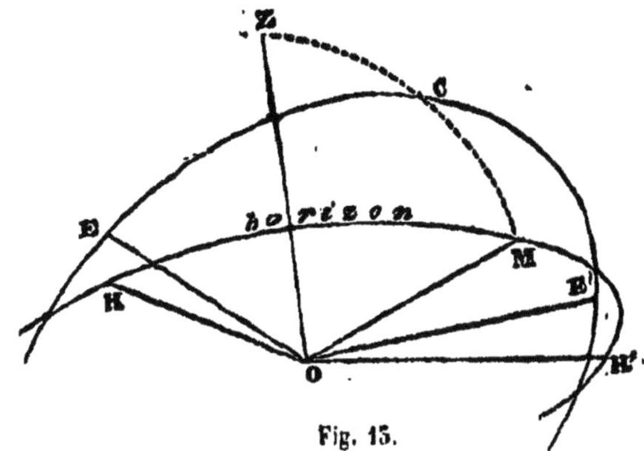

Fig. 13.

E. L'étoile, en décrivant ce parallèle, viendra passer en E′ au bout d'un temps plus ou moins long, et y aura la même distance zénithale qu'en E; si donc on donne, autour de l'axe vertical de l'instrument, un mouvement de rotation commun à la lunette, au limbe et à l'axe horizontal, ce qui ne changera pas l'inclinaison de la lunette, on pourra, à un certain instant, apercevoir de nouveau l'étoile, et alors elle se trouvera en E′; supposons qu'on fasse la lecture correspondante sur le cercle horizontal. Les points E et E′ occupant des positions symétriques de part et d'autre du méridien OZCM, leurs verticaux OZEH, OZE′H′ font des angles égaux avec ce plan, et la méridienne n'est autre que la bissectrice OM, de l'angle de leurs traces, OH, OH′, sur le plan de l'horizon; si donc on amène l'index de l'alidade horizontale du théodolite à coïncider avec le milieu de l'arc aux deux extrémités duquel on a fait les lectures, le limbe vertical se trouvera dans le plan méridien.

13. Détermination de la hauteur du pôle; hauteur du pôle à Paris. — C'est par l'observation des circumpolaires que l'on détermine en chaque lieu la hauteur du pôle, et, par conséquent, la direction de l'axe du monde. La position du méridien étant connue, on peut mesurer les distances zénithales, $Z\mu$ et $Z\mu'$ (*fig.* 14), d'une même étoile circumpolaire lors de ses deux passages. Comme le

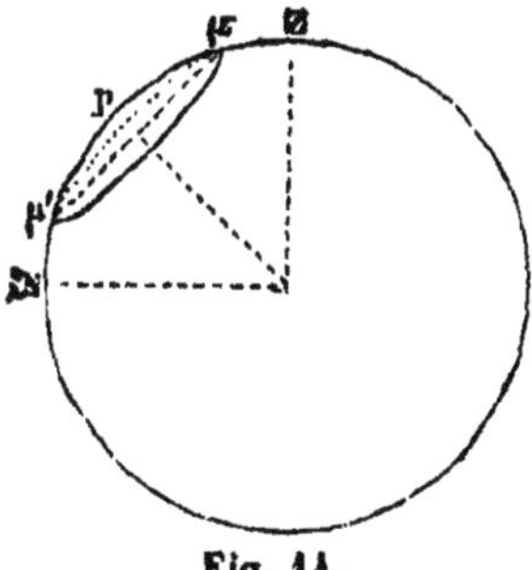

Fig. 14.

pôle, P, occupe le milieu de l'arc $\mu\mu'$, sa distance zénithale, ZP, surpasse $z\mu$ de la moitié de cet arc, et elle est inférieure à $z\mu'$ de la même quantité; par conséquent, on l'obtiendra en prenant la demi-somme des distances zénithales observées. Quant à la hauteur NP du pôle, elle est égale au complément de cette demi-somme. A Paris, la hauteur du pôle est de 48° 50'.

14. Équatorial. — Vérification des lois du mouvement diurne. — L'instrument nommé *équatorial* réalise la disposition que l'on obtiendrait en inclinant l'axe vertical du théodolite suivant la di-rection de l'axe du monde. Des deux limbes, l'un, EE (*fig.* 15), se trouve alors dans le plan de l'équateur, et l'autre, LL, tourne autour de la ligne des pôles.

Cet instrument permet de vé-rifier directement les lois du mouvement diurne ; car, si l'on dirige la lunette *ll* sur une étoile, et qu'on serre la vis de pression qui la réunit au limbe LL, on constate que, pour suivre

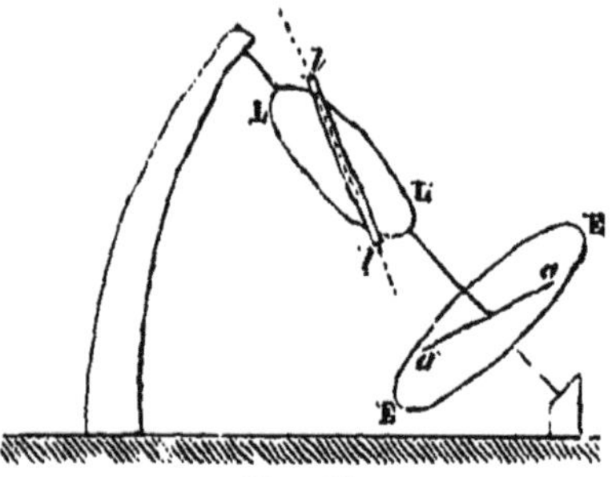

Fig. 15.

l'étoile, il suffit de faire tourner ce limbe autour de l'axe de l'équatorial, et que l'alidade *aa* du cercle EE décrit alors, sur ce cercle, des angles égaux dans des temps égaux ; enfin, l'angle décrit dans l'unité de temps ne change pas quand on opère successivement sur différentes étoiles. On peut même se servir d'un mécanisme d'horlogerie convenablement réglé, pour imprimer à l'appareil le mouvement de rotation uniforme qui fait voir constamment une étoile quelconque au même point du champ de la lunette.

15. Jour sidéral. — Le temps que chaque étoile met à décrire son parallèle tout entier s'appelle *jour sidéral;* on le subdivise de la même manière que le *jour civil*, dont il diffère d'environ quatre minutes. En une *heure sidérale*, l'étoile parcourt un arc égal à la vingt-quatrième partie de 360°, c'est-à-dire à 15°; la vitesse angulaire du mouvement de rotation diurne est donc de 15° par heure sidérale, de 15' par *minute sidérale*, de 15" par *seconde sidérale*. En chaque lieu, les astronomes font commencer le jour sidéral au moment où un point de l'équateur céleste, nommé le *point vernal*, effectue son passage supérieur au méridien.

16. Mouvement de rotation de la Terre. — Si l'on se refu-sait à admettre que la Terre est animée, comme les autres planètes, d'un mouvement de rotation uniforme, dans le sens direct, il faudrait supposer que cette multitude d'étoiles, qui sont isolées dans l'espace à des distances prodigieuses les unes des autres, décrivent toutes, avec des vitesses incalculables, dans le même sens et dans le même temps, des circonférences, dont les plans sont parallèles entre eux, et dont les centres se trouvent disposés sur une même ligne droite passant précisément par la Terre. Cette hypothèse, que son invraisemblance suffirait à faire rejeter, est contraire aux principes de la mécanique : pour maintenir chaque étoile sur la circonférence décrite, il faudrait l'action d'une force émanant du centre, et nous ne saurions imaginer d'où proviendrait cette force, tandis que le mouvement de rotation uniforme de notre globe, autour d'un axe de symétrie, doit nécessairement se continuer de lui-même, sans aucune altération.

L'aplatissement de la Terre aux pôles, la diminution qui se manifeste dans l'intensité de la pesanteur à mesure qu'on s'éloigne de l'un de ces deux points, la déviation vers l'est des corps tombant d'une grande hauteur, sont autant d'effets dus à la rotation de notre globe. Enfin, cette rotation nous est rendue sensible par diverses expériences, entre autres celle de Foucault sur le pendule.

CHAPITRE II

Ascensions droites et déclinaisons des étoiles. — Étoiles de diverses grandeurs.
— Constellations.

17. Cercles de déclinaison. — Le grand cercle, PMN (*fig.* 16), de la sphère céleste qui passe par les pôles et par une étoile, M, s'appelle le

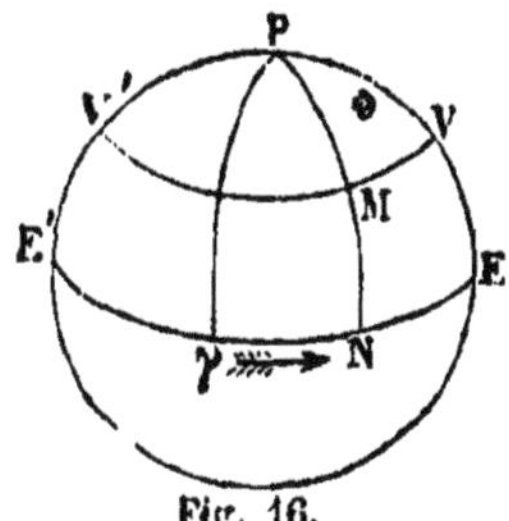

cercle de déclinaison de cette étoile. C'est sur ce cercle que sont comptées la déclinaison, MN, et la distance polaire, PM, de l'étoile (8).

A cause de la rotation de la Terre, le méridien de chaque lieu tourne autour de l'axe du monde, tandis que les cercles de déclinaison des étoiles ont des positions fixes. Au contraire, dans le mouvement diurne apparent, le méridien est immobile ; les angles que les cercles de déclinaison font entre eux ne varient pas, mais ces différents cercles viennent se placer dans le méridien, les uns après les autres[1].

Fig. 16.

18. Ascensions droites. — L'*ascension droite* d'une étoile, M (*fig.* 16), est l'angle γPN que fait son cercle de déclinaison avec celui du point vernal (15) ; il se trouve mesuré par un arc γN de la circonférence

---

[1] On doit éviter de faire usage de l'expression de méridiens célestes pour désigner les cercles de déclinaison ; c'est aussi à tort qu'on leur donne quelquefois le nom de cercles horaires.

E'γE de l'équateur. Les ascensions droites se comptent de 0° à 360°, dans le sens direct, qui est indiqué par la flèche.

Soient PME (*fig.* 17) le méridien supposé immobile, et EγE' l'équateur. Supposons que l'on note l'heure marquée par la pendule sidérale au moment où une étoile effectue, en M, par exemple, son passage supérieur au méridien; soit alors γ la position du point vernal : l'arc γE mesure l'ascension droite de l'astre. D'un autre côté, le même arc mesure aussi l'angle dont la sphère céleste a tourné depuis le passage du point vernal au méridien, c'est-à-dire depuis le moment où a commencé le jour sidéral, de sorte qu'il est égal au produit de la multiplication par 15 de l'heure sidérale observée (15). Donc, il suffirait de faire cette multiplication

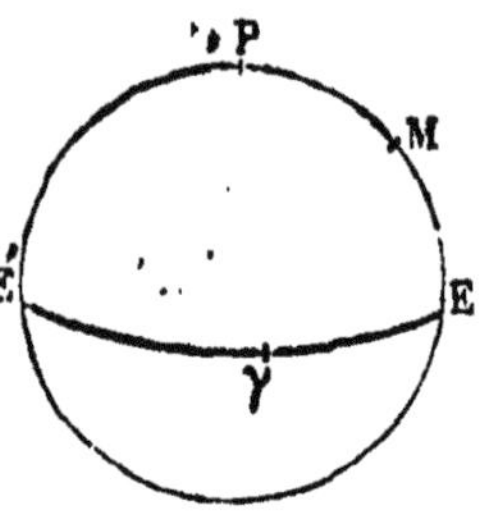

Fig. 17.

pour obtenir l'ascension droite de l'étoile. Ordinairement on s'en dispense, et l'on conserve l'heure donnée par la pendule, pour représenter cette ascension droite, que l'on dit alors être *évaluée en temps ;* cela revient à changer l'unité d'angle habituelle, et à en prendre une autre 15 fois plus forte. Cette convention étant adoptée, on voit que l'ascension droite d'une étoile n'est autre chose que l'heure de son passage supérieur au méridien.

L'ascension droite et la distance polaire, ou la déclinaison, d'une étoile sont les deux coordonnées, de valeurs constantes, qui servent à fixer sa position dans le ciel, en faisant connaître son cercle de déclinaison et son parallèle. On détermine ces deux coordonnées dans les observatoires, la première, à l'aide de la *lunette méridienne* et de la pendule sidérale, la seconde, à l'aide du *cercle mural*

19. Lunette méridienne. — La lunette méridienne est une lunette astronomique, LM (*fig.* 18), mobile autour d'un axe, CD, établi dans une position stable perpendiculairement au méridien. Elle sert à observer les passages des astres dans ce plan, et la pendule sidérale, qui est placée à côté d'elle, fait connaître, à une fraction de seconde près, les heures sidérales de ces passages.

Les tourillons *t,t* de l'axe de rotation de la lunette reposent sur deux coussinets *c,c* supportés eux-mêmes par deux piliers P,P en maçonnerie.

Si l'axe optique AB, en tournant

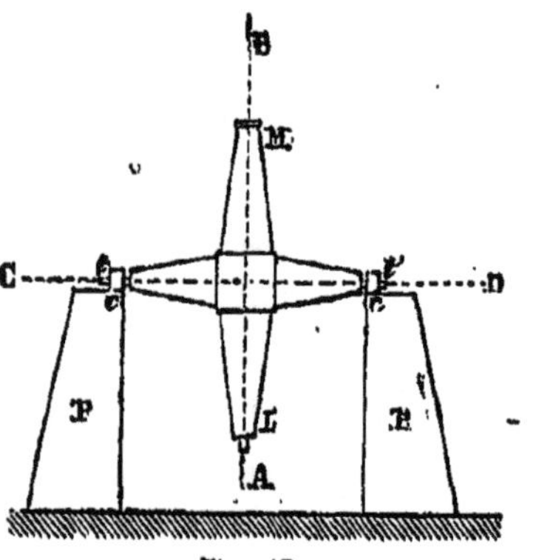

Fig. 18.

autour de CD, ne décrivait pas exactement le plan méridien, cela pourrait tenir à trois causes : 1° à ce que les deux axes AB et CD ne seraient pas perpendiculaires ; alors le premier, dans son mouvement de rotation autour du second, décrirait, non un plan, mais un cône de révolution ; 2° à ce que CD ne serait pas horizontal ; 3° à ce que CD, supposé horizontal, ne serait pas dirigé suivant la ligne est-ouest ; alors la perpendiculaire à CD décrirait un plan vertical, mais ce plan ne serait pas le méridien.

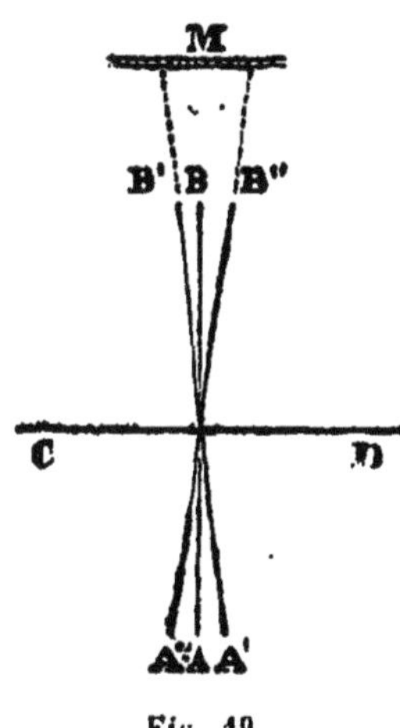

Fig. 19.

1° Pour reconnaître si AB est perpendiculaire à CD, on vise avec la lunette une mire éloignée M (*fig.* 19), puis on retourne l'axe de rotation bout pour bout, c'est-à-dire de telle façon que le tourillon ouest vienne à l'est et réciproquement ; cela fait, on vise de nouveau la mire. Si la condition est remplie, on apercevra, sur l'axe optique de la lunette, le même point de la mire que lors de la première visée. Si elle ne l'est pas, c'est-à-dire si l'axe optique a une direction A'B' autre que celle de la perpendiculaire AB à CD, il aura pris, après le retournement, une position A"B" symétrique de A'B' par rapport à AB, et le point visé sur la mire sera différent. Dans ce cas, pour rendre l'axe optique perpendiculaire à l'axe de rotation, il faudrait déplacer le réticule de telle manière que le point visé vînt occuper le milieu de l'intervalle des deux premiers.

2° On vérifie l'horizontalité de l'axe de rotation à l'aide d'un grand niveau à bulle d'air AA (*fig.* 20) supporté par deux tiges à crochet B,B.

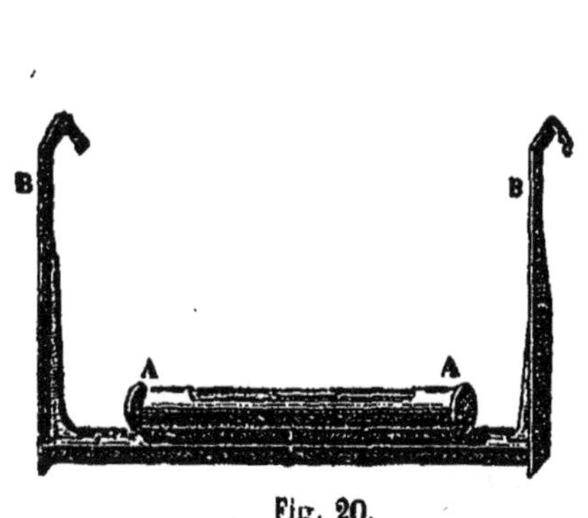

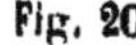

Fig. 20.

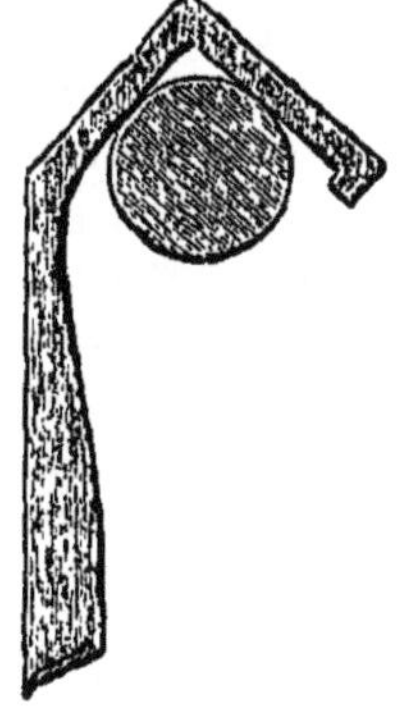

Fig. 21.

Les crochets se placent sur les tourillons *t, t* (*fig.* 17), comme le montre la figure 21. Si l'axe n'est pas horizontal, on pourra l'y rendre en faisant monter ou descendre l'un des deux coussinets *c, c* (*fig.* 17).

3° Les deux premières conditions étant remplies, on vérifiera l'orientation de l'axe de rotation de la lunette en observant trois passages consécutifs d'une étoile circumpolaire, par exemple deux passages supérieurs et le passage inférieur qui a lieu dans l'intervalle. Soient P (*fig.* 22) le pôle, Z le zénith du lieu, ZP le méridien, *smin* le parallèle de l'étoile, *s* et *i* les points où il coupe le méridien. Si l'axe de rotation de la lunette est dirigé suivant la ligne est-ouest, les passages observés se seront effectués en *s* et en *i*, et il se sera écoulé 12 heures sidérales entre le premier et le second, ainsi qu'entre le second et le troisième. Si, au contraire, l'axe de rotation se trouve dévié de la direction perpendiculaire au méridien, l'axe optique de la lunette décrira un vertical *Zs'i'* différent de ZP et divisant le parallèle de l'étoile en deux parties inégales *s'mi'*, *i'ns'*; les

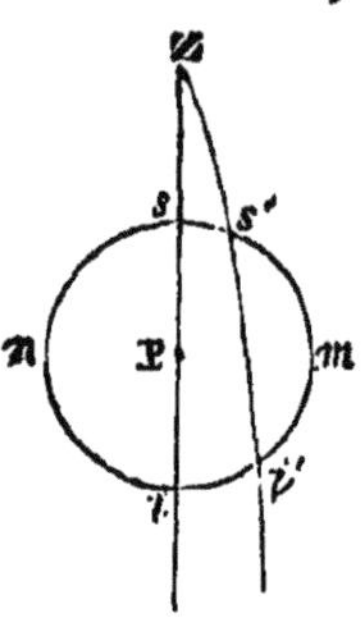

Fig. 22.

passages de l'étoile auront été observés en *s'* et en *i'*. Du premier au second, il se sera écoulé moins de 12 heures sidérales, si la déviation a lieu dans le sens qu'indique la figure, et du second au troisième, plus de 12 heures sidérales; les deux intervalles de temps seront donc inégaux. L'inégalité ayant été constatée, on pourra modifier la direction de l'axe CD (*fig.* 18) en déplaçant celui des coussinets *c, c* que l'on a laissé immobile quand il s'est agi de régler l'horizontalité.

20. Cercle mural. — Le cercle mural est un cercle en cuivre, CC (*fig.* 23), muni d'une lunette, LL, qui lui est fixée suivant un de ses diamètres; il est monté à l'extrémité d'un essieu reposant sur deux coussinets implantés dans un mur, VV, et peut tourner avec cet essieu, dont l'axe de rotation, qui passe par le centre du limbe et qui est perpendiculaire à son plan, doit être dirigé perpendiculairement au méridien. Le cercle est gradué sur sa tranche, et un microscope, *m*, fixé au mur, permet de faire chaque *lecture* en regard d'un point immobile destiné à servir d'index.

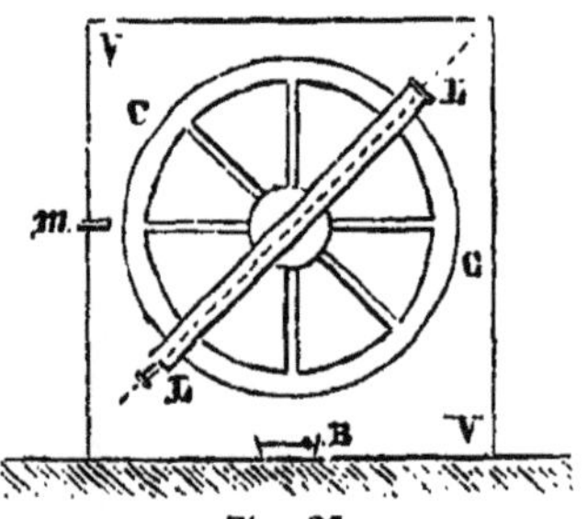

Fig. 23.

Lorsqu'on fait tourner le limbe de manière à placer la lunette successivement dans deux directions déterminées, la différence des lectures correspondantes donne l'angle de ces deux directions.

Au commencement, vers le milieu et à la fin de chaque nuit consacrée aux observations, il importe de faire la lecture qui correspond à la position verticale de l'axe optique de la lunette. On obtient cette position en se servant de l'horizon artificiel fourni par un bain de mercure, B; quand le fil du réticale et son image produite par la réflexion à la surface du bain sont vus en coïncidence, la lunette est pointée sur le nadir; la lecture correspondante s'appelle la *collimation nadirale*. En lui ajoutant 180°, on a la *collimation zénithale*.

Pour déterminer la distance polaire, Pλ ou Pμ (*fig.* 24), d'une étoile, on vise cette étoile, lors de son passage au méridien, avec la lunette du cercle

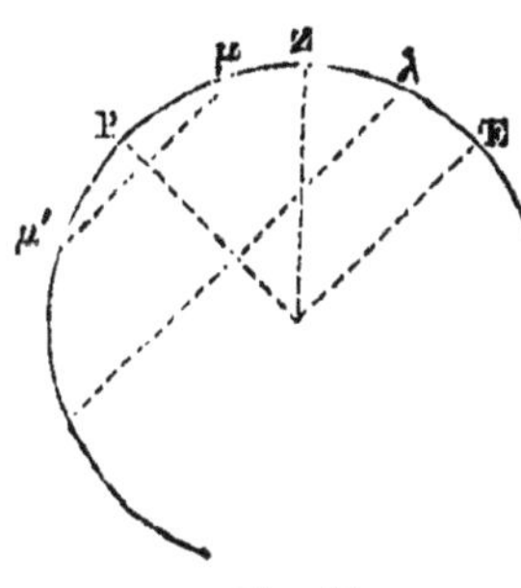

mural. La différence entre la lecture que l'on peut faire ensuite et la collimation zénithale donne la distance zénithale, Zλ ou Zμ, de l'étoile au même instant. Si l'on connaît d'ailleurs la distance zénithale, ZP, du pôle, on obtiendra, par une addition ou une soustraction, la distance polaire cherchée. Son complément à 90° sera la déclinaison, Eλ ou Eμ, de l'étoile.

D'ailleurs, la distance zénithale, ZP, du pôle peut être trouvée à l'aide de l'instrument lui-même, par l'observation des deux passages, μ et μ', d'une circumpolaire, comme il a été indiqué pour

Fig. 24.

le théodolite (13).

21. Réfraction atmosphérique. — On sait qu'un rayon lumineux AB (*fig.* 25) en passant d'un milieu M dans un autre milieu M′ plus

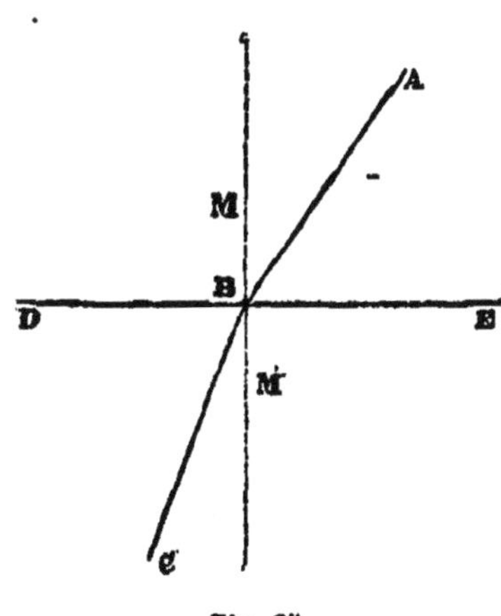

dense que le premier, se réfracte lorsqu'il rencontre la surface de séparation DE des deux milieux, et prend, dans le second, une direction BC différente de AB. Les deux directions se trouvent dans un même plan avec la perpendiculaire ou la normale en B à la surface de séparation, mais BC fait un plus petit angle que AB avec cette perpendiculaire. Or l'atmosphère terrestre est composée de couches sensiblement sphériques et homogènes, mais dont la densité va en croissant de la surface extérieure vers le centre; un rayon lumineux Ea (*fig.* 26), qui, provenant

Fig. 25.

d'une étoile, traverse ces différentes couches, se réfracte chaque fois qu'il pénètre de l'une d'elles dans la suivante; tout en restant dans le même plan vertical, il se rapproche de la normale à la surface de séparation des deux couches et prend ainsi successivement les directions tangentes à une courbe *abcd*A dont la concavité est tournée vers le bas. Un observateur placé en A voit l'étoile dans la direction AE' de la dernière tangente, au lieu de l'apercevoir sur la parallèle à *a*E menée par le point A. La distance zénithale ZAE' qu'il mesure est trop petite, et doit être augmentée de l'angle que fait la direction réelle *a*E de l'étoile avec sa direction apparente AE'. On a construit des tables qui permettent de faire cette correction. La mesure exacte des distances zénithales d'objets terrestres en exige une de même nature.

22. Usage de l'équatorial. — La lunette méridienne, le cercle mural et l'équatorial sont les principaux instruments des observatoires. Les deux premiers peuvent être installés de manière à réunir les conditions de stabilité nécessaires à l'exactitude des observations, et il est facile

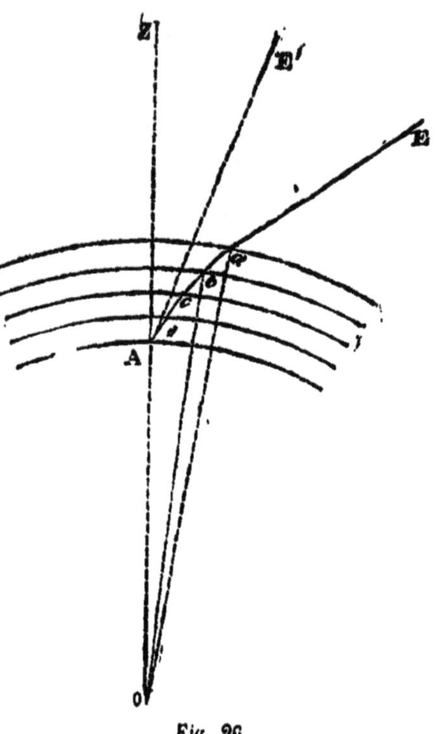

Fig. 26.

de les rectifier souvent, ou du moins de calculer les corrections que la rectification amènerait dans les résultats. Il n'en est pas de même du troisième instrument : aussi ne l'emploie-t-on que dans les circonstances où les deux autres ne peuvent servir, c'est-à-dire lorsqu'il s'agit d'observer un astre en dehors du méridien ; on mesure alors, avec l'équatorial, les différences d'ascension droite et de distance polaire de cet astre et d'une étoile voisine. On conçoit qu'il soit possible d'effectuer cette mesure en dirigeant la lunette *ll* (*fig.* 15) successivement sur les deux astres ; car l'angle que cette lunette aura décrit sur le limbe LL sera la différence des deux distances polaires, et l'angle dont aura tourné l'alidade *aa* sur le cercle EE sera celle des ascensions droites. La position relative ainsi déterminée, est à peu près indépendante du défaut de rectification de l'instrument, lequel agit sensiblement de la même manière sur les deux positions absolues ; quant à l'étoile de comparaison, elle a dû être observée, ou l'on se réserve de l'observer plus tard, aux instruments méridiens.

23. Catalogues d'étoiles; éphémérides, globes et cartes célestes. — On consigne les ascensions droites et les distances polaires des étoiles dans des catalogues, qui, en permettant aux astronomes de comparer entre eux les divers états du ciel à des époques éloignées les unes des autres, deviennent, pour la science, une source de découvertes. Les coordonnées d'un certain nombre d'étoiles assez brillantes, prises dans toutes les régions du ciel, s'inscrivent aussi dans les éphémérides que les différentes nations publient chaque année à l'usage des marins et des voyageurs (en France, la *Connaissance des temps*). Enfin, c'est au moyen de son ascension droite et de sa distance polaire, que l'on marque la position de chaque étoile sur les globes et sur les cartes célestes.

24. Ordres de grandeur des étoiles. — Suivant qu'une étoile paraît plus ou moins brillante, on dit qu'elle est de 1re grandeur, ou de 2e grandeur, ou de 3e grandeur, etc. L'éclat avec lequel un astre se montre à nous ne dépend pas seulement de ses dimensions, mais aussi de son éclat intrinsèque et de sa distance à la Terre; il ne faut donc pas attribuer ici au mot *grandeur* sa signification habituelle.

On compte approximativement 200,000 étoiles pour les neuf premiers ordres de grandeur, et, dans chacun d'eux, il s'en trouve environ trois fois plus que dans le précédent; ainsi il y a à peu près 20 étoiles de 1re grandeur, 65 de 2e, 190 de 3e, etc., enfin 142,000 de 9e. Les étoiles visibles à l'œil nu forment les six premiers ordres; quelques-unes cependant appartiennent au 7e; leur nombre est de 5,000 à 5,800, dont 4,000 environ se montrent au-dessus de l'horizon de Paris Dans l'état actuel des moyens de vision fournis par les instruments les plus puissants, on peut encore établir quelques ordres au delà du 9e, et le nombre des étoiles, en passant de l'un à l'autre, paraît croître suivant une loi plus rapide que celle qui a été indiquée tout à l'heure. Le nombre total des étoiles que les instruments dont nous venons de parler permettraient d'apercevoir, peut être évalué à plusieurs dizaines de millions.

25. Constellations et principales étoiles. — On a réparti les étoiles par groupes ou *constellations*, en imaginant la surface de la sphère divisée en compartiments par des figures d'êtres vivants ou d'objets inanimés, qui ont donné leurs noms aux constellations. Dans chaque groupe, les diverses étoiles sont désignées par les lettres de l alphabet grec, l'ordre alphabétique marquant *à peu près* l'ordre d'éclat; ces lettres étant épuisées, on emploie celles de l'alphabet romain; enfin, si ce dernier est encore insuffisant, on indique, pour chaque étoile qui reste, son rang d'inscription dans un catalogue connu, ou bien son ascension droite et sa distance polaire. Quelques étoiles ont reçu des noms particuliers rappelant, assez souvent, les positions qu'elles occupent sur la figure qui recouvre la constellation dont elles font partie.

Voici les noms des 19 étoiles que l'on peut ranger dans la première grandeur :

Sirius ou α du Grand Chien.

Canopus ou α du Navire Argo (invisible en Europe).

α du Centaure (invisible en Europe).

Arcturus ou α du Bouvier.

Rigel ou le Pied d'Orion ou β d'Orion.

La Chèvre ou α du Cocher.

Wéga ou α de la Lyre.

Procyon ou α du Petit Chien.

Béteigeuze ou α d'Orion.

Achernar ou α de l'Éridan (invisible en Europe).

Aldébaran ou l'Œil du Taureau ou α du Taureau.

β du Centaure (invisible en Europe).

α de la Croix du Sud (invisible en Europe).

Antarès ou le Cœur du Scorpion ou α du Scorpion

Altaïr ou α de l'Aigle.

L'Épi de la Vierge ou α de la Vierge.

Fomalhaut ou α du Poisson austral.

β de la Croix du Sud (invisible en Europe).

Pollux ou β des Gémeaux.

Régulus ou le Cœur du Lion ou α du Lion.

Ces étoiles se trouvent ainsi rangées par ordre d'éclat, d'après des mesures photométriques ; mais on sait que de pareilles mesures ne comportent pas une grande précision.

26. Description du ciel. — Nous allons maintenant faire connaître les principales constellations qui sont visibles en Europe, en indiquant la manière de les retrouver dans le ciel.

La *Grande Ourse*, qui reste toujours au-dessus de l'horizon de Paris, est remarquable par sept étoiles (*fig.* 27) dont la moins brillante, δ, est

Fig. 27.

de 3ᵉ grandeur ; toutes les autres sont de 2ᵉ grandeur ; les trois dernières dessinent la queue de la Grande Ourse ; α et β s'appellent les *Gardes*. On désigne encore cette constellation sous le nom de *Chariot de David ;* alors α, β, γ, δ sont les quatre roues, tandis que ε, ζ et η figurent le timon.

En prolongeant la ligne des deux Gardes d'une quantité égale à cinq fois sa longueur, ou bien encore d'une quantité égale à la distance des étoiles extrêmes β et η, et du côté de la convexité de la queue, on trouve la *Polaire* (*fig.* 28), étoile de 3° grandeur, qui est seulement à 1° ½ du pôle ; la Polaire forme l'extrémité de la queue de la *Petite Ourse*, et elle est la plus brillante des étoiles de cette constellation ; les sept principales sont disposées à peu près de la même manière que celles de la Grande Ourse, mais en sens contraire, et occupent un espace beaucoup plus restreint ; α, β et γ, c'est-à-dire la Polaire et les deux Gardes, sont les seules que l'on distingue facilement.

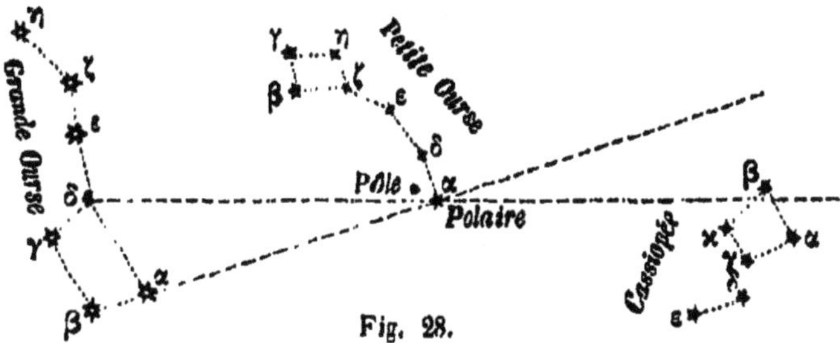

Fig. 28.

Les lignes qui joignent la Polaire à δ et à ε de la Grande Ourse rencontrent *Cassioppée* au delà de la Polaire (*fig.* 28); les 5 étoiles de 3° grandeur qui se trouvent dans cette constellation, dessinent une M ouverte quand on les considère seules, et une sorte de chaise quand on leur joint la petite étoile x.

Sept étoiles de 2° grandeur, savoir : α, β et γ de *Pégase*, α β et γ

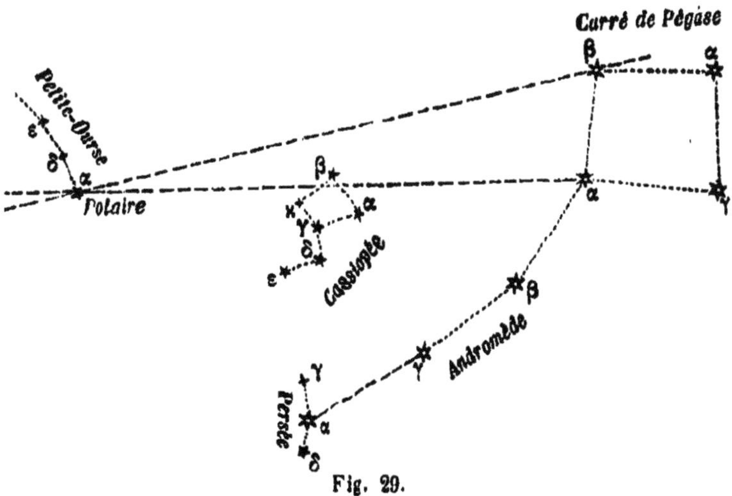

Fig. 29.

d'*Andromède*, enfin α de *Persée*, forment une figure qui ressemble à celle de la Grande Ourse, mais qui présente beaucoup plus d'étendue (*fig.* 29);

le quadrilatère, dont les quatre premières sont les sommets, s'appelle le *Carré de Pégase;* il est rencontré par les prolongements des droites qui joignent α et δ de la Grande Ourse à la Polaire ; continué au delà de γ d'Andromède, le prolongement de la seconde droite irait couper l'équateur dans le voisinage du point vernal (15 et 18).

L'arc formé par γ, α et δ de Persée *(fig.* 30), lorsqu'on le prolonge en ligne courbe, aboutit à la Chèvre α ou du *Cocher.* Du côté de la convexité du même arc se trouvent *Algol,* ou β de *Persée,* ainsi que le groupe des *Pléiades,* étoiles du cou du *Taureau* très-rapprochées les unes des autres, et dont 6 ou 7 se voient à l'œil nu.

Fig. 30.

Le prolongement de la diagonale du quadrilatère de la Grande Ourse qui fait suite à la queue, rencontre *Castor* et *Pollux* de la constellation des *Gémeaux,* et passe ensuite dans le voisinage de Procyon ou α du *Petit Chien* *(fig.* 31).

La plus belle constellation du ciel est celle d'*Orion* *(fig.* 32); elle est facile à reconnaître par deux étoiles de 1ʳᵉ grandeur et deux de 2ᵉ, qui occupent les sommets d'un trapèze, et par trois autres de 2ᵉ grandeur rangées en ligne droite dans l'intérieur; ces trois dernières forment le *Baudrier d'Orion;* on les appelle aussi les *Trois Rois* ou le *Râteau.* Orion est dans la direction de la ligne qui va de la Polaire à la Chèvre.

En prolongeant le Baudrier d'Orion, on trouve d'un côté Sirius ou α du *Grand Chien,* de l'autre *Aldébaran* ou α du *Taureau* *(fig* 33).

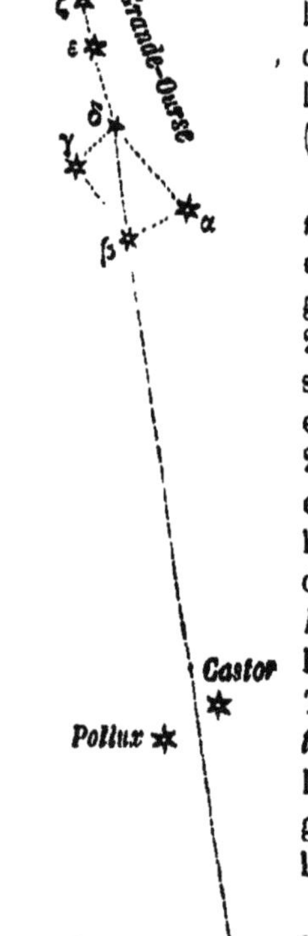

Fig. 31.

Fig. 32.

Sirius est aussi sur le prolongement de la diagonale δβ de la Grande Ourse.

qui nous a servi tout à l'heure à reconnaître les Gémeaux et Procyon.

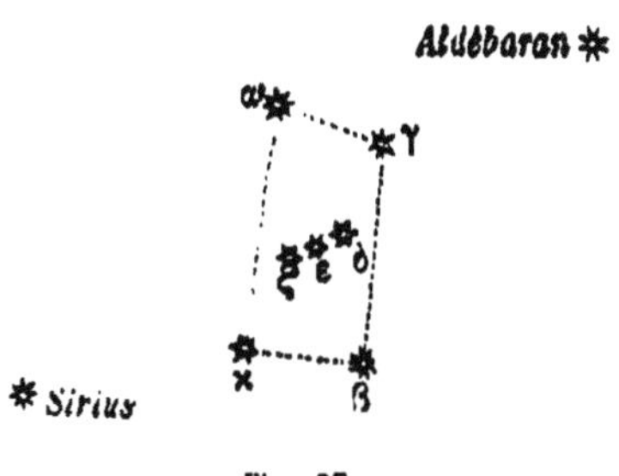

Fig. 33.

Dans la direction de la ligne des Gardes de la Grande Ourse, et du côté opposé à la Polaire, on rencontre le trapèze du *Lion* (*fig.* 34); l'un des sommets de la grande base est occupé par Régulus, l'autre par *Dénébola*, qui est de 2ᵉ grandeur; γ appartient aussi à la 2ᵉ grandeur, et δ à la 3ᵉ.

En prolongeant en ligne courbe la queue de la Grande Ourse, on

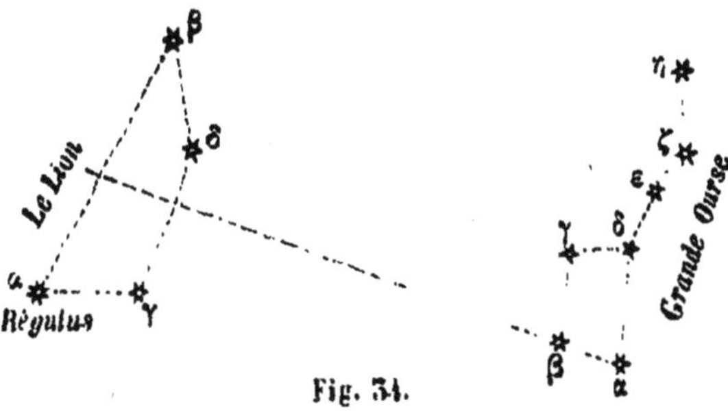

Fig. 34.

trouve Arcturus (*fig.* 35) qui fait partie du pentagone du *Bouvier*, et, dans le voisinage, les étoiles en demi-cercle de la *Couronne boréale*; l'une de ces dernières, la *Perle*, est de 2ᵉ grandeur.

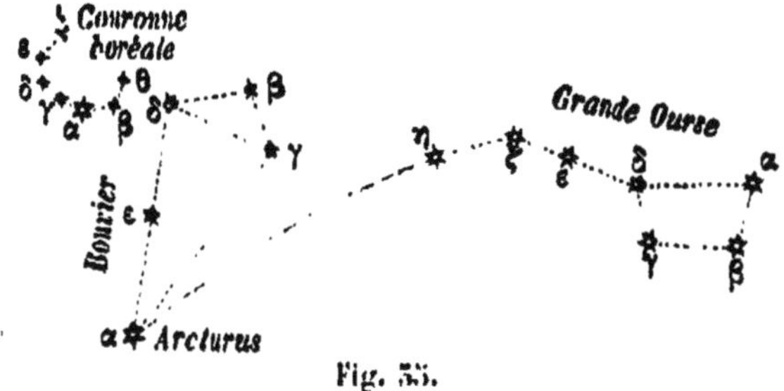

Fig. 35.

L'Épi de *la Vierge* est sur le prolongement de la diagonale α γ de la Grande Ourse (*fig.* 36), et forme un triangle équilatéral avec Arcturus et Dénébola.

Wéga de la *Lyre*, qui passe tous les jours au zénith de Paris, est à l'opposé du pôle par rapport à la Chèvre; elle détermine avec Arcturus et la Polaire un triangle rectangle dont elle occupe le sommet de l'angle

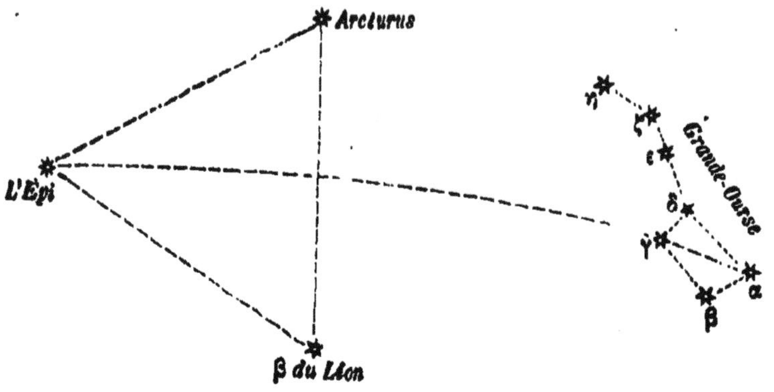

Fig. 36.

droit (*fig.* 37). A côté de Wéga, on remarque cinq étoiles β, γ, δ, ε, ζ, les unes de troisième et les autres de quatrième grandeur; β, γ, δ et ζ forment un parallélogramme.

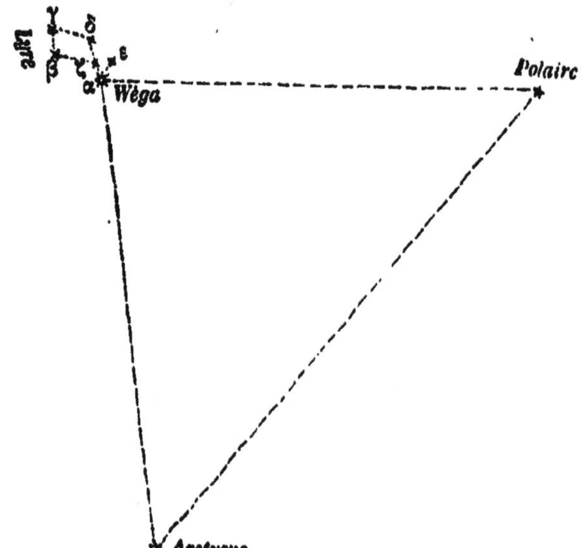

Fig. 37.

Les cinq étoiles principales du *Cygne* figurent une grande croix entre la Lyre et le Carré de Pégase (*fig.* 38).

Au delà du Cygne par rapport au pôle, se trouve l'*Aigle*, dont les trois

étoiles principales sont sur une même ligne droite; l'une d'elles, Altaïr,
se trouve à égale distance des deux autres (*fig.* 38).

Aldébaran, Régulus, Antarès et Fomalhaut, que les anciens appe-

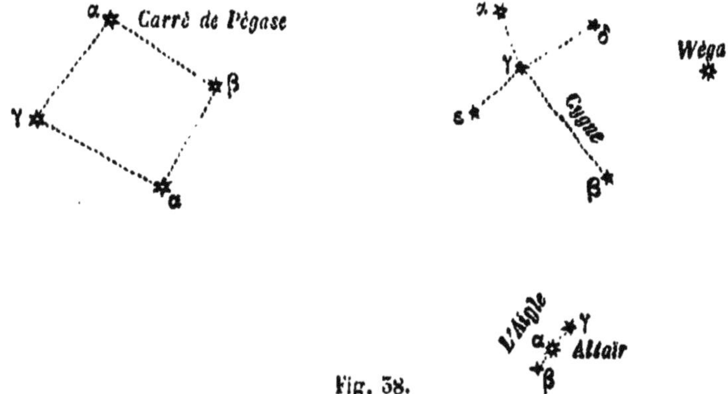

Fig. 38.

laient les quatre *étoiles royales*, occupent à peu près les extrémités de
deux diamètres de la sphère céleste, qui se coupent à angle droit.

Il n'est personne qui n'ait remarqué la zone lumineuse et blanchâtre
qui fait le tour entier du firmament, en décrivant à peu près un grand
cercle, et à laquelle on donne le nom de *voie lactée*. Elle traverse les
constellations suivantes : Cassiopée, Persée, les Gémeaux, Orion, la Li-
corne, Argo, la Croix du Sud, le Centaure, Ophiucus, le Serpent, l'Aigle,
la Flèche, le Cygne, Céphée. Elle se bifurque près de α du Centaure, en
émettant un arc secondaire de 120° de longueur, qui s'écarte peu de l'arc
principal, et le rejoint dans la constellation du Cygne. Lorsqu'on dirige
une lunette vers une portion de la voie lactée, on reconnaît que la lueur
qu'elle émet provient d'une multitude d'étoiles très-faibles et très-rapprochées les unes des autres.

LIVRE II

DE LA FIGURE ET DES DIMENSIONS DE LA TERRE

—

CHAPITRE PREMIER

Première idée de la forme de la Terre. — Longitude et latitude géographiques.

27. Première idée de la forme et de la grandeur de la Terre. — L'ordre dans lequel on voit disparaître successivement les diverses parties d'un navire qui s'éloigne de la côte (*fig.* 39) suffit pour

Fig. 39.

indiquer la forme arrondie de la surface de l'Océan ; mais la nature même de cette surface se trouve accusée par celle de la ligne bleuâtre qui borne la vue quand on se trouve en pleine mer ; cette ligne est ordinairement d'une grande netteté, et, en tout lieu, elle paraît exactement circulaire, ce qui prouve qu'autour de chaque point, la courbure de l'Océan est la même dans toutes les directions ; or, cette pro-riété caractérise les surfaces sphériques.

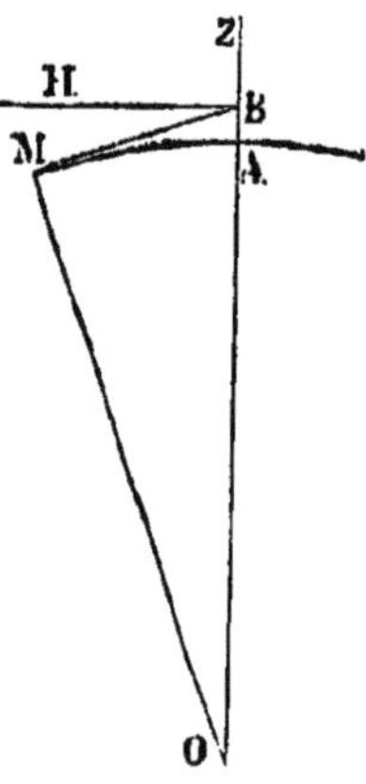

Fig. 40.

Si l'on voulait se contenter d'une faible précision, une expérience bien simple permettrait d'évaluer le rayon de la sphère dont la surface coïncide avec celle de l'Océan. Soient O le centre de cette sphère (*fig.* 40), B une station située au bord de la mer et à une hauteur connue AB au-dessus de son niveau, BM un rayon visuel rasant la surface. On peut mesurer, avec le théodolite, l'angle ZBM de ce rayon avec la verticale AZ ; en le dimi-nuant de 90°, on aura celui, HBM, que fait BM avec l'horizon rationnel du point B, ou la *dépression de l'horizon apparent* qui correspond à la hau-teur AB ; mais les deux angles HBM, BOM sont égaux comme ayant leurs côtés perpendiculaires chacun à chacun ; dans le triangle rectangle OMB, on connaîtra donc les

angles ainsi que la différence AB des deux côtés OB, OM, et l'on pourra
calculer ce dernier côté. Pour une hauteur de 50 mètres, la dépression de
l'horizon est 13′ 40″; on conclut de là que le rayon de la Terre est d'environ 1600 lieues.

Les continents n'occupent guère que le quart de la superficie du globe,
et ils sont traversés par des fleuves se rendant à la mer par des pentes
peu rapides; les surfaces qu'ils déterminent ne peuvent donc s'écarter
beaucoup de celle de l'Océan prolongée idéalement au-dessous d'eux : si on
laisse de côté l'Afrique, qui n'a pas été encore suffisamment explorée, on
trouve que leur relief moyen n'est en effet que de 300 mètres, c'est-à-dire
de la 20,000ᵉ partie du rayon que nous avons déterminé tout à l'heure.
Quant aux irrégularités locales que les chaînes de montagnes produisent
dans la forme générale du globe, elles ont bien peu d'importance relativement à ses dimensions. La plus haute cime connue est celle du mont
Everest ou *Gaourichnaka* dans l'*Himalaya;* on a trouvé, pour son élévation au-dessus du niveau de la mer, 8,840 mètres, ou un peu moins que
la 720ᵉ partie du rayon terrestre.

28. Longitude et latitude géographiques. — Les *pôles terrestres* sont les extrémités du diamètre autour duquel tourne notre globe;
le grand cercle perpendiculaire à ce diamètre est l'*équateur terrestre;*
chacun des deux hémisphères qu'il détermine prend le nom du pôle
terrestre qui y est situé, et celui-ci le nom du pôle céleste qui se trouve
à son zénith; ainsi, l'hémisphère boréal est celui qui contient l'Europe (7).
Les petits cercles perpendiculaires à la ligne des pôles sont les *parallèles terrestres*, et les grands cercles menés par cette ligne sont les *méridiens terrestres*. Le plan du méridien terrestre d'un lieu contient la
verticale, puisque cette ligne passe par le centre de la Terre; il coïncide donc avec le plan du méridien céleste du même lieu (9).

Les deux coordonnées qui servent à fixer la position d'un point, M
(*fig.* 41), situé à la surface du globe, sont
sa *latitude* et sa *longitude*.

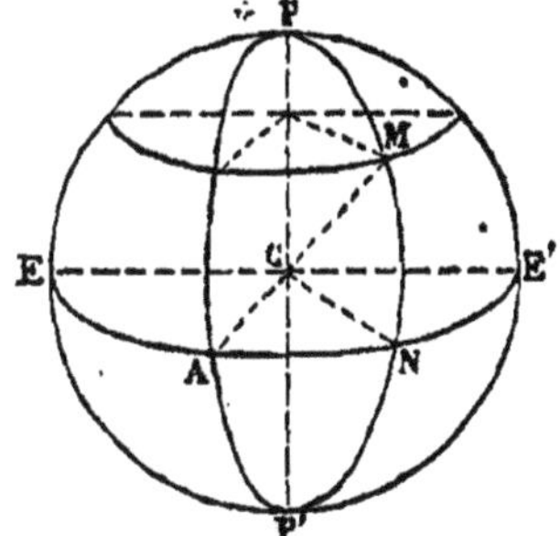

Fig. 41.

La latitude est l'angle, MCN, que fait la
verticale, CM, du lieu avec le plan de l'équateur. La Terre étant supposée sphérique, cet angle a pour mesure l'arc, MN, de
méridien compris entre l'équateur et le lieu
que l'on considère. Les latitudes se comptent, à partir de l'équateur, de 0° à 90°;
elles sont boréales ou australes. Tous les
points d'un même parallèle ont la même
latitude.

La longitude est l'angle dièdre, APN, que fait le méridien, PMP′, du
lieu avec un méridien choisi, PAP′, que l'on nomme le *premier méridien;*

l'angle rectiligne correspondant est l'angle, ACN, des traces des deux méridiens sur le plan de l'équateur; il se trouve mesuré par l'arc d'équateur, AN, compris entre ces deux traces. La longitude se compte de 0° à 180°; elle est orientale ou occidentale, suivant que le point N se trouve à l'est ou à l'ouest par rapport au point A. Tous les points d'un même demi-méridien ont la même longitude.

Chaque peuple est dans l'usage de compter les longitudes à partir du méridien de l'un des lieux principaux de la contrée; en France, on a adopté celui de l'Observatoire de Paris Il suffit de faire une addition ou une soustraction, lorsqu'on veut rapporter une longitude à un premier méridien autre que celui pour lequel elle est donnée.

29. Détermination de la latitude. — La latitude d'un lieu étant, par définition, l'angle de la verticale avec l'équateur, elle est égale à la hauteur du pôle en ce lieu, hauteur dont nous avons indiqué le mode de détermination (13).

Au lieu de mesurer les distances zénithales d'une circumpolaire lors de ses deux passages au méridien, pour en déduire la latitude du lieu, on peut se contenter de mesurer la distance zénithale d'une étoile quelconque à son passage dans le méridien, pourvu que la distance polaire de cette étoile soit inscrite dans les éphémérides. En effet, la somme ou la différence de cette distance polaire et de la distance zénithale observée donnera la distance du pôle au zénith, c'est-à-dire le complément de la latitude.

Cette observation n'exige pas que le méridien ait été déterminé avec beaucoup d'exactitude, car la distance zénithale de l'étoile varie peu vers le moment de son passage. D'ailleurs, s'il s'agit par exemple d'une culmination, on peut effectuer plusieurs mesures de distance zénithales, jusqu'à ce que l'on trouve que ces distances, qui d'abord ont dû aller en diminuant, aillent ensuite en augmentant ; la plus faible sera celle qu'il faudra adopter.

Les marins font porter habituellement l'observation sur le Soleil, dont ils prennent la hauteur au-dessus de l'horizon de la mer, au moment où cette hauteur est la plus grande.

30. Principe de la détermination des longitudes. — Soient PAP' et PMP' (*fig.* 41) les méridiens des deux lieux dont on veut avoir la différence des longitudes, A et N les points où ces méridiens rencontrent l'équateur terrestre. Puisque la sphère céleste tourne de 15° par heure, l'arc AN qu'il s'agit d'obtenir est le produit par 15 du temps que le point vernal met à tourner de l'angle ACN, temps qui est égal à la différence des heures des deux lieux au même instant.

Souvent, on se dispense de faire la multiplication, et l'on dit alors que les longitudes sont *évaluées en temps;* ainsi, la différence des longitudes de deux lieux évaluée en temps est égale à la différence constante qui existe entre les heures de ces deux lieux; or, on peut arriver par trois méthodes différentes à comparer entre elles les deux heures à un même instant : la méthode des signaux, celle du transport du temps, enfin celle où l'on combine les observations astronomiques avec l'emploi des éphémérides.

31. PREMIÈRE MÉTHODE. — La première méthode exige le concours d'observateurs opérant simultanément dans les deux stations : à un signal convenu, on note, dans chacune, l'indication de la pendule qui marque l'heure du lieu, et l'on répète cette opération un grand nombre de fois, pour prendre ensuite la moyenne des résultats obtenus. L'invention de la télégraphie électrique a fourni le mode de signaux le plus parfait. Pour les stations entre lesquelles ce moyen de communication n'existe pas, on emploie les signaux de feu, qui peuvent être aperçus à une trentaine de lieues de distance, et qui s'obtiennent soit par l'inflammation de deux ou trois kilogrammes de poudre, soit par l'explosion d'une fusée. On a mis à profit, dans le même but, les apparitions d'étoiles filantes. Enfin, des phases déterminées de certains phénomènes astronomiques visibles au même moment de tout un hémisphère terrestre, tels que les éclipses des satellites de Jupiter [1], constituent dans le ciel de véritables signaux, mais auxquels on n'a recours que dans des circonstances exceptionnelles.

32. DEUXIÈME MÉTHODE. — La seconde méthode consiste à transporter, d'un lieu dans l'autre, des chronomètres réglés sur l'heure du premier de ces deux lieux ; les variations que ces instruments sont susceptibles d'éprouver dans leur marche exigent que l'on en prenne au moins trois si l'on veut opérer avec quelque certitude, et un nombre beaucoup plus considérable, cinquante par exemple, s'il s'agit d'obtenir une grande précision. Au retour dans le premier lieu, on doit d'ailleurs les comparer de nouveau avec la pendule sidérale.

33. TROISIÈME MÉTHODE. — Les phénomènes astronomiques, rarement utilisés dans la première méthode, le sont fréquemment, au contraire, dans la troisième. La connaissance des lois suivant lesquelles se meuvent les planètes et leurs satellites permet aux astronomes de calculer longtemps à l'avance, en temps du *premier méridien*, l'heure à laquelle se produira chacun des phénomènes dont nous venons de parler, et l'on inscrit cette heure dans les *éphémérides ;* l'observateur, qui aura noté l'heure du lieu où il se trouve, pour le commencement ou la fin d'une éclipse d'un satellite de Jupiter, trouvera donc dans la *Connaissance des temps*, l'heure de Paris pour le même instant.

Le recueil qui vient d'être cité donne aussi l'ascension droite de la

---

[1] Les satellites d'une planète circulent autour d'elle comme la planète elle-même circule autour du Soleil. La Terre n'a qu'un satellite, qui est la Lune ; mais Jupiter en a quatre. Chacun d'eux s'éclipse lorsqu'il pénètre dans le cône d'ombre projeté par la planète du côté opposé au Soleil.

Lune[1] et sa distance au Soleil, ainsi qu'aux principales étoiles, avec les heures correspondantes en temps de Paris ; ces heures sont assez rapprochées les unes des autres pour que l'on puisse calculer, par interpolation, l'heure de Paris qui correspond, dans l'intervalle de deux d'entre elles, à une ascension droite ou à une distance angulaire mesurée dans le lieu où l'on se trouve ; si donc on a noté l'heure du lieu au moment de la mesure, il suffira de prendre sa différence avec l'heure calculée pour avoir la longitude. Lors de l'occultation d'une étoile par la Lune, et lors d'une éclipse de Soleil, les distances angulaires comptées à partir des bords de ces deux derniers astres sont nulles au commencement et à la fin du phénomène ; l'observation de l'un de ces deux instants équivaut donc à une mesure de distance angulaire ; elle conduit même à des résultats plus précis.

34. Détermination de l'heure. — Quelle que soit celle des trois méthodes que l'on emploie, dans la mesure d'une longitude, il faut déterminer l'heure du lieu où l'on se trouve. Supposons que l'on ait à sa disposition une *lunette méridienne portative*. La lunette ayant été installée de manière que son axe optique décrive le plan méridien, on observera le passage d'une étoile dont l'ascension droite se trouve inscrite dans la *Connaissance des temps ;* on notera au même moment l'heure d'un chronomètre. Cette ascension droite donnera précisément l'heure sidérale de l'observation (18), et la quantité dont elle différera de l'heure marquée par le chronomètre fera connaître l'avance ou le retard de celui-ci.

Ce procédé n'est pas susceptible d'être employé à bord ; les marins déduisent l'heure de la hauteur du soleil, par un calcul que nous n'avons pas à expliquer ici.

CHAPITRE II

Figure et dimensions de la Terre. — Longueur du mètre.

35. Marche à suivre dans l'étude de la forme des méridiens terrestres. — Lorsque l'on veut calculer le rayon d'une circonférence, connaissant la longueur de l'arc d'un degré, il suffit de multiplier cette longueur par 180, ce qui donne celle de la demi-circonférence, et de diviser le produit par le nombre 3,14159... Pour déterminer les dimensions de notre globe, dans le cas où il serait exactement

[1] Par suite du mouvement qu'elle exécute autour de la Terre, la Lune se déplace dans le ciel de plus de 13° par jour.

sphérique, on n'aurait donc qu'à mesurer la longueur et l'amplitude d'un arc de méridien, car le quotient de la division de la première quantité par la seconde fournirait la longueur de l'arc d'un degré. Supposons que l'on effectue ces mesures à différentes latitudes et sur divers méridiens; si elles conduisent à la même longueur pour l'arc d'un degré, on en conclura que la terre est réellement une sphère, et on calculera facilement son rayon; si, au contraire, les différences entre les résultats obtenus surpassent celles que peuvent introduire les erreurs d'observation, on rejettera l'hypothèse de la sphéricité, et on cherchera quelle est la forme qui s'accorde avec ces résultats.

36. Amplitude d'un arc de méridien. — L'amplitude d'un arc de méridien, AM (*fig.* 42), ou l'angle ACM que font entre elles les verticales AC, MC de ses deux extrémités, est égale à la différence des deux latitudes ECA, ECM, latitudes que l'on sait mesurer. Il nous reste à expliquer comment on peut déterminer la longueur de l'arc malgré les accidents de la surface du sol.

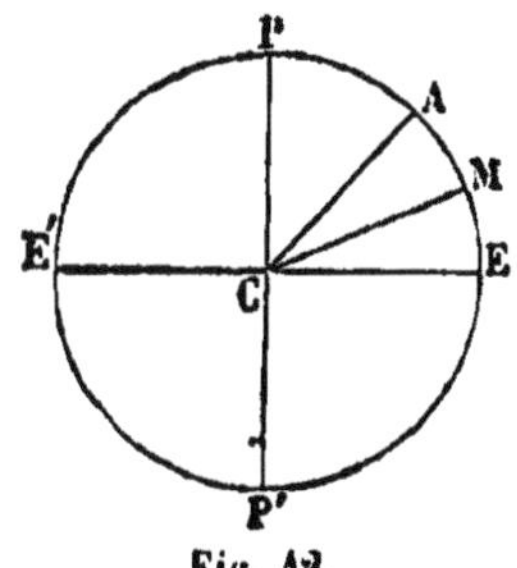
Fig. 42.

37. Reconnaissance du parcours de la méridienne. — Cette détermination n'exige pas le tracé exact de l'arc, mais seulement la connaissance approchée de son parcours, et voici comment on opérerait, dans le cas où des cartes construites antérieurement ne fourniraient pas à cet égard tous les renseignements nécessaires. Au point de départ, on placerait le limbe vertical du théodolite dans le plan méridien, et, en visant le plus loin possible avec la lunette, on reconnaîtrait un second point de l'arc; on transporterait l'instrument en ce second point, on viserait le premier, puis, on en reconnaîtrait un troisième, en tournant la lunette dans la direction opposée, sans modifier la position du limbe vertical; se plaçant ensuite au troisième point, on en déterminerait un quatrième au moyen du second, par le procédé employé pour déterminer le troisième au moyen du premier, et ainsi de suite.

38. Triangulation. — Soit maintenant A (*fig.* 43), l'origine de l'arc dont il s'agit. De part et d'autre de cet arc, on choisit d'autres points B, C, D, E, F, G, etc., que l'on considère comme les sommets d'une chaîne de triangles, et, dans chacun de ceux-ci, on mesure les trois angles; on détermine aussi la longueur de l'un des côtés, AB par exemple; enfin on mesure l'azimuth de AB par rapport au méridien du point A, c'est-à-dire l'angle *m*AB. Dans le triangle ABC, connaissant un côté et les angles, on pourra calculer les deux autres côté AC et BC; de même dans le triangle BCD, connaissant BC et les angles, on pourra calculer les côtés BD et CD; en continuant ainsi on arrivera à connaître

tous les côtés des triangles qui forment le réseau. Ces côtés déterminent, sur l'arc de méridien, les segments A*m*, *mn*, *np*, etc.; le premier
segment A*m* s'obtiendra dans le triangle AB*m*,
dont on connaît le côté AB, ainsi que les angles
AB*m* et *m*AB; dans le même triangle, on devra
calculer aussi le côté B*m* et l'angle A*m*B. Le second segment *mn* s'obtiendra dans le triangle
*m*C*n*, dont on connaît le côté C*m*, égal à la différence de BC et de B*m*, l'angle *m*C*n*, qui a été
mesuré, et enfin l'angle C*mn*, égal à A*m*B; dans
le même triangle, on devra calculer aussi le côté
C*n* et l'angle *mn*C. De même, dans le triangle
D*np*, on calculera *np*, D*p* et l'angle D*pn*. Le supplément de ce dernier donnera l'angle D*pq*; connaissant les angles D*pq*, *p*D*q*, et le côté D*p*, on
pourra résoudre le triangle D*pq*; et ainsi de
suite.

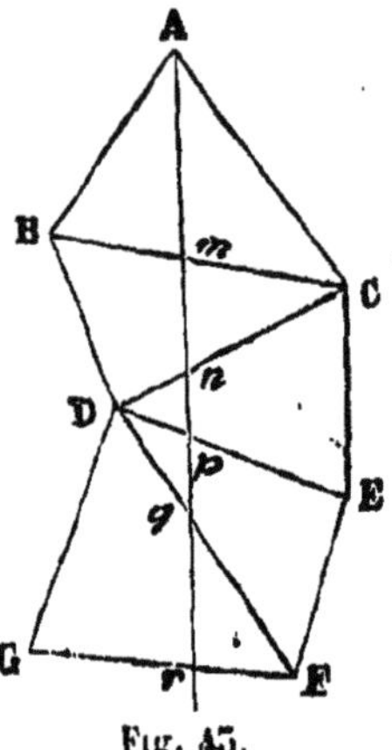

Fig. 45.

Les triangles doivent être bien conformés,
c'est-à-dire ne présenter aucun angle très-aigu ni très-obtus. Il y a avan-
tage à réduire leur nombre autant que possible en augmentant la longueur des côtés, qui peut être de 6 à 10 lieues et même au delà, et
n'est d'ailleurs limitée que par la forme du terrain et la portée des
lunettes. Quant aux sommets, leur emplacement est naturellement indiqué par les clochers, les tours, etc.; à défaut d'édifices d'une hauteur
suffisante, on construit des *signaux* en charpente.

59. Mesure d'une base. — La seule ligne que l'on ait à mesurer
directement est une *base*, que l'on choisit en terrain uni, et qu'on relie,
au moyen de quelques triangles, à l'un des côtés de la chaîne. Cependant, vers l'autre extrémité de cette chaîne, on mesure une seconde
base, dite de vérification, dont on compare la longueur ainsi obtenue
avec celle que fournit le calcul des triangles. La plus petite des bases
mesurées jusqu'à présent est à peu près d'une demi-lieue, la plus
grande de cinq lieues. Grâce à la perfection des appareils que l'on emploie dans ce genre d'opérations, l'erreur à craindre sur la longueur
totale n'en est pas la 200,000ᵉ partie.

Les bases de Melun et de Perpignan, employées par Delambre et
Méchain, vers la fin du siècle dernier, à la détermination de la longueur
de l'arc de méridien compris entre Dunkerque et Barcelone, furent
mesurées à l'aide de quatre règles en platine de deux toises de longueur chacune, reposant sur des madriers en bois portés par des tré-
pieds. Ces règles étaient placées successivement les unes à la suite des
autres; mais afin d'éviter les chocs, on laissait un intervalle entre leurs
extrémités, puis on évaluait chaque intervalle au moyen d'une languette

graduée, *a* (*fig.* 44), mobile entre deux coulisses à l'extrémité antérieure de chaque règle, et que l'on amenait en contact avec l'extrémité posté-

Fig. 44.

rieure de la règle suivante en tournant un bouton, *b*. Chaque règle de platine était recouverte d'une règle de cuivre un peu plus courte, qui lui était fixée seulement à l'une de ses extrémités, et, vers l'extrémité opposée, se trouvaient marqués deux traits, l'un sur la règle de platine, l'autre sur la règle de cuivre; par suite de l'inégalité des coefficients de dilatation des deux métaux, les deux traits se rapprochaient ou s'éloignaient l'un de l'autre, quand la température venait à changer; d'après leur distance, on pouvait donc évaluer cette température, et calculer les corrections que ses variations nécessitaient. On tenait compte aussi de l'inclinaison des règles, que l'on mesurait au moyen d'un niveau à bulle d'air. Enfin, par des expériences préalables, on avait comparé la longueur de chaque règle à celle de la toise de fer dont les savants français avaient fait usage, une soixantaine d'années auparavant, dans la mesure d'un arc de méridien au Pérou, et qui avait été adoptée comme étalon de nos mesures de longueur.

On a employé depuis, dans la mesure des bases, d'autres appareils, qui permettent d'obtenir encore plus de précision.

40. Réduction au niveau de la mer. — Lorsqu'on étudie la forme géométrique de la Terre, on doit faire abstraction des dépressions et des aspérités, pour ne considérer que la surface suivant laquelle les eaux s'étendraient, si l'on venait à creuser à travers les continents un immense système de canaux, en communication entre eux et avec l'Océan. D'après les lois de la mécanique, cette surface est perpendiculaire en chaque point à la verticale, c'est-à-dire à la résultante de la force centrifuge et des attractions exercées en ce point par les diverses molécules de la masse

terrestre. Pour projeter toute la triangulation sur la surface idéale ainsi définie, il n'y a aucun changement à faire subir aux angles mesurés à l'aide du théodolite, puisque cet instrument fournit directement les angles dièdres qui ont pour arête la verticale; il suffit donc de projeter la base, c'est-à-dire de la réduire au niveau de la mer. Or soient b et b' les longueurs des deux arcs, hk et $h'k'$ (*fig.* 45), qui repré-

Fig. 45.

sentent la base mesurée et la base réduite; ces deux arcs sous-tendant le même angle, au centre C de la Terre, sont proportionnels à leurs rayons; on a donc, en appelant r ce rayon, et λ la hauteur hh' de la base au-dessus du niveau de la mer,

$$b' = b\,\frac{r}{r+\lambda},$$

et, par conséquent,

$$b - b' = \frac{b\lambda}{r+\lambda}.$$

Une valeur approchée de r suffit pour le calcul de cette réduction.

41. La Terre est aplatie aux pôles. — La mesure effectuée en France, à la fin du siècle dernier, pour l'établissement du système métrique, et les mesures antérieures faites au Pérou et en Laponie pour l'étude de la forme de la Terre, ont donné respectivement, aux latitudes moyennes de $1° \frac{1}{2}$, 46° et 66° $\frac{1}{4}$, les trois longueurs suivantes de l'arc d'un degré : 56,737 toises, 57,025 toises et 57,196 toises : les différences qui existent entre ces trois nombres prouvent que la Terre n'est pas exactement sphérique. Les mêmes nombres, et ceux qu'on a trouvés depuis, par de nombreuses mesures effectuées dans d'autres contrées, montrent de plus que l'arc d'un degré va en augmentant à mesure qu'on s'éloigne de l'équateur pour se rapprocher de l'un des deux pôles ; or, il résulte de ce fait deux conséquences : la première est que la courbure du méridien va en diminuant à mesure qu'on s'éloigne de l'équateur ; la seconde est que la distance du pôle au centre de la Terre est plus courte que le rayon équatorial. La Terre est donc un sphéroïde aplati aux pôles.

La courbure du méridien diminue de l'équateur au pôle : en effet, si l'arc d'un degré augmente, le rayon du cercle avec lequel cet arc se confond sensiblement augmente aussi ; or, lorsque plusieurs circonférences sont tangentes à une même droite, en un même point, celle qui a le rayon le plus grand s'écarte moins rapidement de la droite que toutes les autres, et, par conséquent, c'est elle qui a la courbure la plus faible.

En second lieu, le rayon terrestre est plus grand à l'équateur qu'aux pôles : si l'on connaissait les longueurs des 90 arcs d'un degré qui forment, par leur réunion, le quart du méridien, il serait facile de calculer le rayon de courbure de chacun de ces arcs, c'est-à-dire le rayon du cercle avec lequel il se confond sensiblement (35), et de tracer ensuite la courbe elle-même. Pour abréger, nous supposerons le quart du méridien divisé en trois arcs seulement de 30° d'amplitude, ce qui ne changera pas la nature du raisonnement ; soient ρ, ρ', ρ'' les rayons de courbure de ces trois arcs, dans l'ordre où on les rencontrerait en allant de l'équateur au pôle ; on aura $\rho < \rho' < \rho''$. Par le centre, γ (*fig.* 46), d'une circonférence ayant pour rayon ρ, menons deux droites γE, γA, faisant entre elles un angle de 30°, et considérons γE comme représentant la trace du plan du méridien sur celui de l'équateur ; l'arc EA intercepté par ces deux droites, sur la circonférence de rayon ρ, pourra être pris pour le premier des trois arcs dans lesquels nous supposons que le méridien se trouve dé-composé. Sur le rayon $A\gamma$ prolongé, portons une longueur $A\gamma'$ égale à ρ', construisons l'angle $A\gamma'B$ égal à 30°, et décrivons, dans son intérieur, du point γ' comme centre, avec ρ' pour rayon, l'arc AB; nous obtiendrons ainsi le second des trois arcs. Enfin, sur $B\gamma'$ prolongé, prenons $B\gamma''$ égal à ρ'', formons un angle, $B\gamma''P$, de 30°, ou, ce qui revient au même, menons $\gamma''P$ perpendiculaire à $E\gamma$, puis, du, point γ'' comme centre, avec ρ'' pour rayon, décrivons l'arc BP; ce sera le troisième des arcs qui composent le

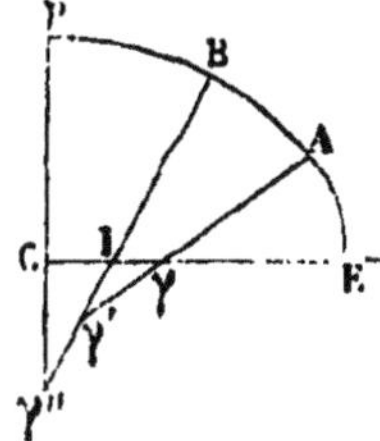

Fig. 46.

méridien; son extrémité P sera le pôle, et l'intersection C de $\gamma''P$ avec $E\gamma$ prolongé sera le centre de la Terre. Il faut démontrer que CP est plus court que CE : on a

$$\gamma''P = \gamma''B = \gamma'B + \gamma'\gamma'' = \gamma'A + \gamma'\gamma'' = \gamma A + \gamma\gamma' + \gamma'\gamma'' = \gamma E + \gamma\gamma' + \gamma'\gamma'' ;$$

or, la ligne polygonale convexe $\gamma\gamma'\gamma''$ est plus petite que la ligne enve-loppante $\gamma C\gamma''$: il vient donc

$$\gamma''P < \gamma E + \gamma C + C\gamma'',$$

ou, si l'on supprime $C\gamma''$ dans les deux membres de l'inégalité,

$$CP < CE.$$

42. Hypothèse de l'ellipticité des méridiens. — La forme d'un ellipsoïde de révolution, dont l'axe coïnciderait avec la ligne des pôles, et dont le plus petit diamètre se trouverait sur cette ligne, est, d'après la théorie, celle que le sphéroïde terrestre a dû prendre, par suite du mouvement de rotation dont il est animé, si l'on suppose que sa masse se trouvait primitivement homogène et à l'état fluide. Les défini-tions qui ont été données plus haut, pour les méridiens et pour les parallèles, pour la longitude et pour la latitude d'un lieu, sont compa-tibles avec cette forme aussi bien qu'avec la forme sphérique, et il en est de même des méthodes qui ont été indiquées pour la détermination de ces coordonnées géographiques, et pour celle de la longueur d'un arc de méridien. Dans la nouvelle hypothèse, les verticales ne vont plus concou-rir au centre de la Terre; mais, par une raison de symétrie, elles ren-contrent toutes la ligne des pôles. Un arc elliptique, AB (*fig.* 40), pris sur un méridien, ne mesure plus la différence des latitudes $A\gamma E$, BIE de ses deux extrémités; mais l'amplitude de cet arc, c'est-à-dire l'angle $A\gamma'B$ des deux verticales $A\gamma$ et $B\gamma'$, est encore égal à cette différence; car, l'angle EIB, extérieur au triangle $I\gamma\gamma'$, équivaut à la somme des deux angles intérieurs $A\gamma'B$ et $I\gamma\gamma'$, dont le second est égal à $A\gamma E$. Enfin, on arrivera toujours, par des mesures d'arcs de méridien, à déterminer les dimensions du globe; mais une seule ne suffira plus; il faudra en avoir effectué deux au moins, à des latitudes aussi différentes que possible. Alors, en égalant chacun des deux résultats obtenus à l'expression qui donne la longueur d'un arc de l'ellipse méridienne en fonction des latitudes connues des deux extrémités, et des deux axes de la courbe, on aura deux équations qui permettront de calculer ces deux dernières quantités. Au lieu du petit axe, qui diffère peu du grand, on choisit, comme seconde inconnue, l'*aplatissement*, c'est-à-dire le rapport de la différence des deux axes au grand; c'est de l'aplatissement que dépend uniquement la forme de l'ellipse. Les deux axes étant connus, si l'on introduit leurs valeurs numériques dans l'expression de l'arc, et si l'on remplace, dans la même expression, les deux latitudes par zéro et 90°, on obtiendra la longueur du quart du méridien, dont le mètre est la dix millionième partie.

43. Aplatissement et dimensions de l'ellipsoïde terrestre ; mètre légal. — En combinant entre eux les résultats des opérations exécutées en France, au Pérou et en Laponie, la Commission chargée d'établir le système actuel des poids et mesures fut conduite à adopter $\frac{1}{334}$ pour la valeur de l'aplatissement, et 5 130 740 toises pour la longueur du quart du méridien; celle du mètre fut donc fixée à $0^t,5130740$. Depuis, beaucoup d'autres mesures ont permis de déterminer avec plus de précision les éléments de l'ellipsoïde terrestre; de la discussion des nombres qu'elles ont fourni, il est résulté, pour l'aplatissement, la valeur $\frac{1}{299}$, et, pour le quart du méridien, la longueur, 5 131 180 toises, avec une incertitude en plus ou en moins de 256 toises; le mètre légal est donc un peu plus court que la dix-millionième partie de la distance du pôle à l'équateur.

Voici quelques résultats dont on peut avoir à faire usage et qui déduisent des précédents :

Rayon équatorial.	6 377 398 mètres.
Demi-axe polaire . . . . ,	6 356 080 —
Différence des deux demi-axes	21 318 —
Quart de l'équateur.	10 017 594 —
Quart du méridien	10 000 856 —
Degré de l'équateur	111 307 —
Degré du parallèle à 45° de latitude. . .	78 838 —
Degré moyen du méridien.	111 121 —
Minute *idem*.	1 852 —
Seconde *idem*.	31 —
Surface de la Terre. .	50 995 millions d'hectares[1].
Volume de la Terre. .	1 082 841 millions de kilomètres cubes.

[1] La surface de la France est à peu près la millième partie de celle de la Terre.

La différence des deux demi-axes n'atteint pas deux fois et demi la hauteur du mont Everest (27) au-dessus du niveau de la mer ; sur un globe de 3 décimètres de rayon, elle serait représentée par 1 millimètre seulement. Lorsqu'on n'en tient pas compte, on néglige à plus forte raison la faible différence qui existe entre le mètre théorique et le mètre légal, et l'on regarde le globe terrestre comme une sphère dont chaque grand cercle aurait 10 000 lieues de circonférence, et dont le rayon serait de 6 366 kilomètres.

44. Les mesures effectuées sur divers méridiens donnent, pour ces lignes, des courbures qui ne sont pas exactement les mêmes à la même latitude, et, suivant que l'on emploie les résultats de telles ou telles opérations géodésiques, en les groupant deux à deux, pour calculer l'aplatissement et le rayon équatorial, on obtient des nombres qui ne sont pas identiques ; les divergences, quoique bien faibles, surpassent celles que peuvent amener les erreurs d'observation. La figure générale de la Terre n'est donc pas celle d'un ellipsoïde de révolution ; mais elle en diffère très-peu, surtout lorsqu'on fait abstraction de quelques anomalies locales.

45. **Levé de la carte d'un pays.** — Les opérations géodésiques n'ont pas seulement pour but l'étude de la forme de la Terre, mais aussi la construction des cartes géographiques. Pour lever la carte d'un pays, on commence par former des chaînes de triangles, comme celles dont nous avons déjà parlé (38), et qui le traversent dans toute son étendue, en suivant les unes des méridiens, les autres des parallèles. Dans l'intérieur des grands quadrilatères déterminés par les intersections de ces méridiens et de ces parallèles, on choisit des points, qu'on relie entre eux, et aux sommets des chaînes, par de nouveaux triangles de même grandeur que les premiers : la surface entière de la contrée se trouve ainsi couverte par un réseau qui constitue la triangulation du premier ordre. On subdivise ce réseau au moyen de triangles plus petits, qui sont dits du deuxième ordre ; leurs sommets servent de stations, pour fixer, par la mesure de deux angles seulement, les positions de nouveaux points, qui seront les sommets des triangles du troisième ordre. On détermine, à l'aide d'observations astronomiques, les longitudes et les latitudes de quelques-uns des sommets du premier ordre, puis on en déduit, par le calcul, les coordonnées géographiques de tous les sommets des trois ordres de triangles, en tenant compte, pour le premier ordre, de l'aplatissement de l'ellipsoïde, et, pour le second, de la courbure de la sphère. On place chaque sommet sur la carte d'après les résultats ainsi obtenus. Enfin, dans l'intérieur des triangles du troisième ordre, dont les côtés ont en moyenne une lieue de longueur, on relève le terrain par les procédés ordinaires de la topographie.

46. MESURE DES ALTITUDES. — Si l'on veut compléter la description du pays, il faut joindre à la projection ainsi construite l'indication des reliefs; à cet effet, on détermine les *altitudes* des différents sommets, c'est-à-dire leurs hauteurs au-dessus du niveau de la mer. L'instrument dont on fait alors usage est encore le théodolite. Soient A et B (*fig.* 47) deux sommets consécutifs de la triangulation, A′ et B′ leurs projections sur la surface de la mer considérée comme sphérique, et C le centre de cette surface; l'une des deux altitudes, AA′ par exemple, est supposée connue. De la station A, on mesure la distance zénithale ZAB du sommet B: alors, dans le triangle ABC, on connaîtra le côté CA, qui se compose du rayon de la Terre et de l'altitude du point A, l'angle BAC, qui est le supplément de la distance zénithale observée, et enfin l'angle C, qui est mesuré par l'arc A′B′, c'est-à-dire par le côté de la triangulation exprimé

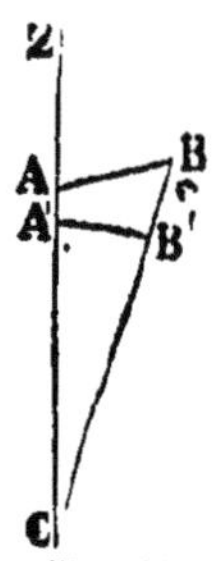

Fig. 47.

en degrés, minutes et secondes. On pourra donc calculer la différence des côtés CB, CA, ou la différence de niveau des deux sommets A et B; seulement, dans le calcul, on aura à tenir compte des effets de la réfraction. En partant d'un point situé dans le voisinage de la mer, et en opérant ainsi de proche en proche, on trouvera les altitudes de tous les sommets du premier ordre, puis, successivement, de ceux du second et de ceux du troisième; le topographe prendra ensuite ces derniers comme points de départ pour exécuter les nivellements de détail.

C'est par les méthodes dont nous venons de donner une idée qu'a été construite la nouvelle carte de France à l'échelle de $\frac{1}{80000}$.

CHAPITRE II

Projections des cartes géographiques.

47. Canevas des cartes géographiques. — Avant de rapporter sur une carte, d'après leurs longitudes et leurs latitudes, les différents points du globe qui doivent y figurer, il faut avoir tracé deux systèmes de lignes destinés à représenter, l'un les méridiens, l'autre les parallèles; l'ensemble de ces lignes constitue le canevas de la carte, et leur nature dépend du *mode de projection* adopté. Quel que soit ce mode de projection, il y aura toujours déformation lorsqu'on passera, d'une figure tracée sur le globe, à la figure correspondante de la carte, car une portion de surface sphérique ne saurait être appliquée sur un plan. On peut imaginer une infinité de systèmes de projection qui n'altèrent pas les angles; dans chacun d'eux toute figure infiniment petite tracée sur la sphère se trouve représentée, sur la carte, par une figure qui lui est semblable, puisque les deux figures sont décomposables en triangles ayant leurs angles égaux chacun à chacun; seulement, le rapport de similitude varie d'une région à une autre. On peut aussi imaginer une infinité de systèmes qui n'altèrent pas les aires : mais il n'en est aucun qui, remplissant à la fois les deux conditions, conserve les longueurs.

48. Mappemondes. — Nous supposerons d'abord qu'il s'agisse de la construction d'une *mappemonde*, c'est-à-dire d'une carte donnant la représentation complète de chacun des deux hémisphères. Le mode de projection le plus simple sera alors la *projection stéréographique*, si l'on veut satisfaire à la première des deux conditions énoncées, celle de ne pas altérer les angles; ce sera la *projection équivalente de Lambert*, si l'on veut satisfaire à la seconde ; et enfin la *projection de Nicolosi* dite *projection globulaire*, si, au lieu de vouloir remplir exclusivement l'une ou l'autre, on préfère établir entre les deux une sorte de compensation.

49. Projection stéréographique. — La projection stéréographique d'un hémisphère est sa perspective sur le plan du grand cercle qui le limite ou sur tout autre plan parallèle à celui-là, le point de vue étant placé dans l'autre hémisphère, à l'extrémité du diamètre perpendiculaire au plan de projection.

Soit MM (*fig.* 48) le grand cercle qui limite l'hémisphère à représenter, et soit O le point de l'autre hémisphère qui se trouve sur le prolongement du rayon Cc perpendiculaire au plan MM. Ce plan sera celui sur lequel on prend la perspective, et O sera la position du point de vue. La projection stéréographique d'un point quelconque A du premier hémisphère sera donc la trace *a* de la droite OA sur le plan MM. En particulier, la projection du point C se trouvera en *c*, au centre de la carte. La projection d'une figure quelconque B, sera une autre figure *b* déterminée par l'intersection du plan MM et du cône qui a pour sommet le point O,

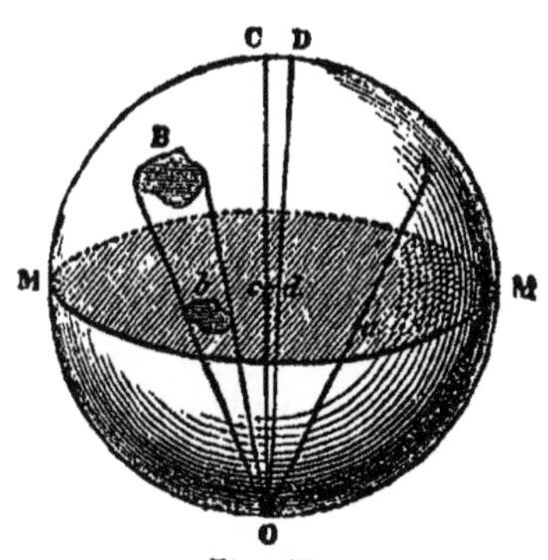

Fig. 48.

et pour directrice le contour de B. Les arcs de cercle, tels que CD, situés dans un même plan avec le point O, auront pour projections des portions de droite, telles que *cd*.

La projection stéréographique possède deux propriétés importantes que nous allons établir.

50. Première propriété. — *Cette projection conserve les angles.*

Soient O (*fig.* 49 et 49 *bis*) le point de vue, L un point quelconque de la sphère, L*m* et L*n* deux droites tangentes à sa surface, enfin *l*, *m*, *n* les traces des trois droites LO, L*m*, L*n* sur le plan du tableau. L'angle *m*L*n*

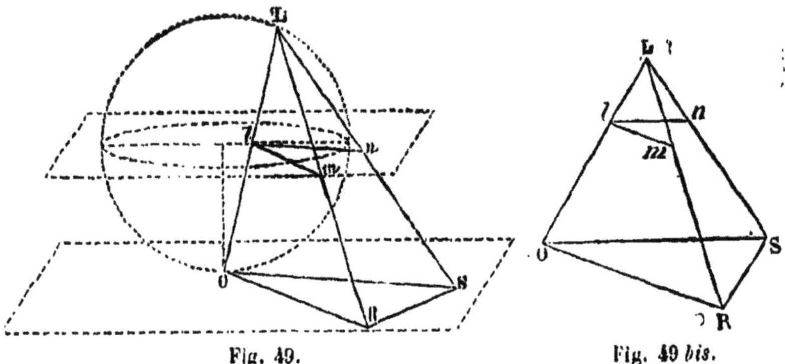

Fig. 49.   Fig. 49 bis.

aura pour perspective l'angle *mln ;* ces deux angles sont égaux : en effet, prolongeons les deux lignes L*m*, L*n* jusqu'à leurs points d'intersection, R, S, avec le plan tangent à la sphère au point O. Ce plan étant parallèle au plan de projection, puisque tous deux sont perpendiculaires au rayon du point O, leurs intersections par un même plan seront parallèles; ainsi les deux angles *mln*, ROS sont égaux entre eux, comme ayant leurs côtés parallèles chacun à chacun; mais les deux triangles LRS, ORS ont le côté RS commun, le côté LR égal à OR, puisque LR et OR sont deux tangentes à la sphère issues d'un même point, et le côté LS égal à OS pour la même raison; donc les deux angles RLS, ROS sont égaux entre eux; par conséquent l'angle *mln*, déjà égal à l'angle ROS, l'est aussi à l'angle RLS.

Le plan de la figure 49 est celui du grand cercle qui passe par le point de vue, O, et par le point L. Le plan de la figure 49 *bis* contient le point de vue et la ligne L*n*, qui est l'une des deux tangentes.

51. Seconde propriété. — Le même mode de représentation jouit d'une autre propriété, qui est très-avantageuse pour le tracé du canevas :

La projection stéréographique d'un cercle est un cercle, et le centre du second cercle est la perspective du sommet du cône circonscrit à la sphère suivant la circonférence du premier.

Pour le démontrer, substituons, au plan du grand cercle sur lequel on fait la perspective, un autre plan qui lui soit parallèle, ce qui ne changera pas la nature de la projection, et faisons passer ce nouveau plan par le sommet S (*fig.* 50 et 51) du cône circonscrit à la sphère suivant la circonférence du cercle à représenter. Soit M un point quelconque de cette circonférence, et soit M′ le point du prolon-

gement de OM qui lui sert de perspective; tirons SM'. Le plan des
trois points O, S, M coupe le plan qui est tangent à la sphère au
point O, suivant une droite OT parallèle à SM', car ce dernier plan
est parallèle au nouveau plan de projection aussi bien qu'à l'ancien ;
soit T le point où OT rencontre le prolongement de SM. Les deux triangles
MOT, MM'S sont semblables, et le premier est isocèle, puisque la droite
TO et le prolongement TM de la génératrice du cône sont deux tangentes

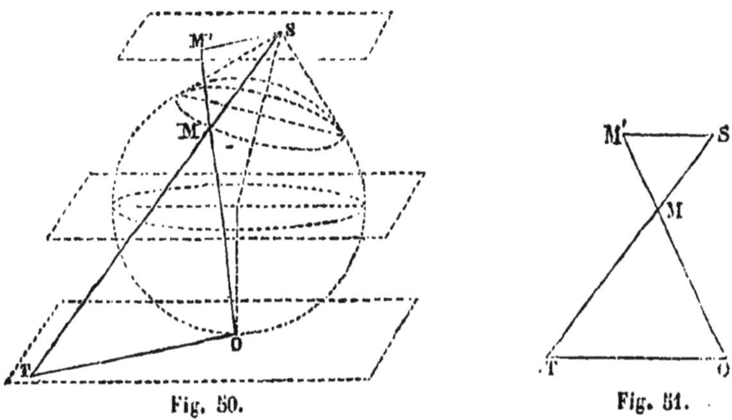

Fig. 50.   Fig. 51.

à la sphère, issues d'un même point ; donc le second triangle est aussi
isocèle, et SM' est égal à la longueur constante SM de la génératrice. Il
résulte de là que le lieu des points M', ou la perspective du cercle à projeter, est aussi un cercle ayant cette longueur pour rayon et le point S pour
centre. Si l'on revient maintenant à l'ancien plan de projection, on aura
encore pour perspective un cercle, et son centre sera la perspective du
sommet S.

Le plan de la figure 50 est celui du grand cercle qui passe par le point
de vue, O, et le centre du petit cercle dont on cherche la perspective.
Le plan de la figure 51 contient le point de vue, O, et la génératrice SM
du cône.

Lorsque le cercle à représenter passe par le centre de la sphère, le cône
circonscrit suivant sa circonférence devient un cylindre dont les génératrices sont perpendiculaires à son plan, et la droite qui sert à obtenir
la perspective du sommet du cône se trouve alors parallèle à ces génératrices. Donc le centre du cercle qui constitue la projection stéréographique d'un grand cercle est situé à la rencontre du plan de projection avec la perpendiculaire abaissée du point de vue sur le plan du
grand cercle.

52. PROJECTION SUR UN MÉRIDIEN. — Dans la construction des mappemondes, c'est ordinairement sur le plan d'un méridien, *pep'e'* (*fig.* 52), que

l'on prend la perspective de chacun des deux hémisphères ; le point
de vue est alors à l'intersection de l'équateur avec le méridien perpendiculaire au premier, de sorte que ces deux derniers cercles se
trouvent figurés par les deux diamètres ee' et pp', perpendiculaires
entre eux, suivant lesquels leurs plans coupent le plan du tableau ; les
extrémités p et p' du second diamètre sont les pôles. Le cône circonscrit à la sphère suivant le parallèle dont la latitude est ev, ou $e'v'$, a

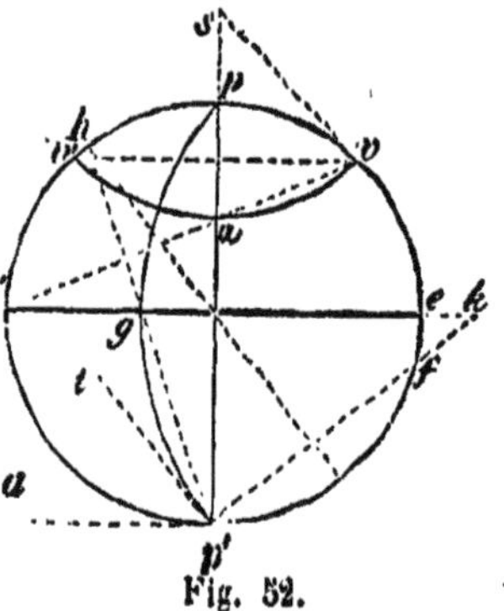

Fig. 52.

son sommet, s, sur le prolongement de
la ligne des pôles, et sur la tangente menée par le point v à la circonférence $pep'e'$;
comme ce point est contenu dans le plan
du tableau, il est sa propre perspective ;
par conséquent, celle du demi-parallèle
sera l'arc de cercle vuv' décrit du point s
comme centre avec sv pour rayon.

L'intersection de cet arc avec la ligne
des pôles doit se trouver en u sur la
droite $e'v$; en effet, si, par un mouvement
de rotation autour de pp', on rabattait,
sur le plan du tableau, le méridien qui

contient le point de vue, ce point viendrait se placer en e ou en e', suivant
le sens du mouvement, en e, par exemple ; le point d'intersection du même
méridien avec le parallèle se placerait en v, et la droite qui joint les
deux points prendrait la position $e'v$. Lorsqu'on remettra la figure dans
sa première position, le point u où cette droite rencontre l'axe de rotation pp'
ne changera pas ; ce point appartient donc à la projection du parallèle.

Chacun des demi-méridiens de l'hémisphère à représenter aura pour
perspective un arc de cercle passant par les points p et p', et dont
le centre se trouvera, par conséquent, sur la ligne ee' ou sur son prolongement. Soit L la longitude de l'un d'eux comptée à partir du
demi-méridien $pe'p'$; puisque la projection conserve les angles, les
tangentes, $p'a$, $p'l$, aux cercles qui donnent les perspectives des deux
méridiens, doivent faire entre elles un angle égal à L ; il en sera de
même des droites $p'p$, $p'k$, perpendiculaires à ces deux tangentes ; de
sorte que, pour avoir le centre, k, de la perspective que l'on cherche, il
suffit de prendre l'arc pef égal à 2L, de joindre le point p' au point f,
et de prolonger la ligne ainsi obtenue jusqu'à ce qu'elle rencontre ee'.

Si l'on rabattait le plan de l'équateur sur celui de la figure, le point
de vue viendrait se placer en p', et, l'intersection de l'équateur avec le
méridien, en h, l'arc $e'h$ étant égal à L ; le point g où la perspective du méridien rencontre ee' appartient donc aussi à la droite $p'h$. On peut encore
remarquer que le diamètre qui passe par le point h est perpendiculaire
à $p'k$.

53. Les lignes tracées sur l'hémisphère, dans la région diamétralement opposée au point de vue, sont réduites de moitié sur la carte, puisqu'elles se trouvent deux fois plus éloignées de ce point que leurs perspectives ; du bord de la carte au centre, le rapport de similitude varie donc de 1 à $\frac{1}{2}$ pour les distances, et de 1 à $\frac{1}{4}$ pour les surfaces; ou bien encore, on peut admettre que les figures tracées vers le centre n'ont pas subi d'altération; pour cela, il suffit de supposer que le plan de perspective s'est déplacé parallèlement à lui-même jusqu'à ce qu'il devienne tangent à la sphère; mais alors il faut considérer les figures qui se projettent vers les bords comme ayant leurs longueurs doublées et leurs surfaces quadruplées.

La figure 53 représente une mappemonde construite d'après le système de la projection stéréographique.

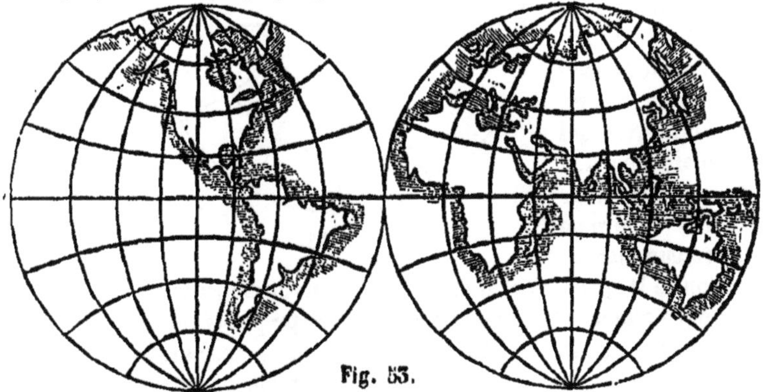

Fig. 53.

54. Projection équivalente de Lambert. — Le tracé de cette projection repose sur une propriété bien connue de géométrie, savoir que toute zone à une base est équivalente à un cercle ayant pour rayon la corde de l'arc de circonférence qui, par sa rotation autour d'un diamètre, engendrerait la zone.

Supposons qu'il s'agisse d'effectuer la projection de l'hémisphère boréal sur le plan de l'équateur. Il est d'abord facile de marquer sur un arc, PVE (*fig.* 54), égal à un quadrant, et que l'on peut regarder comme représentant le quart d'un méridien terrestre, les points, U, V, etc., qui, dans la révolution de ce méridien autour de l'axe polaire CP, engendreraient les divers parallèles ; il suffit pour cela de prendre, à partir de l'extrémité E, des arcs EU, EV, etc., égaux aux latitudes de ces parallèles.

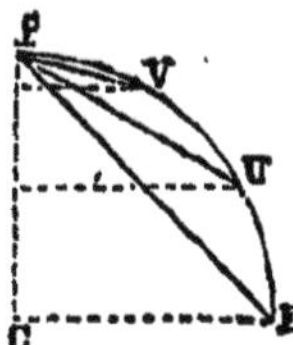

Fig. 54.

On obtient ainsi une figure auxiliaire qui doit servir pour la construction de la carte.

Soit maintenant *p* (*fig.* 55) le point de cette carte qui doit représenter le pôle. Si du point *p* comme centre avec des rayons égaux aux cordes PE, PU, PV, etc., de la figure auxiliaire, nous décrivons des circonférences, les cercles qu'elles limiteront seront, en vertu de la propriété énoncée, équivalents aux calottes sphériques qui limitent les parallèles ; si l'on prend ces circonférences pour projections des parallèles, on conservera donc, sur la carte, les surfaces des zones terrestres. Quant aux méridiens, on les représente par des droites *pe, pf,* etc., partant du point *p* et faisant entre elles des angles égaux aux différences de longitude.

Pour démontrer que les aires ne sont pas altérées, considérons l'aire *uvxy* comprise entre deux parallèles, *ux, vy,* et deux méridiens, *pe, pf,* de la carte, et supposons que l'angle des deux méridiens soit de 30°, ou de la 12me partie de 360°. Le secteur *pux* sera la 12me partie du cercle qui a pour rayon *pu ;* mais la portion de zone que représente ce secteur est aussi la 12me partie de la zone entière ; donc le secteur *pux* est

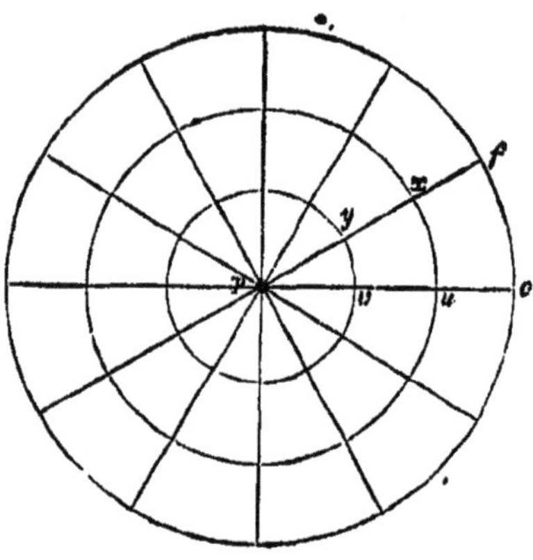

Fig. 55.

équivalent à la portion de la sphère dont il est la projection. On démontrera d'une manière analogue que le secteur *vy* possède la même propriété ; donc cette propriété s'applique aussi à la différence *uvxy* des deux secteurs.

Le tracé des méridiens et des parallèles n'est plus aussi simple quand on effectue la projection sur un méridien. Ces lignes sont alors représentées par des courbes qu'il faut construire point par point. On y parvient facilement en se servant d'un canevas auxiliaire construit dans le système de la projection stéréographique ou dans celui de la projection orthographique.

Il est à regretter que la projection équivalente de Lambert ne figure pas dans nos atlas.

55. Projection de Nicolosi. — Soient *p* et *p'* (*fig.* 56) les deux pôles, et *pep'e'* le méridien sur le plan duquel on fait la projection. Le méridien perpen-

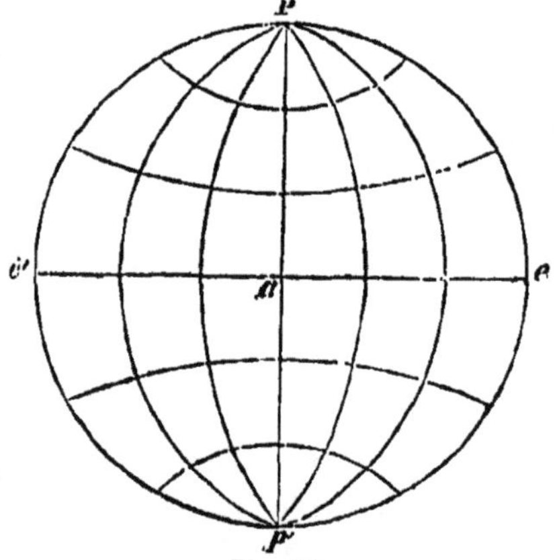

Fig. 56.

diculaire au premier sera représenté par le diamètre *pap'*, et l'équateur

par le diamètre *eae'* perpendiculaire à *pp'*. Pour figurer les autres méridiens, on divise *ae* et *ae'* en parties égales, puis, par chaque point de
division et par les points *p* et *p'* on fait passer des arcs de cercle. Pour
figurer les parallèles, on divise, le rayon *pa*, l'arc *pe* et l'arc *pe'* en un
même nombre de parties égales, puis, par les points de division corres-
pondants, on fait passer des arcs de cercle; on opère de même au-
dessous de l'équateur.

Les Anglais font un fréquent usage de cette projection.

Les nombres ci-dessous permettront de comparer entre eux, sous le
rapport de la déformation, les trois modes de projection que nous venons
de décrire. Les nombres de la première colonne donnent la valeur de la
plus grande altération d'angle pour toute l'étendue de la mappemonde;
ceux de la seconde, le rapport de la longueur la plus amplifiée à la longueur la plus réduite; enfin, ceux de la troisième, le rapport analogue
pour les aires.

Projection stéréographique	0°	2,0	4,0
Projection de *Lambert*.	30	2,0	1,0
Projection globulaire.	33	1,8	1,6

Dans une mappemonde, le méridien qui limite l'hémisphère étant
représenté par le cercle des bords de la carte, et la moitié de l'équateur
par un diamètre de ce cercle, le rapport de la longueur la plus amplifiée à la longueur la plus réduite ne saurait être inférieur à la moitié
du rapport de la circonférence à son diamètre, c'est-à-dire à 1, 0; la
projection globulaire réduit donc à peu près à son *minimum* la plus
grande altération de distance.

56. **Projection orthographique.** — Pour représenter la sphère
céleste sur un plan, les anciens se servaient de la projection stéréographique et de la *projection orthographique* [1].

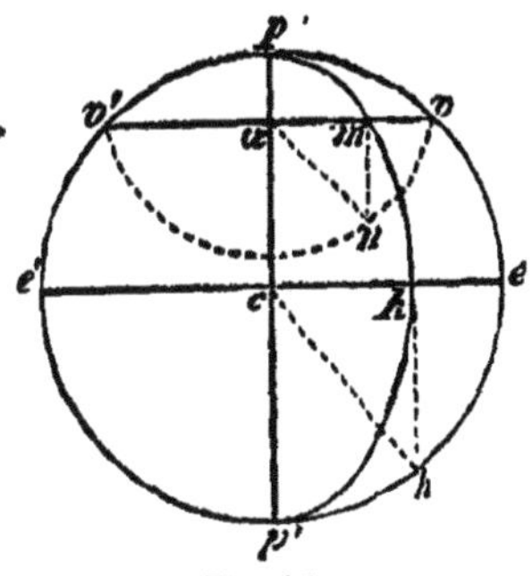

Fig. 57.

Cette dernière n'est autre chose que la projection orthogonale ordinaire, ou, ce qui revient au même, une perspective, dont le point
de vue s'est éloigné du plan du tableau, à
une distance infinie, sur une perpendiculaire
à ce plan. A cause de leur éloignement, les
surfaces des astres doivent nous présenter
l'aspect de mappemondes construites dans
ce système; aussi est-ce celui que l'on
adopte pour les cartes de la Lune.

Supposons qu'il s'agisse d'exécuter la pro-
jection orthographique d'un hémisphère sur le plan d'un méridien *pep'e'*
(*fig.* 57). Soit *pp'* la ligne des pôles; l'équateur sera représenté par sa

[1] Hipparque, astronome de l'école d'Alexandrie, qui vivait dans le second siècle
avant notre ère, est l'inventeur de la projection stéréographique, et probablement
aussi de la projection orthographique.

trace *ee'* sur ce plan, et le parallèle dont la latitude est *ev* ou *e'v'*
par sa trace *vv'*. Les méridiens auront pour projections des ellipses dont
le grand axe sera la ligne *pp'*. Si nous faisons tourner le plan de l'équateur
autour de *ee'*, jusqu'à ce qu'il se rabatte sur le plan de la figure, la trace
d'un méridien quelconque, sur le premier de ces deux plans, s'appli-
quera sur la droite *ch* qui fait avec *ce* un angle égal à la longitude de ce
méridien ; la projection *k*, sur *ce*, de l'extrémité du rayon *ch*, sera le sommet du petit axe de l'ellipse, *pmkp'*, qui sert de projection au méridien. En
rabattant de même le parallèle dont la latitude est *ev*, suivant le demi-
cercle *vnv'*, puis, en menant le rayon *un* parallèle à *oh*, et en projetant
l'extrémité *n* de ce rayon sur *vv'*, on obtiendra le point *m* de cette dernière droite par lequel passe la même ellipse.

Tandis que les méridiens de la sphère se coupent sous tous les angles
possibles, ceux de la carte sont des demi-ellipses tangentes les unes aux
autres, en *p* et en *p'*, et par conséquent font entre eux des angle nuls
ou égaux à 180° ; les lignes parallèles au plan du méridien sur l quel
on projette, sont reproduites en vraie grandeur, mais celles qui partent
des divers points de la circonférence de ce méridien, dans une direction
perpendiculaire à son plan, se trouvent, près du point de départ, annulées
en projection. Ainsi l'altération des angles n'a d'autre limite que 180°,
l'altération de distance va jusqu'à l'infini, et il en est de même de l'altération de surface. La projection orthographique ne convient donc
nullement pour la construction des
mappemondes destinées à représenter notre globe ; on peut se faire
une idée, par la figure 58, de la
déformation qu'elle produit.

Lorsqu'il s'agit de résoudre, par
des constructions planes, les questions relatives à des figures tracées sur la surface d'une sphère,
une seule projection, orthographique ou stéréographique, peut remplacer avantageusement les deux
projections ordinaires de la géométrie descriptive. Entre autres
questions utiles, nous nous conten-

Fig. 58.

terons d'énoncer la suivante : Construire, en vraie grandeur, l'arc de
grand cercle qui mesure, sur la sphère, la distance de deux points donnés
par leurs projections.

57. Carte d'une contrée particulière; carte de France.—
Les systèmes de projection qui ont été imaginés pour la construction des
cartes particulières sont en général des *développements*. On substitue, à la

surface de la contrée que l'on veut représenter, celle d'un cône de révolution qui s'en écarte peu, et dont l'axe coïncide avec la ligne des pôles. Les plans des méridiens terrestres coupent ce cône suivant ses génératrices, et ceux des parallèles suivant des circonférences; les droites et les circonférences sur lesquelles ces lignes s'appliquent, lorsqu'on ouvre le cône le long d'une génératrice, pour le développer sur un plan, constituent le canevas de la carte.

En modifiant plus ou moins les développements, on obtient d'autres modes de projection produisant une déformation plus faible; l'un d'eux, que l'on appelle habituellement, mais bien à tort, développement de Flamsteed modifié, a été adopté par le Dépôt de la Guerre, pour la construction de la nouvelle carte de France[1]; voici en quoi il consiste.

Soient PBAC et DAE (*fig.* 59) le méridien et le parallèle *moyens* d'une contrée MN, c'est-à-dire le méridien et le parallèle qui passent par un point central A de cette contrée. Le méridien est représenté sur la carte par une droite *bc* (*fig.* 60), et tous les parallèles par des circonférences ayant pour centre un point *o* du prolongement de cette droite; le rayon *oa* du parallèle moyen a la même longueur que la portion AO (*fig.* 59) de la

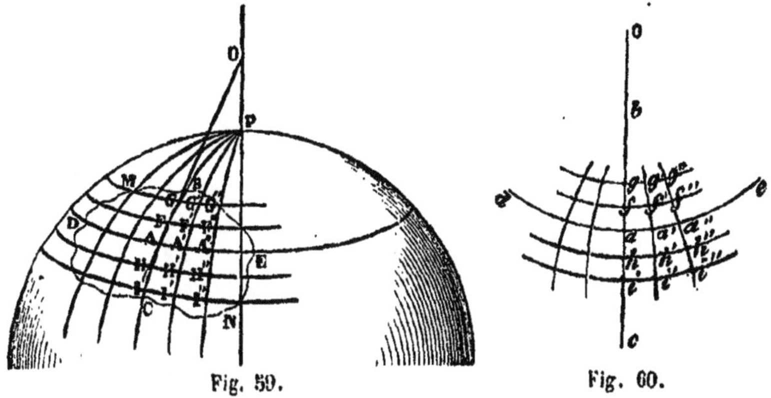

Fig. 59.   Fig. 60.

tangente au méridien moyen comprise entre le point de contact A et la ligne des pôles; les points *f*, *g*, *h*, *i*, etc. (*fig.* 60), où les autres parallèles de la carte rencontrent *bc*, s'obtiennent en portant sur cette ligne les longueurs *af*, *ag*, *ah*, *ai*, etc., respectivement égales aux arcs de méridien AF, AG, AH, AI, etc. (*fig.* 59). Les parallèles de la carte une fois construits, on prend sur ces lignes, à partir de *bc* (*fig.* 60), les arcs *aa'*, *ff'*, *gg'*, *hh'*, *ii'*, etc., respectivement égaux aux arcs AA',

[1] On l'appelle aussi *projection de Bonne*, du nom du géographe français qui, en 1752, fit ressortir ses propriétés; mais il avait été appliqué antérieurement par d'autres géographes. C'est par erreur que l'invention en a été attribuée à Ptolémée, astronome de l'école d'Alexandrie, qui florissait vers l'an 130 de notre ère.

FF', GG', HH', II', etc. (*fig.* 59) compris, sur les parallèles du globe, entre le méridien moyen et un second méridien PG'I' ; on détermine, ainsi une courbe *g'f'a'h'i'* (*fig.* 60), que l'on considère comme la projection de ce second méridien ; on construit d'une manière analogue la projection *g"f"a"h"i"* du méridien PG"F"A"H"I" (*fig.* 59), et ainsi de suite.

Les angles et les longueurs sont conservés sur le méridien et sur le parallèle moyens ; quant aux aires, elles le sont dans toute l'étendue de la carte : en effet, supposons, pour la démonstration, que les méridiens et les parallèles de la figure soient infiniment rapprochés les uns des autres ; chacun des rectangles infiniment petits du globe, F'F"G'G" (*fig.* 59) par exemple, et le parallélogramme correspondant *f'f"g'g"* (*fig.* 60) de la carte, ont des bases F'F" et *f'f"* égales entre elles par construction, et des hauteurs F'G', ou FG, et *fg* aussi égales entre elles ; donc ils sont équivalents.

La figure 61 représente une carte de France construite d'après le mode

Fig. 61.

de projection qui vient d'être expliqué. Sur cette carte, la plus grande altération d'angle est de 18', et la distance la plus altérée l'est de sa 580ᵉ partie.

3.

Nous avons dit qu'il existe une infinité de systèmes de représentation qui conservent les angles ; lorsqu'on veut dresser la carte d'un pays , le choix devrait porter sur celui d'entre eux qui réduit à son *minimum* la plus grande altération de longueur pour toute l'étendue de cette carte. On arrive à déterminer ce système par des tracés graphiques et des calculs qui n'ont rien de bien compliqué ; sa nature dépend d'ailleurs de la distance à laquelle la contrée se trouve de l'équateur, et de la forme de son contour. C'est ainsi que sur la carte de France on pourrait annuler les altérations d'angles, et faire en sorte que la distance la plus altérée ne le fût plus que de la 1100e partie de sa longueur.

LIVRE III

—

CHAPITRE PREMIER

Mouvement apparent du Soleil.

58. Forme du disque solaire. — Le disque du Soleil est exactement circulaire. On peut s'en assurer en observant cet astre avec une lunette dont le réticule se trouve muni de deux fils parallèles (*fig.* 62), l'un fixe, l'autre mobile; on dirige la lunette de manière que l'image de l'astre se trouve tangente au premier de ces deux fils, et, à l'aide d'une vis, on amène le fil mobile à se trouver aussi tangent à l'image, mais sur le bord opposé; puis on fait tourner la lunette autour de son axe de figure, en maintenant le contact pour l'un des fils; on constate alors qu'il persiste aussi pour l'autre, sans qu'on ait besoin de modifier leur écartement.

Fig. 62.

59. DIAMÈTRE APPARENT. — L'angle sous lequel on voit le diamètre du disque s'appelle le *diamètre apparent* du Soleil. L'expérience précédente peut servir à le mesurer; il suffit pour cela que la vis qui produit le déplacement du fil mobile soit munie d'un tambour gradué, et que, par des essais préalables, on ait déterminé la valeur de chaque tour de vis, en opérant sur un objet éloigné dont la distance et les dimensions étaient connues. Supposons que 10 tours de la vis aient fait parcourir 291 millimètres, au fil mobile, sur l'image d'une règle placée à 100 mètres de distance : comme l'arc qui a 291 millimètres de longueur sur une circonférence de 100 mètres de rayon est celui qu'intercepte l'angle au centre de 10′, on saura que chaque tour de la vis correspond à 1′, et, si la circonférence du tambour se trouve divisée en 60 parties égales, chaque partie correspondra à 1″.

Le diamètre apparent du Soleil est d'environ 32′.

Ce diamètre doit être amplifié pour l'observateur, et il doit l'être plus ou moins suivant que les circonstances font voir l'astre avec un éclat plus ou moins vif. C'est là une conséquence du phénomène connu sous le nom d'irradiation, en vertu duquel les dimensions d'un objet semblent aug·menter avec son éclat. La figure 63 montre deux cercles, l'un blanc et

 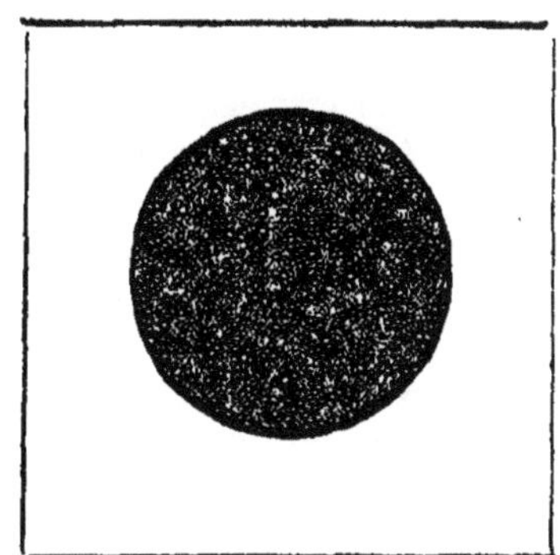

Fig. 63.

l'autre noir, qui ont exactement le même diamètre; cependant le premier paraît plus grand que le second.

00. Mouvement du Soleil sur la sphère céleste ; écliptique. — La position du Soleil sur la sphère céleste varie. Pour étudier les lois de son mouvement, il suffit de mesurer les deux coordonnées du centre de l'astre, chaque fois qu'en vertu du mouvement diurne il vient à effectuer son passage supérieur au méridien; à cet effet, on observera les heures sidérales des passages du bord occidental et du bord oriental : la demi-somme donnera l'heure sidérale du passage du centre, c'est-à-dire l'ascension droite de ce point (1ʰ); de même, on obtiendra sa déclinaison en prenant la demi-somme des déclinaisons du bord supérieur et du bord inférieur. Si l'on marque ensuite sur un globe (*fig.* 64) les positions S, S', S'', etc., ainsi déterminées, on reconnaîtra qu'elles appartiennent toutes à une même circonférence de grand cercle. Ce grand cercle a reçu le nom d'*écliptique*.

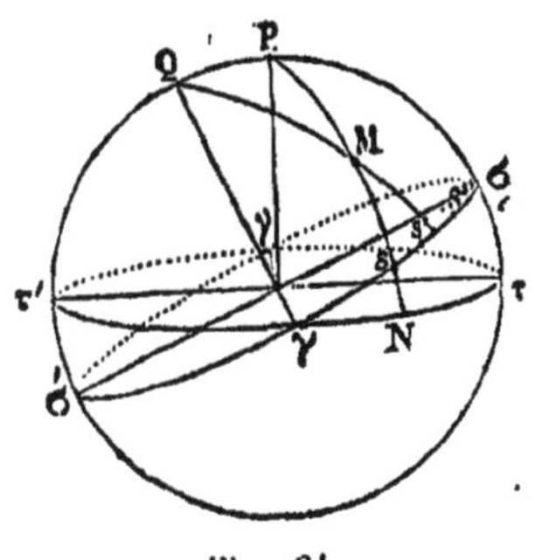

Fig. 64.

61 Équinoxes, solstices ; année tropique, saisons. — L'écliptique coupe l'équateur suivant un diamètre, γγ' (*fig.* 64), dont les extrémités s'appellent l'*équinoxe du printemps* et l'*équinoxe d'automne;* l'équinoxe du printemps, γ, est le point où le Soleil traverse l'équateur quand il quitte l'hémisphère austral pour entrer dans l'hémisphère boréal. Les extrémités du diamètre, σσ', de l'écliptique perpendiculaire à la ligne des équinoxes, se nomment les *solstices*; le *solstice d'été*, σ, est dans l'hémisphère boréal, et le *solstice d'hiver*, σ', dans l'hémisphère austral. Le temps que le Soleil met à revenir à l'équinoxe du printemps s'appelle *année tropique*. Le mouvement de l'astre a lieu dans le sens direct, de sorte que ses passages aux quatre points que nous venons de nommer se font dans l'ordre suivant : équinoxe du printemps, solstice d'été, équinoxe d'automne, solstice d'hiver. Les époques auxquelles ils ont lieu divisent l'année en quatre saisons, qui sont : le *printemps*, *l'été*, *l'automne* et *l'hiver*.

62. Origine des ascensions droites. — Le point vernal, à partir duquel nous avons dit que l'on comptait les ascensions droites (18), n'est autre chose que l'équinoxe du printemps. Tant que la position de ce point n'est pas connue, on peut supposer que l'on a pris, pour origine provisoire des ascensions droites, l'intersection, O (*fig.* 65), du cercle de déclinaison d'une étoile, E, avec l'équateur ; ensuite, il sera facile de revenir à la véritable origine, γ, pourvu que l'on ait déterminé l'arc Oγ.

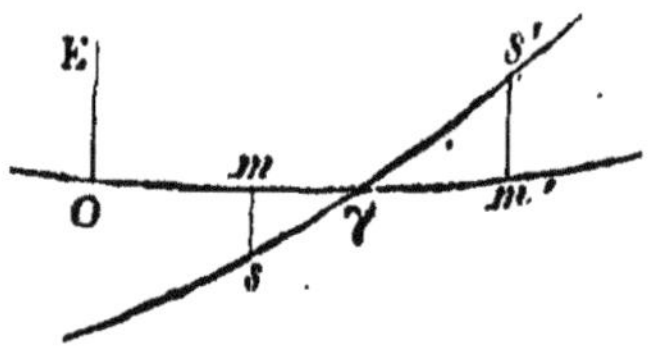

Fig. 65.

Soient *s* et *s'* les deux positions consécutives du Soleil qui ont été observées, l'une avant et l'autre après le passage à l'équinoxe ; on a mesuré les deux ascensions droites provisoires O*m* et O*m'*, ainsi que les deux déclinaisons *sm* et *s'm'*, dont la première est australe et la seconde boréale. Les deux triangles γ*sm*, γ*s'm'*, peuvent être considérés comme rectilignes, et alors il résulte de leur similitude que le point γ divise l'arc *mm'*, ou la différence des ascensions droites, en deux parties proportionnelles aux déclinaisons *sm*, *s'm'*. Ayant calculé la première partie *m*γ, on n'aura qu'à l'ajouter à O*m* pour obtenir l'arc Oγ.

63. Détermination de l'instant du passage du Soleil à l'équinoxe. — Pendant le temps que le Soleil emploie à parcourir l'arc *ss'* (*fig.* 65), on peut supposer que la déclinaison varie d'une manière uniforme ; si donc on divise cet intervalle de temps en deux parties proportionnelles aux arcs *sm*, *s'm'*, et qu'on ajoute la première partie à l'heure sidérale de l'observation qui a été faite lorsque le Soleil était en *s*, on aura l'heure sidérale du passage de cet astre à l'équinoxe.

64. Durée de l'année tropique. — De la comparaison des résultats ainsi obtenus, pour deux passages séparés l'un de l'autre par un grand nombre d'années, on déduit très-exactement la durée de l'année tropique ; elle est de 366,24222 jours sidéraux. On voit que le Soleil se déplace d'environ un degré par jour, et, comme son mouvement est de sens contraire au mouvement diurne apparent, son passage au méridien se trouve retardé chaque jour d'environ 4 minutes.

65. Obliquité de l'écliptique. — Pour que le plan dans lequel se meut le Soleil soit complétement déterminé, il faut que l'on connaisse, outre la position du point vernal, *l'obliquité de l'écliptique*, c'est-à-dire l'angle que fait le plan de ce grand cercle avec celui de l'équateur. Remarquons que le pôle, P, de l'équateur (*fig. 64*), le pôle, Q, de l'éclip-tique, la ligne, σσ′, des solstices, et la projection, ττ′, de cette ligne sur l'équateur se trouvent dans un même plan perpendiculaire à la ligne des équinoxes, γγ′. C'est quand le Soleil passe dans ce plan, c'est-à-dire au moment du solstice, que sa déclinaison atteint son maximum, στ, et alors elle est égale à l'obliquité de l'écliptique. Comme ce moment ne coïncide pas exactement avec celui d'un passage de l'astre au méridien, on n'observe pas directement la déclinaison qui lui correspond ; mais on la déduit, à l'aide d'une correction, de la déclinaison observée lors du passage le plus voisin ; cette correction, que nous n'avons pas à calculer, est nécessairement très-faible, parce qu'à l'époque que nous considérons, le Soleil décrivant un arc de l'écliptique à peu près parallèle au plan de l'équateur, sa déclinaison varie lentement. L'obliquité de l'écliptique est de 23°27′.

66. CONSTELLATIONS ZODIACALES.— L'écliptique traverse douze constellations que l'on appelle les constellations zodiacales; ce sont :

le *Bélier*, le *Taureau*, les *Gémeaux*, le *Cancer*, le *Lion*, la *Vierge*, la *Balance*, le *Scorpion*, le *Sagittaire*, le *Capricorne*, le *Verseau*, les *Poissons*.

Ces noms se trouvent réunis dans les deux vers suivants :

Sunt ARIES, TAURUS, GEMINI, CANCER, LEO, VIRGO,
LIBRA*que*, SCORPIUS, ARCITENENS, CAPER, AMPHORA, PISCES.

Les anciens, qui ont formé les constellations zodiacales, avaient aussi divisé l'écliptique en douze parties égales, dont chacune constituait un *signe*, et portait le nom d'une des douze constellations. Le Soleil parcou-rait ainsi trois signes dans chaque saison. Cette division de l'écliptique en parties de 30° d'amplitude, n'est plus aujourd'hui d'aucun usage.

On a conservé le nom de *zodiaque* à la zone de 16° de largeur qui est divisée par l'écliptique en deux parties égales.

67. Longitudes et latitudes célestes. — Les positions des astres peuvent être rapportées à l'écliptique, au moyen des longitudes et des latitudes célestes, comme elles le sont à l'équateur, au moyen des ascensions droites et des déclinaisons. La *longitude* d'un point, M (*fig.64*), de la sphère céleste est l'arc, γS′, compris, sur l'écliptique, entre le point vernal et le grand cercle qui contient le pôle, Q, de l'écliptique ainsi que le point considéré. La *latitude* du même point est l'arc, MS′, de ce grand cercle compris entre le point et l'écliptique. Les longitudes se comptent de 0° à 360°, et dans le sens direct; les latitudes se comp-tent de 0° à 90°, à partir de l'écliptique : elles sont boréales ou australes.

Les formules de la trigonométrie sphérique permettent de calculer la longitude et la latitude d'un astre dont on connaît l'ascension droite et la déclinaison, et inversement.

La latitude du Soleil est toujours nulle puisque cet astre se meut dans le plan de l'écliptique. Comme on mesure son ascension droite et sa déclinaison, à chacun de ses passages au méridien, on peut calculer sa longitude pour tous les jours de l'année à l'instant du midi vrai, et voir suivant quelle loi cette longitude varie avec le temps.

68. Le Soleil paraît décrire une ellipse ; loi des aires. — La perspective du centre du Soleil sur la sphère céleste décrivant un grand cercle, ce point lui-même se meut nécessairement dans un plan passant par la Terre. Si son orbite était une circonférence ayant la Terre pour centre, et qu'il parcourût cette orbite avec une vitesse constante, sa perspective sur la sphère céleste aurait aussi une vitesse constante, et les longitudes croîtraient proportionnellement au temps; or, c'est ce qui n'a pas lieu. Le mode d'accroissement des longitudes n'est pas non plus compatible avec l'hypothèse qu'avaient adoptée les anciens, celle d'un mouvement uniforme du Soleil sur une circonférence excentrique à la Terre; mais tout désaccord disparaît lorsqu'on admet que *le Soleil se meut sur une ellipse dont la Terre occupe un des foyers, de manière que le rayon vecteur qui le joint à ce foyer décrive des aires égales en des temps égaux.*

On trouve que l'ellipse sur laquelle il faut supposer le Soleil en mouvement pour expliquer le mode de variation des longitudes avec le temps,
son grand axe, PA (*fig. 66*), incliné d'environ 10° sur la ligne, σσ′, des solstices, et par conséquent de 80° sur la ligne, γγ′, des équinoxes. L'extrémité, P, du grand axe la plus voisine de la Terre s'appelle le périgée, et l'autre extrémité, A, l'apogée. La *longitude du périgée*, ou l'angle que décrirait une droite tournant autour du foyer, T, qu'occupe la Terre, dans le sens indiqué par la flèche, en partant de la position Tγ pour aboutir à la position TP, est ainsi de 280° environ. Le soleil passe au périgée une dizaine de jours après le solstice d'hiver.

Enfin, on constate que l'*excentricité* de l'ellipse, ou le rapport de la distance des deux foyers au grand axe, est $\frac{1}{60}$. L'ellipse décrite par le Soleil diffère donc très-peu

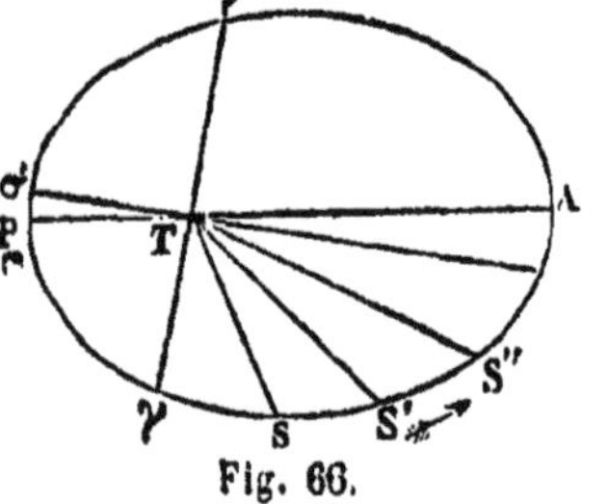

Fig. 66.

d'une circonférence; il aurait été impossible de l'en distinguer sur la figure 66, et même sur une figure de beaucoup plus grandes dimensions, si l'on avait conservé, pour la construire, les proportions réelles.

69. ÉLÉMENTS DE L'ORBITE SOLAIRE. — Les *éléments* de l'orbite solaire sont au nombre de 7, savoir :

1° L'arc d'équateur compris entre le point vernal et le cercle de déclinaison d'une certaine étoile ;

2° L'obliquité de l'écliptique ;

3° La longitude du périgée ;

4° L'excentricité ;

5° Le demi-grand axe ;

6° La durée de l'année tropique ;

7° L'époque du passage de l'astre au périgée.

Les deux premiers éléments font connaître la position du plan de l'orbite ; le 3° sert à orienter le grand axe dans le plan de l'écliptique ; du 4° dépend la forme de l'ellipse, et, du 5°, sa grandeur ; enfin, pour calculer d'avance la longitude du Soleil à une époque donnée, il est essentiel de connaître les deux derniers. Le 5° élément ou la distance moyenne du Soleil à la Terre, est le seul dont il n'ait pas encore été question ; provisoirement, nous le prendrons pour unité de longueur.

70. Longitude du Soleil en fonction du temps. — La longitude du Soleil se compose de deux parties dont l'une varie proportionnellement au temps et dont l'autre est périodique. La première, que l'on appelle *longitude moyenne*, est la longitude d'un soleil fictif qui décrirait d'un mouvement uniforme, dans le plan de l'écliptique, une circonférence ayant la Terre pour centre, et qui passerait au périgée et à l'apogée en même temps que le Soleil vrai ; la seconde se nomme l'*équation du centre*. Cette seconde partie est toujours assez faible à cause du peu d'excentricité de l'orbite solaire ; sa plus grande valeur est un peu moindre que 2°.

Au périgée et à l'apogée l'équation du centre est nulle, puisque le Soleil vrai et le soleil fictif passent en même temps à ces deux points. Lorsque le Soleil se trouve dans le voisinage du premier, le rayon vecteur est à son minimum ; pour que l'aire décrite par ce rayon vecteur dans l'unité de temps soit la même qu'à toute autre époque (68), il faut donc que l'angle correspondant soit le plus grand possible ; ainsi, après son passage au périgée, le Soleil vrai prend l'avance sur le soleil fictif et l'équation du centre est positive. Après avoir été en augmentant, l'écart des deux mobiles diminue pour être nul de nouveau à l'apogée. En ce point, la vitesse angulaire du soleil vrai est à son minimum, de sorte qu'après l'apogée, cet astre est en retard sur le soleil fictif, et l'équation du centre est négative depuis l'époque du passage à l'apogée jusqu'à celles du retour au périgée. Du reste, il est clair que pendant cette seconde période l'équation du centre doit prendre les mêmes valeurs que pendant la première, mais dans l'ordre inverse.

71. Rayon vecteur. — Pour achever de déterminer la position du Soleil à une époque donnée, on calcule, non-seulement sa longitude, mais aussi son rayon vecteur , en partant de la double loi d'une orbite elliptique décrite avec une vitesse aréolaire constante , et en prenant pour unité le demi-grand axe de l'ellipse. La vérification de cette double loi deviendra complète, si l'on peut comparer les rapports ainsi obtenus avec ceux qui résulteraient de nombres entièrement fournis par l'observation ; or, pour obtenir de tels nombres, il suffit de mesurer les diamètres apparents du Soleil à diverses époques ; en effet les angles sous lesquels nous voyons à différentes distances un même objet très-éloigné sont inversement proportionnels à ces distances. Il doit donc toujours y avoir égalité entre le rapport des nombres obtenus en mesurant deux diamètres apparents du Soleil, et le rapport inverse des rayons vecteurs calculés pour les époques des deux observations. C'est en effet ce qui a lieu.

Le plus grand diamètre apparent du Soleil est $\Delta = 32'36''$, et le plus petit, $\Delta' = 31'31''$; le premier doit correspondre au passage de l'astre au périgée, et le second à son passage à l'apogée. A ces deux époques, les distances à la Terre sont respectivement $1 - e$ et $1 + e$; on a dont

$$\frac{1 + e}{1 - e} = \frac{\Delta}{\Delta'}, \text{ et par conséquent, } e = \frac{\Delta - \Delta'}{\Delta + \Delta'};$$

on peut donc déterminer l'excentricité, connaissant les diamètres apparents *maximum* et *minimum*.

Si l'on forme avec une même droite, $\gamma\gamma'$ (*fig.* 66), représentant la ligne des équinoxes, des angles, γTS, $\gamma TS'$, $\gamma TS''$, etc , égaux aux longitudes du Soleil à différentes époques, puis, que l'on porte sur les seconds côtés de ces angles des longueurs, TS, TS', TS'', etc., inversement proportionnelles aux diamètres apparents mesurés à ces mêmes époques, la courbe déterminée par les extrémités, S, S', S'', etc., de ces longueurs, sera semblable à celle que le Soleil décrit. Cependant, un pareil procédé, appliqué à la détermination de cette courbe, serait à peu près illusoire, lors même que l'on substituerait le calcul aux constructions graphiques. Le diamètre apparent du Soleil ne peut être exactement mesuré à cause de l'irradiation (50). D'un autre côté, les variations qu'il éprouve de part et d'autre de sa valeur moyenne ne dépassent guère une demi-minute, tandis que celles de l'équation du centre atteignent presque 2° ; c'est donc à l'aide de cette dernière quantité, et non par les changements observés dans la grandeur du diamètre apparent, qu'il faut chercher à mettre en évidence la forme elliptique de l'orbite solaire. Les mêmes raisons font que la méthode que nous venons d'indiquer pour la détermination de l'excentricité ne comporte pas de précision.

72. Ascension droite du Soleil en fonction du temps. — La quantité qu'il faut ajouter à la longitude du Soleil, pour avoir son ascension droite, se nomme la *réduction à l'équateur*. Ainsi, le Soleil

occupant la position S (*fig.* 04), la réduction à l'équateur sera égale à
γN — γS. Elle est nulle aux deux équinoxes et aux deux solstices; en
effet chacun, des deux arcs dont elle est la différence se trouve nul à
l'équinoxe du printemps, et se trouve être de 90° au solstice d'été, de
180° à l'équinoxe d'automne et de 270° au solstice d'hiver. Peu après
l'équinoxe du printemps, la réduction à l'équateur est négative, car alors
le triangle γNS est sensiblement rectiligne et l'hypoténuse γS est plus
grande que γN. Le calcul montre d'ailleurs qu'elle reste négative jusqu'au
solstice d'été, où elle change de signe. Elle change *également de signe à*
l'équinoxe d'automne et au solstice d'hiver.

Puisque l'ascension droite du Soleil est égale à la longitude augmentée
de la réduction à l'équateur, cette ascension droite se compose de la longitude moyenne, de l'équation du centre, et de la réduction à l'équateur,
chacun de ces trois termes ayant été réduit en temps, c'est-à-dire divisé
par 15. L'ensemble des deux derniers s'appelle l'*équation du temps*.
L'équation du temps s'annule, en changeant de signe, quatre fois par
an, comme la réduction à l'équateur, mais non aux mêmes époques, à
cause de l'équation du centre. Sa plus grande valeur est de 16ᵐ 18ˢ.

Outre le soleil fictif qu'ils imaginent en mouvement dans le plan de
l'écliptique, les astronomes en considèrent un second, qu'ils appellent
soleil moyen, et auquel ils font décrire l'équateur dans le sens direct et
d'un mouvement uniforme, de manière qu'il passe aux points équinoxiaux en même temps que le premier soleil fictif. Son ascension droite
est constamment égale à la longitude moyenne, puisque les deux soleils
fictifs partent en même temps du point vernal et sont animés de la même
vitesse; donc *l'ascension droite du Soleil vrai est la somme de l'ascension
droite du soleil moyen et de l'équation du temps*.

L'ascension droite du soleil moyen, la longitude, l'ascension droite, la
déclinaison, le rayon vecteur et le diamètre apparent du Soleil vrai,
enfin l'équation du temps se calculent plusieurs années à l'avance, et
leurs valeurs s'inscrivent dans les éphémérides, en regard des dates correspondantes.

CHAPITRE II

Temps solaire vrai, temps moyen. — Cadrans solaires.

73. Durée du jour moyen. — De même que les passages supérieurs du point vernal au méridien déterminent la succession des jours
sidéraux, de même ceux du soleil moyen et ceux du Soleil vrai déterminent la succession des jours solaires moyens et celle des jours solaires
vrais. On appelle *midi moyen* le moment où commence un jour moyen,
et *midi vrai* celui où commence un jour vrai.

A cause du mouvement propre qui lui est attribué en sens contraire du mouvement diurne apparent, le soleil moyen effectue chacun de ses passages au méridien un peu plus tard que le point de l'équateur avec lequel il coïncidait lors du passage précédent ; ainsi la durée du jour solaire moyen surpasse celle du jour sidéral.

A partir de l'époque où la position du soleil moyen coïncide avec l'équinoxe du printemps, le temps qui s'écoule chaque jour entre les passages au méridien du premier et du second de ces deux points va sans cesse en augmentant, de sorte que le jour moyen commence successivement à tous les instants du jour sidéral ; enfin, dans l'intervalle d'une année tropique, l'astre fictif passe au méridien une fois de moins que le point vernal. L'année tropique, qui est de 366,24222 jours sidéraux (64), contient donc seulement 365,24222 jours solaires moyens ; par conséquent, chacun de ces derniers équivaut à $\dfrac{366,24222}{365,24222}$ jours sidéraux, ce qui correspond à 1 j. 3ᵐ 56ˢ ¼ sid. Inversement, le jour sidéral est une fraction du jour solaire moyen marquée par $\dfrac{365,24222}{366,24222}$.

En moyenne, les jours solaires vrais sont égaux aux jours solaires moyens, mais ils ne sont pas égaux entre eux parce que le mouvement du Soleil en ascension droite n'est pas uniforme. La plus grande différence entre la durée d'un jour solaire vrai et celle du jour moyen est d'une demi-minute.

Le jour solaire moyen se divise, comme le jour sidéral, en 24 parties égales, que l'on appelle des heures, l'heure en 60 minutes et la minute en 60 secondes. Ce mode de subdivision en parties égales ne peut servir à régler le temps solaire vrai ; mais la définition suivante est applicable aux trois espèces de temps.

74. Succession des heures en temps sidéral, en temps moyen et en temps vrai. — Imaginons les 23 plans qui passent par l'axe du monde et font avec le méridien des angles multiples de 15° ; la succession des heures sidérales, celle des heures du temps moyen et celle des heures du temps vrai résulteront des passages respectifs du point vernal, du soleil moyen et du Soleil vrai, dans le méridien et dans ces 23 plans ; ainsi, l'équateur pourra être considéré comme un cadran dont on aurait divisé la circonférence en 24 parties égales, à partir du méridien, et sur lequel on aurait numéroté les points de division de 0 à 23, dans le sens rétrograde ; le rayon qui aboutit au point vernal, et les traces des cercles de déclinaison du soleil moyen et du Soleil vrai constitueront trois aiguilles tournant, sur ce cadran, avec des vitesses angulaires inégales, constantes seulement pour deux d'entre elles, et marqueront, à chaque instant, la première le temps sidéral, la seconde le temps moyen, et la troisième le temps vrai. On peut de même subdiviser chacune des 24 portions de la circonférence, afin que les trois aiguilles marquent aussi les minutes et les secondes pour les trois sortes de temps.

D'après cela, soient, à un même instant, M, S_v, S_m (*fig.* 67), les intersections du méridien et des cercles de déclinaison du Soleil vrai et du soleil moyen avec l'équateur, et γ la position du point vernal; si l'on divise par 15 les trois arcs Mγ, MS_m et MS_v, on obtiendra respectivement le temps sidéral, le temps moyen et le temps vrai à l'instant considéré.

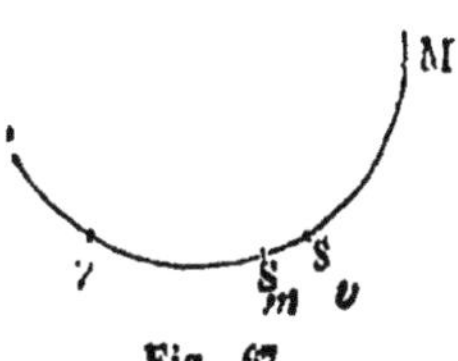

Fig. 67.

On voit que le temps moyen est égal au temps vrai plus le quotient de l'arc $S_m S_v$ par 15. Or cet arc est l'excès de $γS_v$ sur $γS_m$, c'est-à-dire de l'ascension droite du Soleil vrai sur l'ascension droite du soleil moyen; son quotient par 15 n'est donc autre chose que l'équation du temps. Ainsi, à un moment quelconque, *le temps moyen est égal au temps vrai plus l'équation du temps.* Cette relation permet de calculer le temps moyen quand on connaît le temps vrai; il suffit pour cela de déterminer la valeur de l'équation du temps qui correspond au temps vrai donné. Or, dans la *Connaissance des temps*, on trouve l'équation du temps pour chaque jour au midi vrai de Paris; et il est permis de supposer que, dans l'intervalle d'un midi vrai au suivant, elle varie proportionnellement au temps.

En particulier, le temps moyen à midi vrai n'est autre chose que l'équation du temps, puisqu'à ce moment le temps vrai est égal à zéro. Entre un midi vrai et le midi moyen correspondant, il s'écoule donc toujours moins de 17 minutes (72).

La quantité dont l'équation du temps varie en un jour, à une certaine époque, donne la différence entre la durée du jour moyen et celle du jour vrai à cette époque; la plus grande valeur de cette différence est, comme nous l'avons dit (73), d'une demi-minute.

Les observations qui servent à la détermination de l'heure (34) s'effectuent souvent sur le Soleil; alors elles font connaître directement le temps vrai; il en est de même des indications fournies par les *cadrans solaires*.

75. Cadran solaire équatorial. — Un cadran solaire se compose essentiellement d'un *style*, BB' (*fig.* 68), parallèle à l'axe du monde, et fixé à une surface sur laquelle on a tracé les lignes que doit marquer l'ombre du style aux différentes heures de la journée. Ces lignes ne sont autre chose que les intersections de la surface avec les plans horaires qui passent par le style. Lorsqu'il s'agit d'un *cadran équatorial*, c'est-à-dire lorsque la surface sur laquelle le style doit porter ombre est un plan, LE, parallèle à l'équateur, les lignes d'heures sont des droites faisant entre elles des angles de 15°; supposons qu'on les ait tracées sur

une table rectangulaire, en dirigeant la ligne de midi, AN, perpendiculairement à l'un des côtés, KL, du rectangle; pour mettre la table en
place, on pourra lui fixer
provisoirement une équerre
ANC, dont l'un des côtés
coïncide avec AN, un autre
avec le prolongement, AC,
du style, et dont l'angle
aigu ACN soit égal à la
hauteur du pôle, c'est-à-
dire à la latitude du lieu
(29); il suffira ensuite
d'appliquer l'hypoténuse ,
CN, sur la méridienne d'un
plan horizontal , LH , de
manière que le sommet N

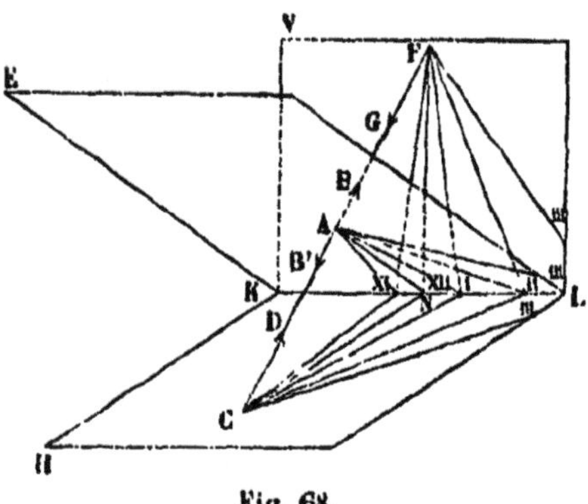

Fig. 68.

se trouve au nord du sommet C, puis, de rendre vertical le plan de
l'équerre. Tant que dureront le printemps et l'été, la portion AB du
style portera ombre sur la surface supérieure de la table; pendant les
deux autres saisons l'heure sera indiquée par l'ombre de la portion AB′
sur la face inférieure.

**76. Cadran horizontal; cadran vertical perpendiculaire
au méridien.** — Le cadran équatorial sert à construire tous les
autres. Supposons qu'il s'agisse de tracer les lignes d'heures sur le
plan horizontal, LH (*fig.* 68) ; la ligne de midi ne sera autre chose que
la méridienne, CN, et le style, CD, devra faire avec cette ligne, dans le
plan vertical qui la contient, un angle, DCN, égal à la latitude du lieu. Par
un point quelconque, N, de CN, imaginons un plan, LE, parallèle à l'équateur ; si l'on construisait, dans ce plan, un cadran équatorial ayant son
centre, A, sur le prolongement de CD, les points où les lignes d'heure de
ce cadran auxiliaire rencontreraient l'intersection, KL, des deux plans
LH et LE, appartiendraient aussi aux lignes d'heure du cadran horizontal,
et il suffirait de les joindre au point C pour obtenir ces dernières.

En joignant les mêmes points à la trace F de la droite AB sur le plan
vertical LV, on aurait de même les lignes d'heure du cadran vertical
dont le plan contient la ligne LK, et dont le style FG est sur le prolongement de AB.

Les procédés ordinaires de la géométrie descriptive permettent de
trouver, par des constructions planes, les points d'intersection des lignes
d'heures du cadran équatorial avec la droite KL (*fig.* 68). Remarquons
d'abord que cette droite, qui appartient à deux plans perpendiculaires au
méridien, est elle-même perpendiculaire à ce plan , et que, par conséquent, elle l'est aussi aux lignes CN et NA; si donc on rabat le plan LE

sur le plan LH prolongé, en le faisant tourner autour de KL, le point A viendra se placer sur le prolongement de CN; d'ailleurs, la distance de ce point au point N ne change pas, et elle est facile à déterminer, puis-

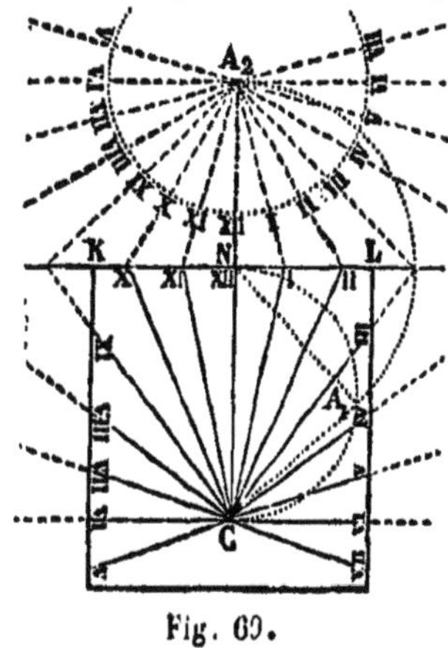

Fig. 69.

que, dans le triangle rectangle CAN, on connaît l'hypoténuse, CN, et l'angle aigu ACN. Pour construire l'épure, il suffit donc de décrire une demi-circon-férence sur CN (*fig.* 69) comme diamè-tre, de faire l'angle CNA$_1$ égal à la latitude du lieu, de joindre le point N au point A$_1$, où le second côté de cet angle coupe la demi-circonférence, de prolonger CN d'une longueur NA$_2$ égale à NA$_1$, de mener par le point A$_2$, et à partir de AN, des droites faisant entre elles des angles de 15°, enfin de joindre, au point C, les points d'intersection ae ces droites avec la ligne KL menée, par

le point N, perpendiculairement à CN. On aura ainsi les lignes d'heures du cadran horizontal.

Sur le cadran vertical, la ligne de midi est la verticale, FN (*fig.* 68), qui passe par le pied, F, du style, FG; lorsqu'on rabat le plan LE sur la partie inférieure du plan LV, en le faisant tourner autour de l'horizon-tale KL, le centre A du cadran auxiliaire vient se placer sur le prolonge-ment de FN, et à une distance, NA, du point N, que l'on trouve facilement en construisant un triangle rectangle égal à FAN, c'est-à-dire ayant FN pour hypoténuse, et dont l'angle en N soit égal à la latitude du lieu. Connaissant le rabattement du point A, on achève l'épure de la même manière que pour le cadran horizontal.

Habituellement les murs sur lesquels on a à tracer des cadrans solaires sont des murs verticaux déclinants, c'est-à-dire non perpendi-culaires au méridien. Nous n'indiquerons pas ici les constructions qu'il faut alors effectuer, les cas particuliers que nous avons considérés suf-fisant pour faire comprendre le principe des cadrans solaires.

77. Gnomon. — La direction de la méridienne et la latitude du lieu, que l'on a besoin de connaître pour construire un cadran solaire, peuvent être déterminées par des observations de l'ombre du Soleil faites à l'aide du *gnomon*. On appelle ainsi une tige verticale, AB (*fig.* 70), fixée par l'une de ses extrémités, A, à un plan horizontal. Chaque jour, l'ombre portée par l'autre extrémité, B, décrit sur ce plan une ligne, HMH′; supposons que le matin on ait marqué, sur le plan horizontal, un point d'ombre, H, que l'on ait décrit une circonférence ayant A pour centre et AH pour rayon, puis, que, dans l'après-midi, on marque le second point, H′, de cette circonférence par lequel vient passer l'ombre de B; les deux angles AHB, AH′B seront égaux; donc, si l'on mène la bissectrice, AN, de l'angle HAH′, on aura déterminé la méridienne horizontale par la méthode des hauteurs correspondantes (12).

Cette ligne une fois tracée, supposons que l'on marque celui de ses points, M, où, un certain jour, vient s'appliquer l'ombre de B, et que l'on mesure AM; alors, dans le triangle AMB, on

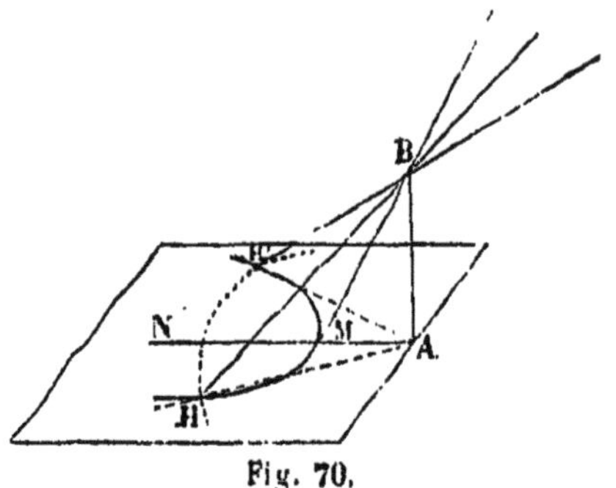

Fig. 70.

pourra calculer l'angle AMB, ou la distance zénithale du Soleil à son passage au méridien; dans les éphémérides, on trouvera d'ailleurs la distance polaire du même astre pour le jour de l'observation; de ces deux angles il sera facile de déduire la latitude du lieu (20).

La tige du cadran solaire vertical et celle du gnomon, AB (*fig.* 71), se

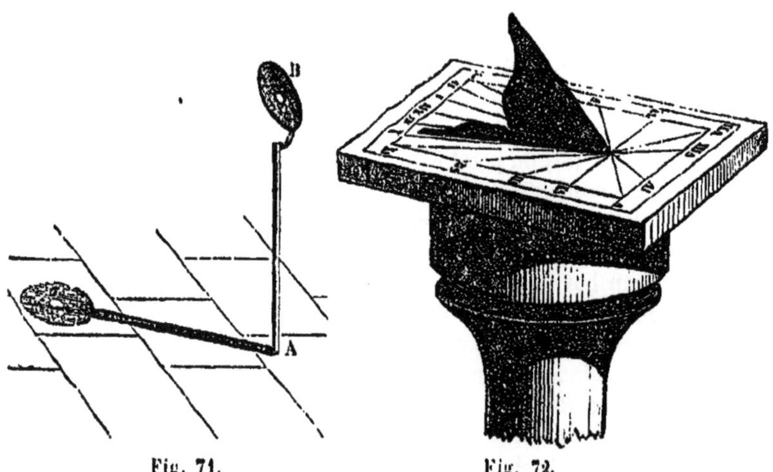

Fig. 71.   Fig. 72.

terminent ordinairement par une plaque ronde percée d'une ouverture dont le centre se trouve sur l'axe de la tige ; ce que l'on observe, ce sont les indications fournies par le point central de l'espace éclairé qui correspond à cette ouverture au milieu de l'ombre de la plaque.

Lorsque le cadran est horizontal, l'arête d'une plaque triangulaire, fixée perpendiculairement à son plan (*fig.* 72), fait l'office de style.

CHAPITRE III

Phénomènes physiques qui dépendent du mouvement du Soleil.

78. C'est au mouvement du Soleil que sont dus les changements qui se produisent pendant le cours de l'année, dans les durées du jour et de la nuit, dans les directions des points où l'astre effectue son lever et son coucher, dans l'obliquité de ses rayons à un instant donné du jour, à midi, par exemple, enfin dans l'aspect du ciel à un instant donné de la nuit. De ces divers changements, le dernier résulte à la fois du mouvement en ascension droite et du mouvement en déclinaison; les autres se rapportent à la seconde cause seulement; ils n'auraient pas lieu si le plan de l'écliptique se confondait avec celui de l'équateur.

En 24 heures, la déclinaison du Soleil ne varie jamais de 24'; pour plus de simplicité, nous admettrons qu'elle reste constante pendant cet intervalle de temps, et, qu'en vertu du mouvement diurne, l'astre décrit chaque jour un parallèle, que nous considérerons comme un peu différent de celui qu'il décrivait la veille. De plus, nous négligerons les dimensions du Soleil, et à plus forte raison celles de la Terre, devant la distance qui sépare ces deux corps, et nous regarderons chacun d'eux comme se réduisant à un point.

79. **Division de la Terre en cinq zones.** — Les phénomènes dont nous avons parlé dans le paragraphe précédent ne se produisent pas de la même manière pour des lieux terrestres situés à des latitudes différentes; à cet égard, il y a lieu de diviser la surface du globe en cinq zones de la manière qui va être indiquée. Les deux parallèles dont la distance aux pôles est égale à l'obliquité de l'écliptique s'appellent les *cercles polaires;* ceux qui ont pour latitude cette même obliquité s'appellent les *tropiques.* Dans l'hémisphère boréal, se trouvent le *cercle polaire arctique,* AA' (*fig.*73), et le *tropique du Cancer,* CC'; dans l'hémisphère austral, le *cercle polaire antarctique,* BB', et le *tropique du Capricorne,* DD'. Les deux zones AP'A', BQB', que limitent les cercles polaires, et qui contiennent les pôles, sont les *zones glaciales;* chacune des deux *zones tempérées,* ACA'C' et BDB'D', s'étend

Fig. 73.

entre un cercle polaire et le tropique du même hémisphère ; enfin, la *zone torride*, CDC'D', est comprise entre les tropiques, et se trouve divisée par l'équateur EE' en deux parties égales.

80. Durées du jour et de la nuit à différentes époques de l'année. — Considérons d'abord un lieu de la Terre situé dans l'hémisphère boréal et à une latitude moyenne, comme celle de Paris. Soient Z (*fig.* 74) le zénith de ce lieu, PeP'e' la trace de son méridien sur la sphère céleste, O le centre de cette sphère, P et P' les deux pôles. L'horizon du lieu est perpendiculaire au plan de la figure et le coupe suivant une droite NS perpendiculaire à la verticale OZ. Le plan de l'équateur et ceux des diverses parallèles que le Soleil décrit aux différentes époques de l'année sont aussi perpendiculaires au plan de la figure et le coupent suivant des droites, ee', $\lambda\lambda'$, $\mu\mu'$, $\lambda_1\lambda'_1$, $\mu_1\mu'_1$, perpendiculaires à PP'.

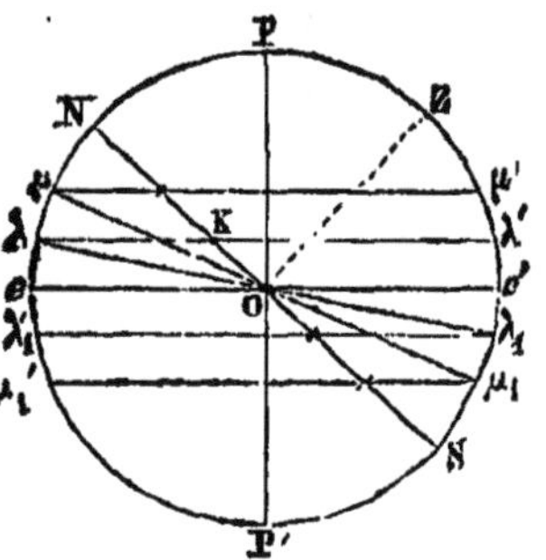
Fig. 74.

Lors de l'équinoxe du printemps, le Soleil décrit l'équateur. Pendant qu'il parcourt la demi-circonférence projetée sur Oe', il est au-dessus de l'horizon du lieu que nous considérons, et il fait jour en ce lieu ; au contraire, il y a nuit pendant que le Soleil parcourt la demi-circonférence projetée sur Oe. A cette époque le jour et la nuit ont la même durée.

A une autre époque du printemps, le Soleil décrit le parallèle $\lambda\lambda'$, dont une partie, projetée suivant $K\lambda'$, est au-dessus de l'horizon, tandis que l'autre partie, qui se projette suivant $K\lambda$, est au-dessous. La première partie est plus grande que la seconde ; le jour dure donc alors plus longtemps que la nuit.

Les mêmes circonstances se présentent lorsque le Soleil décrit le parallèle $\mu\mu'$ dont la déclinaison est plus grande que celle du parallèle $\lambda\lambda'$; seulement il y a plus d'inégalité entre les deux parties qui correspondent l'une au jour et l'autre à la nuit. La durée du jour va donc en augmentant, et celle de la nuit en diminuant, depuis l'équinoxe du printemps jusqu'au solstice d'été.

Pendant l'été, la déclinaison du Soleil reprenant, mais dans un ordre inverse, les états de grandeur qu'elle a eus au printemps, il en sera de même de la durée du jour et de celle de la nuit, qui, à l'équinoxe d'automne, se trouveront de nouveau égales entre elles.

Après cette époque, le Soleil se trouve dans l'hémisphère austral et décrit, jusqu'au solstice d'hiver, des parallèles de plus en plus éloignés de l'équateur. En considérant les points d'intersection de la ligne NS, avec les droites $\lambda_1\lambda'_1$, $\mu_1\mu'_1$, suivant lesquelles se projettent ces parallèles, il est facile de voir que la durée du jour continue à décroître jusqu'au solstice d'hiver, où elle est la même que celle de la nuit au solstice d'été ; puis, elle va en augmentant.

En résumé, on voit que, pour un lieu de l'hémisphère boréal dont l'horizon est coupé par les parallèles des solstices, le jour est plus long que la nuit et va en augmentant pendant le printemps et l'été ; le contraire a lieu pendant l'automne et l'hiver. Enfin, les phénomènes se produisent d'une manière inverse pour les lieux de l'hémisphère austral.

Considérons maintenant un point quelconque de l'équateur terrestre ; soit e' (*fig.* 74) son zénith. L'horizon du lieu contiendra la ligne des pôles, PP', et se projettera sur le méridien suivant cette ligne. Le plan de l'horizon coupera tous les parallèles en deux parties qui seront égales entre elles. A l'équateur, il y a donc toute l'année égalité entre la durée du jour et celle de la nuit.

Le pôle boréal, dont le zénith est en P (*fig.* 74), a pour horizon l'équateur ee'. Chacun des parallèles, $\lambda\lambda'$, $\mu\mu'$, etc., de l'hémisphère boréal est tout entier au-dessus de ce plan, et chacun des parallèles, $\lambda_1\lambda'_1$ $\mu_1\mu'_1$, de l'hémisphère austral est tout entier au-dessous. Il y a donc, jour continu pendant le printemps et l'été, et nuit continue pendant l'automne et l'hiver. Les phénomènes se passent d'une manière inverse pour le pôle austral.

Supposons les deux arcs $e\mu$, $e'\mu'$ (*fig.* 74) égaux à 23° 27', c'est-à-dire à l'obliquité de l'écliptique, et considérons le lieu de l'hémisphère boréal dont l'horizon et le méridien se coupent suivant le diamètre $\mu\mu_1$. Le parallèle $\mu\mu'$ que le Soleil décrit au solstice d'été est tout entier au-dessus de l'horizon de ce lieu ; il y aura donc alors un jour de 24 heures. Au contraire, la nuit sera de 24 heures au solstice d'hiver.

Il est facile de voir que le lieu dont nous venons de nous occuper est l'un quelconque des points du cercle polaire arctique. En effet, sa latitude, ou la hauteur, $P\mu$, du pôle P au-dessus de l'horizon $\mu\mu_1$, est égale au complément de $e\mu$ ou de l'obliquité de l'écliptique ; cette latitude est donc celle du cercle polaire (79).

Sur le cercle polaire antarctique, on a 24 heures de jour au solstice d'hiver, et 24 heures de nuit au solstice d'été.

Enfin, considérons un lieu dont l'horizon, $\lambda\lambda_1$, soit compris entre $\mu\mu_1$ et l'horizon, ee', du pôle, c'est-à-dire un lieu de la zone glaciale arctique. Il y a pour lui alternative de jour et de nuit tant que le Soleil en se rapprochant du solstice d'été n'a pas atteint le parallèle $\lambda\lambda'$, puis, jour continu depuis le moment où la déclinaison du Soleil est devenue égale à $e'\lambda$ jusqu'au solstice d'été, et encore depuis le solstice d'été jusqu'au moment où la déclinaison du Soleil devient de nouveau égale à $e'\lambda$. La durée de ce jour continu est plus ou moins longue, suivant qu'il s'agit d'un lieu plus ou moins près du pôle, où nous avons vu qu'elle atteint une demi-année. Il y a au contraire nuit continue vers l'époque du solstice d'hiver. Ici encore les phénomènes seraient inverses pour un lieu de la zone glaciale antarctique.

81. Effets de la réfraction atmosphérique. — La réfraction atmosphérique relève les astres de 33', lorsqu'ils sont à l'horizon ; de sorte que, le matin, le bord supérieur du Soleil, S (*fig.* 75), est encore un peu au-dessous de ce plan, au moment où l'on commence à apercevoir, en S', le disque tout entier ; le bord inférieur se trouvant alors un peu plus relevé, par la réfraction, que le bord supérieur, le disque paraît légèrement déprimé dans le sens vertical. D'un autre côté, le demi-diamètre apparent du Soleil est de 16'. Quand les premiers rayons nous parviennent, le centre de l'astre se trouve donc environ à 50' au-dessous de l'horizon.

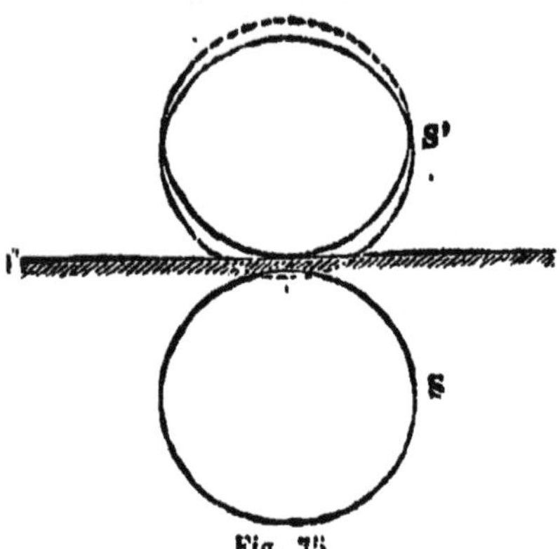

Fig. 75.

Les mêmes causes agissent le soir pour prolonger la durée du jour, qui, à l'équateur, lors des équinoxes, se trouve ainsi augmentée de sept minutes, temps que la sphère céleste, en vertu du mouvement diurne apparent, met à tourner d'un angle double de 50'.

82. Crépuscule. — Avant que le Soleil ne soit levé pour un lieu terrestre, ses rayons illuminent peu à peu le segment atmosphérique limité par le plan tangent à la surface du globe en ce lieu ; la portion de lumière qui se trouve alors réfléchie par les molécules d'air, suffit pour éclairer les objets environnants, et produit le *crépuscule* du matin ou l'*aurore*. On estime que lorsque l'atmosphère est suffisamment pure, la lueur crépusculaire commence au moment où le Soleil se trouve encore à 18° au-dessous de l'horizon ; elle augmente graduellement d'intensité, et établit ainsi une transition entre la nuit et le jour. Après le coucher du Soleil, les mêmes phénomènes, en se produisant dans un ordre inverse, donnent lieu à la *brume* ou crépuscule du soir.

Il est facile de se rendre compte des circonstances que doit présenter le crépuscule dans un lieu donné et à une époque donnée. Considérons le lieu de la Terre dont la méridienne horizontale est NS (*fig.* 76), et l'époque de l'année où le Soleil décrit le parallèle projeté sur λλ'. Prenons

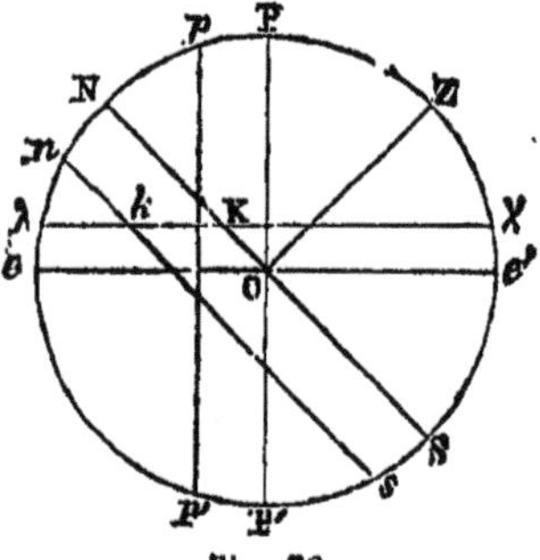

Fig. 76.

les deux arcs N*n*, S*s* égaux à 18°, et tirons *ns* ; cette droite sera la projection, sur le méridien, du petit cercle de la sphère céleste situé à 18° au-dessous de l'horizon; soient respectivement K et k les points où $\lambda\lambda'$ rencontre NS et ns. Avant son lever, le Soleil parcourt l'un des deux arcs qui se trouvent projetés sur kK; c'est alors le crépuscule du matin; le jour dure ensuite tout le temps que l'astre reste sur la portion de parallèle dont les deux moitiés ont pour projection Kλ'; puis, vient le crépuscule du soir, pendant lequel se trouve décrit le second des deux arcs projetés sur Kk; enfin, la nuit proprement dite ne dure que le temps que le Soleil met à parcourir l'arc dont les deux moitiés ont pour projection $k\lambda$.

Pour un lieu situé sur l'équateur terrestre, on prendrait les deux arcs Pp, P'p' (fig. 76) égaux à 18°, et on tirerait pp'. Les arcs de parallèle projetés entre PP' et pp' seraient ceux que décrit le Soleil pendant la durée du crépuscule.

Soit encore $\mu\mu'$ (fig. 77) le parallèle que décrit le Soleil le jour du solstice d'été; prenons l'arc μM égal à 18°, tirons le diamètre MT qui coupe $\mu\mu'$ en un point G, tirons aussi la corde $\mu\tau$ parallèle à MT, et considérons le lieu dont l'horizon a pour projection, sur le méridien, le diamètre MT, c'est-à-dire le lieu dont la latitude est

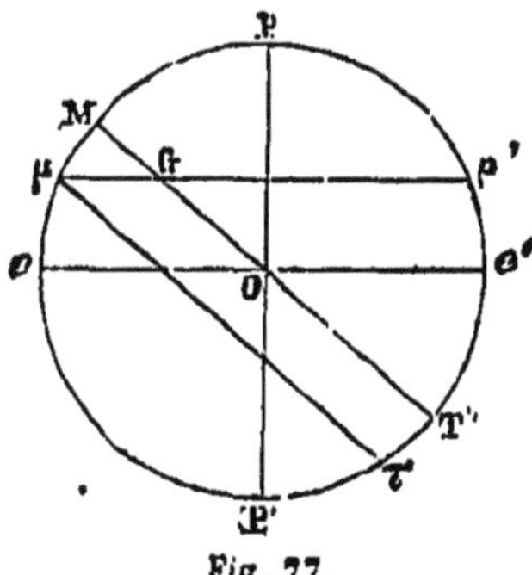
Fig. 77.

$$\text{PM} = \text{P}\mu - \mu\text{M} = \text{P}e - e\mu - \mu\text{M} =$$
$$= 90° - 23°\,27' - 18° = 48°\,33'.$$

Pendant la durée du jour en ce lieu, à l'époque du solstice d'été, le Soleil parcourt l'arc projeté suivant μ'G, et, pendant les deux crépuscules, les arcs projetés suivant Gμ, ce qui fait le parallèle tout entier; il n'y a donc pas de nuit proprement dite; le crépuscule du matin suit immédiatement celui du soir.

Il en est de même, à plus forte raison, pour les lieux dont la latitude surpasse 48° 33', pour Paris, par exemple. Aux pôles, le crépuscule dure tout le temps que la déclinaison du Soleil reste comprise entre 0° et 18°.

83. Variations diurnes de la température. — Depuis le lever du Soleil jusqu'au moment où cet astre passe au méridien, l'obliquité de ses rayons diminue, de sorte que la quantité de chaleur reçue dans un temps donné, par une portion déterminée de la surface du sol, va en augmentant; cet effet se trouve d'ailleurs favorisé par la diminution du trajet que les rayons ont à effectuer dans l'atmosphère, et par celle de l'inclinaison sous laquelle ils rencontrent ses différentes couches. Le phénomène inverse se produit à partir de midi, mais la température du lieu continue à s'élever encore pendant une heure ou deux, jusqu'à ce que la quantité de chaleur reçue cesse d'être supérieure à celle qui se perd par le rayonnement. La température diminue ensuite pendant le reste du jour et pendant toute la nuit ; ce n'est qu'un peu après le lever du Soleil qu'elle commence à croître de nouveau.

84. Saisons; climats. — Soit OZ (*fig.* 74) la verticale d'un lieu de l'hémisphère boréal, appartenant à la zone tempérée : depuis le solstice d'hiver jusqu'au solstice d'été, la distance zénithale du Soleil à midi diminue, pour ce lieu, de $Z\mu$, à $Z\mu'$; en même temps la durée de la présence de l'astre au-dessus de l'horizon augmente ; les deux causes font que la quantité de chaleur reçue chaque jour devient de plus en plus grande, tandis qu'elle diminue au contraire depuis le solstice d'été jusqu'au solstice d'hiver ; mais, à ces deux époques, il n'y a pas encore compensation entre les quantités de chaleur gagnées et perdues, de sorte que la température continue encore pendant quelque temps à augmenter ou à diminuer ; à Paris, par exemple, la plus haute et la plus basse température de l'année ne se produisent que trois semaines environ après les solstices.

Le Soleil passe deux fois par an au zénith de chacun des lieux de la zone torride, et ne s'en écarte jamais beaucoup ; de plus, la durée du jour est à peu près constante pour ces lieux ; aussi la température y est-elle plus élevée que dans les autres régions du globe, et y subit-elle seulement de faibles variations. Au contraire, dans le voisinage du cercle polaire, la température est très-basse en moyenne, bien que vers l'époque du solstice d'été, elle s'élève beaucoup, à cause de la longue durée de la présence du Soleil au-dessus de l'horizon.

Les saisons chaudes, pour l'hémisphère austral de la Terre, correspondent aux saisons froides de l'hémisphère boréal, et inversement ; à la fin de l'année, les deux hémisphères ont reçu du Soleil la même quantité de chaleur ; cependant, il existe entre eux une légère différence relativement à la manière dont cette quantité de chaleur se trouve répartie suivant les saisons : le Soleil étant à sa plus courte distance de la Terre vers le solstice d'hiver, et à sa plus grande vers le solstice d'été (68), l'ellipticité de son orbite a pour effet de tempérer un peu les chaleurs qui accompagnent la première de ces deux époques pour l'hémisphère boréal, et de modérer les froids qu'amène la seconde. D'un autre côté, les quatre secteurs elliptiques, $\gamma T\sigma$, $\sigma T\gamma'$, $\gamma' T\sigma'$, $\sigma' T\gamma$ (*fig.* 66), déterminés par la ligne des solstices et par la ligne des équinoxes, ne sont pas équivalents en surface, et, d'après la loi des aires, ils ne peuvent être décrits dans le même temps par le rayon vecteur qui va de la Terre au Soleil ; les durées des quatre saisons doivent donc différer les unes des autres ; voici quelles sont ces durées :

Printemps.	92 jours	24 heures.
Été.	93	14
Automne	80	19
Hiver.	89	0

4.

On voit que le Soleil reste près de huit jours de plus dans l'hémisphère boréal que dans l'hémisphère austral ; de sorte que si les saisons chaudes de notre hémisphère terrestre le sont moins que celles de l'autre hémisphère, elles ont plus de durée. On démontre, comme nous l'avons dit, qu'il y a compensation, et que les deux hémisphères reçoivent du Soleil, pendant une année, exactement la même quantité de chaleur.

Le *climat* d'un lieu terrestre ne dépend pas exclusivement de la latitude de ce lieu, mais aussi de diverses circonstances telles qu'une altitude plus ou moins grande, la proximité ou l'éloignement de la mer, le voisinage des chaînes de montagnes et leur orientation. Nous devons nous borner à mentionner ces circonstances, ainsi que l'influence des vents réguliers ou irréguliers, et, pour certaines contrées, celles des courants sous-marins.

CHAPITRE IV

Le Calendrier.

85. Périodes en usage. — Le *calendrier* a pour objet la division du temps en périodes de différentes durées, au moyen desquelles on puisse assigner l'époque d'un événement accompli ou futur. Les périodes actuellement en usage sont le *jour* et ses subdivisions, la *semaine*, le *mois*, l'*année* et le *siècle*.

86. Le jour. — Le *jour civil* n'est autre chose que le jour solaire moyen, seulement il commence, non à midi moyen, mais à *minuit*, c'est-à-dire 12 heures auparavant ; de plus, au lieu de compter les heures de zéro à 24, comme le font les astronomes, on les compte, dans la vie ordinaire, de zéro à 12, entre minuit et midi, puis encore de zéro à 12 à partir de midi.

87. La semaine. — La *semaine* est une période de sept jours qui ne sert pas à l'indication des dates ; les intervalles de temps qu'elle détermine se succèdent les uns aux autres indépendamment des mois et des années ; mais chacun d'eux contient un jour férié, qui est le dimanche pour les nations chrétiennes, le samedi pour les Juifs et le vendredi pour les Musulmans.

88. Le mois. — Le *mois*, comme son nom l'indique en grec, en allemand et en anglais, tire son origine de la période des phases de la Lune, dont sa durée ne diffère pas beaucoup. Des sept premiers mois, ceux qui sont de rang impair ont 31 jours ; les autres, à l'exception de février, en ont 30 ; l'inverse a lieu pour les cinq derniers.

89. L'année. — En déterminant le retour des saisons, le mouvement du Soleil ramène toujours dans le même ordre les époques qui conviennent aux divers travaux de l'agriculture. Si l'on prenait la durée de l'année tropique pour celle de *l'année civile*, ces époques reviendraient constamment aux mêmes dates ; mais alors l'année, n'étant pas composée d'un nombre exact de jours, commencerait tantôt à une heure de la journée et tantôt à une autre. C'est pourquoi l'on adopte une *année commune* de 365 jours, que l'on remplace de temps en temps par une *année bissextile* de 366, de manière à obtenir, en moyenne seulement, une durée égale à celle de l'année tropique, c'est-à-dire à 365^j,24222. Cette dernière revient à très-peu près à

$$365^j,2425, \text{ ou à } 365^j,25 - 0^j,0075, \text{ ou enfin à } 365^j + \tfrac{1}{4} - \tfrac{3}{400}.$$

Pour satisfaire à la condition énoncée, en négligeant d'abord la fraction $\tfrac{3}{400}$, il suffit de faire suivre trois années communes d'une année bissextile ; telle est en effet la règle du calendrier établi par Jules César. Pour tenir compte ensuite de la fraction $\tfrac{3}{400}$, qui ferait avancer la date de l'équinoxe de 3 jours tous les 400 ans, il suffit de conserver comme années communes, trois des années qui, dans l'intervalle de quatre siècles, seraient devenues bissextiles d'après le *calendrier julien*. Cette modification constitue la *réforme grégorienne*. Les années dont le millésime est divisible par 4 sont celles que l'on prend comme années bissextiles ; seulement, lorsque le millésime est terminé par deux zéros, l'année qui lui correspond ne devient bissextile que s'il reste divisible par 4, après la suppression des deux zéros. Le mois de février, qui a 28 jours dans les années communes, est celui que l'on augmente d'un jour dans les années bissextiles.

Depuis Charles IX, on fait commencer l'année le 1er janvier, à minuit.

La réforme grégorienne a réduit, en moyenne, à moins de 0^j,00025 l'excès de la durée de l'année civile sur celle de l'année tropique ; ainsi dans 4,000 ans, les dates actuelles de l'équinoxe ne se trouveront pas avancées d'un jour entier.

Voici, pour l'année 1869, les dates des commencements des quatre saisons, en temps moyen de Paris :

PRINTEMPS. . .	le 20 mars	à 1ʰ 41ᵐ du soir.
ÉTÉ.	le 21 juin	à 10 13 du matin.
AUTOMNE . . .	le 23 septembre	à 0 37 du matin.
HIVER.	le 21 décembre	à 6 32 du soir.

Proposée dès l'année 1414, la réforme du calendrier julien n'eut lieu qu'en 1582. En l'an 325, le concile de Nicée avait adopté, pour déterminer chaque année les époques des fêtes mobiles de l'Église, une règle fondée sur la croyance que la date de l'équinoxe ne varierait pas, et serait toujours le 21 mars, comme en 325. Or, en 1582, cette date avait anticipé de dix jours et tombait le 11 mars ; afin de supprimer cet écart de dix jours, le pape Grégoire XIII décida, en décrétant le nouveau calendrier, que le lendemain du 4 octobre 1582 serait appelé, non pas le 5, mais le 15 octobre. Le calendrier grégorien, adopté en France l'année même de sa promulgation, l'a été en Allemagne dix-huit ans plus tard, et en Angleterre en 1682; mais les Russes continuent à exprimer les dates dans le *vieux style*, c'est-à-dire dans le système julien. Les années 1700 et 1800, communes dans le calendrier grégorien, ont été pour eux bissextiles, de sorte que la différence entre les dates correspondantes de leur calendrier et de celui des autres nations chrétiennes de l'Europe a augmenté de deux jours depuis l'année 1582, et se trouve actuellement de douze jours. Par exemple, le 1ᵉʳ d'un mois, est, pour eux, le même jour que, pour nous, le 13 du même mois.

Les *ères* sont des époques remarquables servant d'origine pour la supputation des années. En adoptant l'*ère chrétienne* ou l'*ère vulgaire*, on a eu pour but de remonter à l'époque de la naissance de Jésus-Christ, à laquelle cependant elle serait antérieure de quelques années d'après les chronologistes.

90. **Le siècle.** — Le mot *siècle* a été employé pour désigner des périodes de différentes durées; il signifie maintenant un intervalle de cent années. Le dix-neuvième siècle de notre ère a commencé le 1ᵉʳ janvier 1801.

CHAPITRE V

Mouvement réel de la Terre autour du Soleil. — Distance des deux astres.

91. **La Terre est une planète.** — Il existe un certain nombre d'astres qu'au premier abord on pourrait confondre avec les étoiles, mais qui s'en distinguent bientôt, notamment par les déplacements qu'ils subissent dans le ciel; ces astres sont les *planètes*. Chacun d'eux semble décrire une trajectoire de forme bizarre, suivant des lois très-compliquées. Cependant, la complication n'est qu'apparente; pour la faire disparaître, il suffit de ranger la Terre parmi les planètes, avec lesquelles elle offre beaucoup de points de ressemblance, et d'admettre que tous ces corps circulent autour du Soleil, dont le volume et la masse sont beaucoup plus considérables que leurs volumes et leurs masses réunis. Le mouvement propre dont l'astre central nous paraît animé ne serait ainsi qu'une illusion due au mouvement de notre globe.

92. **Orbite terrestre.** — On explique toutes les circonstances que cette illusion présente en supposant que, la ligne des pôles restant parallèle à une même direction, la Terre décrit, comme les autres planètes, dans le sens direct et suivant la loi des aires, une ellipse dont le Soleil

occupe un des foyers. Soient, dans cette hypothèse, S (*fig.* 78) le Soleil et
T le *périhélie* de l'orbite terrestre, c'est-
à-dire le point de cette orbite le plus rap-
proché de S. A partir du moment où la
Terre est arrivée en T, imprimons, par la
pensée, aux deux corps, et à chaque instant, un déplacement égal et contraire à
celui que notre globe éprouve réellement;

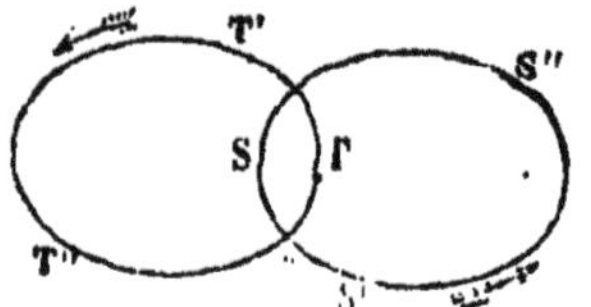

Fig. 78.)

ce dernier deviendra immobile, comme il paraît l'être à l'observateur situé
à sa surface, et le mouvement que prendra le Soleil sera précisément
celui dont cet observateur le juge animé. Mais alors il est clair que si la
Terre décrivait primitivement dans le sens direct, et suivant la loi des
aires, l'ellipse TT'T″, le Soleil va décrire maintenant, dans le même sens,
et suivant la même loi, une ellipse SS'S″ égale à TT'T″, et ayant le point
T pour foyer. Or ce mouvement est bien celui qu'indiquent les observations.

93. Preuves du mouvement de translation de la Terre.
— La vitesse du mouvement de translation dont notre globe est animé a
fourni l'explication d'un phénomène connu, en astronomie, sous le
nom d'*aberration annuelle*, et en vertu duquel, durant le cours d'une
année, chaque astre est vu successivement dans des directions un
peu différentes de la direction réelle. C'est grâce au même mouvement,
et en prenant pour base le diamètre de l'orbite terrestre, aux deux
extrémités duquel l'observateur se trouve transporté à six mois d'intervalle, que l'on a pu mesurer les distances de quelques étoiles à la
Terre.

94. Force qui retient la Terre sur son orbite. — Notre
globe étant animé d'un mouvement non rectiligne, il existe nécessairement une force qui le ramène à chaque instant sur la courbe qu'il décrit;
en partant de la loi des aires, il est facile de démontrer que cette force
est constamment dirigée vers le Soleil : en outre, de ce que l'orbite décrite suivant cette loi est une ellipse, on a pu tirer cette conclusion
que la force varie en raison inverse du carré de la distance des deux
astres.

95. Distance du Soleil à la Terre. — La distance du Soleil à
la Terre est égale à 23,300 fois le rayon terrestre, ou à 37,100,000 lieues.
Nous expliquerons plus loin comment on a pu la déduire d'observations
faites sur les planètes Mars et Vénus.

96. Vitesse de translation de la Terre. — En divisant par
le nombre de secondes que contient l'année sidérale [1], la longueur de la

---

[1] On verra, dans le chapitre suivant, en quoi l'année sidérale diffère de l'année
tropique.

circonférence qui a 37,100,000 lieues de rayon, on trouve que la Terre parcourt son orbite avec une vitesse de 7ᶦⁱᵉᵘᵉˢ,4 par seconde.

97. Parallaxe horizontale du Soleil. — On appelle *parallaxe* d'un astre tout angle, tel que TSA ou TS'A, sous lequel un rayon terrestre, TA (*fig.* 79), serait vu du centre de cet astre; la parallaxe est dite *horizontale* quand ce centre se trouve dans le plan tangent au globe mené par l'extrémité, A, du rayon que l'on considère, et, parallaxe *de hauteur*, quand le même point est au-dessus de ce plan.

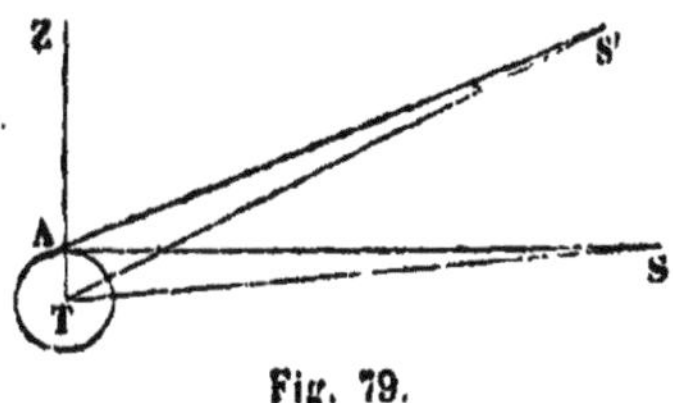

Fig. 79.

Dans le triangle TSA, le côté TA qui est perpendiculaire à AS, peut être considéré, à cause de sa petitesse par rapport à TS, comme un arc de cercle décrit du point S comme centre avec TS pour rayon. Le calcul de la parallaxe horizontale TSA du Soleil se ramène donc à cette question : déterminer l'angle au centre qui intercepte un arc égal à l'unité sur la circonférence dont le rayon est mesuré par le nombre 23 300. On trouve ainsi que la parallaxe horizontale du Soleil est 8″,86, pour la moyenne distance de cet astre à la Terre. Elle varie par suite des changements qui se produisent dans la distance, mais elle reste comprise entre 8″,7 et 9″.

CHAPITRE VI

Mouvement de la ligne des pôles de la Terre autour de l'axe de l'écliptique.

98. Actions du Soleil et de la Lune sur le renflement équatorial. — L'action du Soleil s'exerce non-seulement sur l'ensemble des molécules qui composent l'ellipsoïde terrestre, mais sur chacune d'elles en particulier; ces diverses molécules se trouvent comme attirées vers le Soleil proportionnellement à leurs masses et en raison inverse des carrés de leurs distances à cet astre. Lorsque celui-ci se trouve dans le plan de l'équateur, la résultante de toutes les attractions passe par le centre de gravité de la Terre; il en serait de même à toute autre époque, si notre globe se trouvait réduit à la sphère qui a pour diamètre la ligne des pôles ; mais les points les plus rapprochés du Soleil dans le renflement extérieur à cette sphère, se trouvant plus attirés que les autres, la résultante rencontre l'équateur en un point un peu différent du centre et situé, par rapport à lui, du même côté que le Soleil. D'après un théorème de mécanique, le centre de gravité de la Terre doit se mouvoir comme si la masse entière se trouvait réunie en ce point, et que la résultante y fût appliquée parallèlement à sa direction, d'où résulte la révolution annuelle ; de plus, notre globe doit tourner, sous l'action de la résultante, autour du centre de gravité considéré comme fixe. Dans le premier mouvement, qui est un mouvement de translation, la ligne des pôles reste constamment parallèle à elle-même, mais le second tend à rapprocher l'équateur de l'écliptique, et il produirait en effet ce résultat si la vitesse de rotation diurne n'existait pas. De la combinaison des deux vitesses résulte un mouvement analogue à celui dont la toupie nous offre un exemple, et que l'on peut définir à très-peu près de la manière suivante : en même temps que la Terre tourne autour de la ligne des pôles, cette ligne décrit, dans le sens rétrograde, d'un mouvement uniforme très-lent, un cône droit à base circulaire, autour d'un axe perpendiculaire au plan de l'écliptique. Ce déplacement entraîne celui de l'équateur, mais ne fait pas varier l'angle des deux plans.

La Lune exerce sur le renflement équatorial une action qui se joint à celle du Soleil, pour donner lieu au déplacement que nous venons d'indiquer.

90. **Rétrogradation lente des points équinoxiaux.** — Soit TQ (*fig.* 80) le rayon de la sphère céleste qui est perpendiculaire au plan de l'écliptique, et soient P, γ et σ les positions actuelles du pôle boréal, de l'équinoxe du printemps et du solstice d'été. Imaginons un cône ayant pour axe TQ et, pour demi-angle au sommet, l'obliquité de l'écliptique ; TP sera une génératrice de ce cône. Au bout d'un certain temps, la ligne des pôles coïncidera avec une autre génératrice TP₁, et le solstice d'été se trouvera au point d'intersection, σ₁, de l'écliptique avec le grand cercle des deux points Q et P₁. La ligne des équinoxes, qui reste perpendiculaire à la ligne des solstices, aura donc décrit

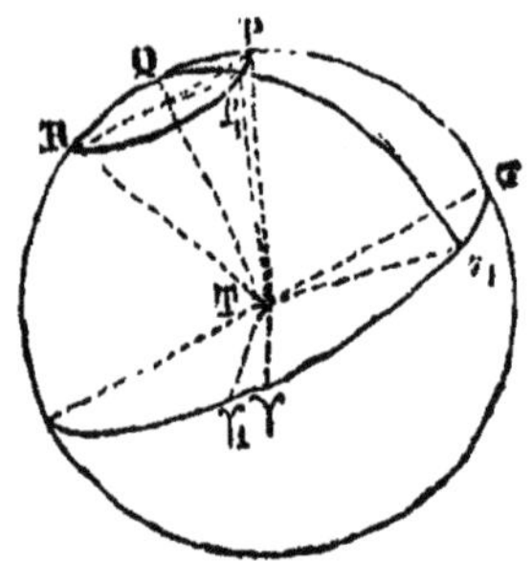

Fig. 80.

un angle γTγ₁ égal à σTσ₁ ou à l'angle des deux plans QPσ, QP₁σ₁. Ainsi le point vernal rétrograde d'un mouvement uniforme ; sa vitesse est à peu près de 50″ par an, de sorte qu'il met environ 26,000 ans à faire le tour entier de l'écliptique.

PRÉCESSION DES ÉQUINOXES. — A la fin d'une année tropique, lorsque le Soleil passe de nouveau à l'équinoxe du printemps, il ne se trouve pas au même point du ciel qu'à la fin de l'année précédente ; mais, pour atteindre ce point, il lui faut encore décrire sur l'écliptique un arc d'environ 50″. Le phénomène dont nous parlons a donc pour effet d'avancer l'époque du passage du Soleil au point vernal, c'est pourquoi l'on désigne ordinairement ce phénomène sous le nom de *précession des équinoxes.*

ANNÉE SIDÉRALE. — Par suite de la précession des équinoxes, *l'année sidérale,* c'est-à-dire le temps que le Soleil met à revenir à un même point du ciel, doit être un peu plus longue que l'année tropique ; sa durée est de 366,25637 jours sidéraux, ou de 365,25037 jours solaires moyens.

ACCROISSEMENT DES LONGITUDES DES ÉTOILES. — Le mouvement de rétrogradation du point vernal n'influe pas sur les latitudes des étoiles, mais il augmente progressivement toutes les longitudes d'une même quantité; le déplacement du plan de l'équateur fait varier d'une manière plus compliquée les ascensions droites et les déclinaisons. C'est en comparant les longitudes que lui donnaient ses propres observations avec celles qui avaient été déterminées 150 ans auparavant, par deux autres astronomes de l'école d'Alexandrie, qu'Hipparque découvrit la précession des équinoxes. Il attribua le phénomène à un mouvement de rotation très-lent de toute la sphère céleste autour de l'axe de l'écliptique.

RÉTROGRADATION DES SIGNES. — En même temps que l'équinoxe, les douze signes du zodiaque ont rétrogradé, depuis l'époque à laquelle ils ont reçu leurs noms, d'une quantité angulaire égale environ à l'un d'entre eux; le signe du Bélier est donc actuellement dans la constellation des Poissons, celui du Taureau dans la constellation du Bélier, et ainsi de suite. Le mouvement devant se continuer, chacun des signes correspondra successivement aux douze constellations zodiacales.

100. Déplacement du pôle céleste. — Par suite du mouvement conique de l'axe de la Terre, le pôle de l'équateur décrit dans le ciel un petit cercle PP_1R (*fig*. 80) dont tous les points sont à $23° \frac{1}{2}$ du pôle Q de l'écliptique; il change donc de position par rapport aux étoiles. Actuellement, il se rapproche de l'étoile α de la Petite Ourse, et continuera encore à s'en rapprocher pendant deux siècles et demi; au bout de ce temps, il n'en sera éloigné que d'un demi-degré; alors il s'en écartera, et passera successivement dans le voisinage des étoiles γ et α de Céphée, δ du Cygne, α de la Lyre, ι d'Hercule, α du Dragon, qui se remplaceront mutuellement comme étoiles polaires. En même temps, les zones des circumpolaires se déplaceront, tout en conservant, pour chaque lieu terrestre, la même étendue; il viendra une époque où, comme il y a 4,000 ans, Cassiopée ne restera plus constamment au-dessus de l'horizon de Paris, et où la Croix du Sud ne sera plus constamment au-dessous.

CHAPITRE VII

Dimensions et masse du Soleil. — Ses taches; sa rotation.

101. Rayon du Soleil. — Connaissant le demi-diamètre apparent du Soleil, et la distance de cet astre à la Terre, on obtiendra son rayon en résolvant la question suivante : Quelle est la longueur de l'arc de 16′

sur la circonférence dont le rayon est exprimé par le nombre 23,500. On trouve ainsi que le rayon du Soleil est 108,5, celui de la Terre étant pris pour unité. On peut encore obtenir ce résultat en calculant le rapport du demi-diamètre apparent à la parallaxe, car ces deux angles étant ceux sous lesquels les deux astres sont vus à une même distance, leur rapport est égal à celui des dimensions de ces deux astres.

102. **Surface et volume du Soleil.** — La surface du Soleil est 11800 fois plus grande que celle de notre globe, de sorte que la première étant représentée par le rectangle dans l'intérieur duquel se trouvent

Fig. 81.

comprises toutes les lignes de l'une des pages de ce livre, la seconde le serait par un carré d'un millimètre de côté. On peut d'ailleurs se faire une idée du rapport des deux surfaces par la figure 81, sur laquelle on remarque d'abord un cercle destiné à représenter un grand cercle du globe solaire, et au-dessous un cercle très-petit, qui se rapporte à la Terre. A l'échelle de cette figure, la distance des deux centres serait donnée par une longueur de 10 mètres et demi.

Le rapport des volumes est égal au cube de 108,5 ou, environ, à 1,280,000. Pour s'en faire une idée, on peut remarquer, par exemple, que le volume de la Terre est à celui du Soleil comme le volume d'une pièce de vingt centimes en argent est à celui de plus de 50,000 pièces de cinq francs du même métal, ou bien encore comme le volume d'un boulet de vingt-quatre est à celui d'une maison de 12 mètres de longueur. 10 mètres de largeur et 18 mètres de hauteur.

103. Masse du Soleil. — D'après le principe de la gravitation universelle, qui sera énoncé plus tard, la pesanteur qui fait tomber les corps à la surface de notre globe, est une force de même nature que celle qui le maintient sur son orbite; elle varie avec la distance suivant la même loi, et les actions que le Soleil et la Terre exerceraient sur un même corps, placé successivement à des distances égales de leurs centres, sont proportionnelles à leurs masses. Ce principe a permis de comparer les deux masses entre elles.

On a trouvé que la masse du Soleil est 354,000 fois plus grande que celle de la Terre.

104. Densité moyenne du Soleil. — En divisant le rapport des masses par celui des volumes, on obtient le rapport des densités : la densité moyenne du Soleil est 0,28, ou environ $\frac{1}{4}$, celle de la Terre étant prise pour unité. En multipliant ce dernier nombre par 5,44, qui est la densité moyenne de la Terre rapportée à celle de l'eau, on trouve, pour celle du Soleil, 1,5.

105. Pesanteur à la surface du Soleil. — Enfin, si l'on multiplie le rapport des masses par le rapport inverse des carrés des rayons, le produit donnera le nombre qui mesure la pesanteur à la surface du Soleil, quand on prend pour unité la pesanteur à la surface de la Terre; ce nombre est 30. A la surface de la Terre, un corps parcourt, pendant la première seconde de sa chute, $4^m,9$, et acquiert une vitesse de $9^m,8$ par seconde; à la surface du Sol il, il parcourrait, dans le même temps, 147 mètres, et acquerrait une vitesse de 203 mètres.

106. Rotation du Soleil. — Lorsqu'on observe le disque solaire avec une lunette, même d'un assez faible grossissement, il est rare que l'on n'y aperçoive pas des taches (*fig.* 82), et l'on reconnaît facilement que, d'un jour à l'autre, ces taches se déplacent. Chacune d'elles semble décrire une demi-ellipse très-aplatie, ce qui indique que le point de la surface qui lui correspond décrit une circonférence dont l'ellipse est la projection orthographique sur le plan du disque (56), et dont le plan est à peu près parallèle à celui de l'écliptique. On peut relever divers points des ellipses, puis déterminer, par une construction géométrique, les positions des circonférences réellement parcourues. On constate alors que les plans de ces cir-

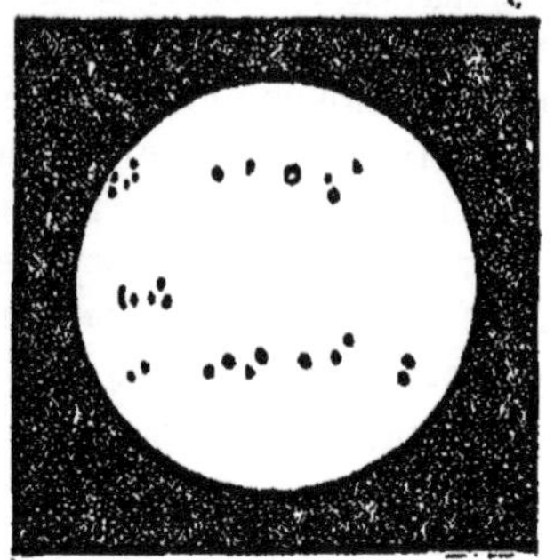

conférences sont parallèles entre eux, et que les taches sont toutes animées d'une même vitesse angulaire constante ; on en conclut que le Soleil tourne d'un mouvement uniforme autour d'un de ses diamètres; ce mouvement a lieu dans le sens direct ; l'axe autour duquel il s'effectue fait un angle de 7° seulement avec une perpendiculaire au plan de l'écliptique.

Fig. 82.

Les taches commencent à se montrer sur le bord du disque qui est à la gauche de l'observateur, et disparaissent environ 14 jours après, derrière le bord opposé; c'est au bout de 27 jours $\frac{1}{3}$ qu'on les revoit dans la même position ; mais la durée de la rotation du Soleil est un peu plus courte que cet intervalle de temps. Soit, en effet, TT' (*fig. 83*) un arc de l'orbite terrestre par-

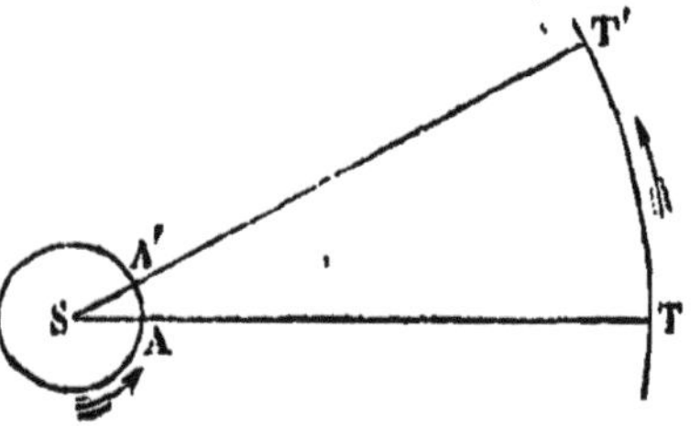

couru, en 27ʲ,5 ; si une tache, A, se projetait sur le centre du disque lorsque la Terre occupait le point T, la même tache se trouvera en A', et se projettera encore sur le centre du disque, lorsque la Terre sera venue en T'; dans l'intervalle, le Soleil aura donc effectué une rotation en-

Fig. 83.

tière, et, de plus, il aura tourné de la quantité angulaire ASA'. Cette quantité est une fraction de tour marquée par le rapport de 27,5 à la durée de l'année sidérale, c'est-à-dire par le nombre 0,0755. La durée de la rotation du Soleil est donc en jours de $\frac{27,5}{1,0755}$ ou 25ʲ,57. La lenteur avec laquelle cette rotation s'effectue fait que l'aplatissement qui doit en être la conséquence échappe à nos moyens d'observation.

107. Taches du Soleil. — Les taches que l'on aperçoit sur le disque du Soleil sont généralement formées d'une portion noire (*fig. 84*), qui constitue le *noyau*, et d'une autre portion beaucoup moins obscure, qui environne la première, et que l'on appelle la *pénombre*, bien qu'elle ne présente aucune dé-

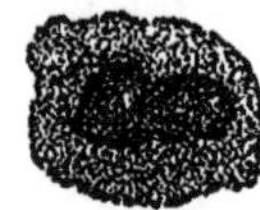

gradation de lumière, et qu'elle soit limitée, ainsi que le noyau, par des contours très-nets. Les taches n'af-

Fig. 84.

fectent aucune forme, ni ne présentent, les unes par rapport aux autres, aucune disposition, qui leur soient habituelles. Une même pénombre enveloppe fréquemment plusieurs noyaux, mais il est rare de voir un noyau sans pénombre, ou une pénombre sans noyau. Les figures 85, 86 et 87 représentent des taches qui ont été réellement observées.

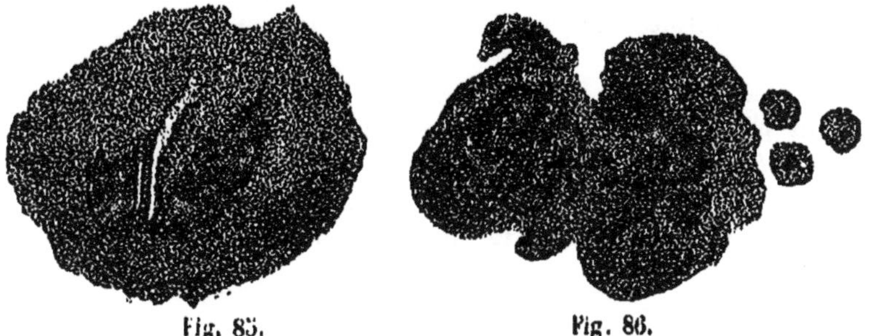

Fig. 85.   Fig. 86.

Les taches ne sont pas permanentes ; souvent elles se forment et disparaissent en quelques jours ; rarement elles durent plus de six semaines ; on en cite seulement quelques-unes qui sont restées visibles pendant cinq ou six mois. Les changements qu'elles éprouvent dans leurs formes et dans leurs dimensions se produisent généralement avec lenteur, mais souvent ils deviennent sensibles au bout de quelques heu-

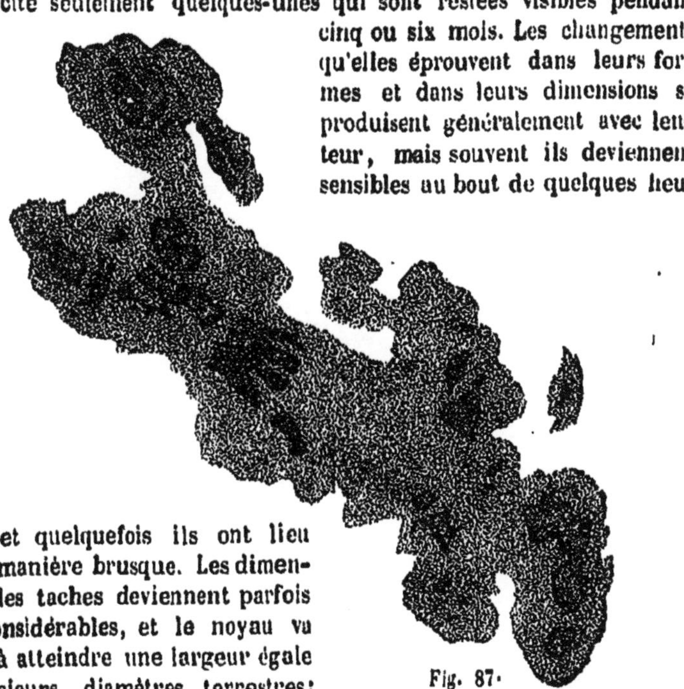

res, et quelquefois ils ont lieu d'une manière brusque. Les dimensions des taches deviennent parfois très-considérables, et le noyau va jusqu'à atteindre une largeur égale à plusieurs diamètres terrestres;

Fig. 87.

quand elles offrent ces dimensions exceptionnelles, on peut les apercevoir sans le secours des lunettes, en interposant entre l'œil et le Soleil un simple verre coloré. Il est bien rare que des taches se montrent à moins de 5° et à plus de 35° de distance de l'équateur solaire ; elles manquent complétement vers les pôles.

Il résulte d'observations commencées en 1826 et continuées jusqu'à ce jour, que les variations dans le nombre des taches solaires se reproduisent par périodes de dix ans environ, et que les années de maximum ou de minimum sont les mêmes que pour l'amplitude des mouvements diurnes de l'aiguille aimantée.

Souvent on voit autour des taches, et aux endroits où elles ont disparu, des portions plus lumineuses que le reste de la surface du Soleil ; on les appelle *facules*. Toute cette surface est d'ailleurs couverte soit de petits points, les uns lumineux, les autres obscurs, soit de rides sombres ou brillantes ; c'est à ces dernières que l'on donne le nom de *lucules*.

LIVRE IV

CHAPITRE PREMIER

Mouvement de la Lune autour de la Terre. — Phases de la Lune. —
Distance de cet astre à la Terre.

108. Orbite lunaire. — La Lune décrit, dans le sens direct, et suivant la loi des aires, une ellipse dont la Terre occupe un des foyers ; dans ce mouvement, elle traverse le plan de l'écliptique en deux points, qu'on appelle les *nœuds;* le *nœud ascendant* est celui par lequel elle passe lorsqu'elle se rapproche du pôle boréal de la sphère céleste ; l'autre est le *nœud descendant.*

Les sept éléments de l'orbite sont :

1° la longitude du nœud ascendant ;

2° l'inclinaison du plan de l'orbite sur le plan de l'écliptique, laquelle est d'environ 5° ;

3° la distance angulaire du périgée au nœud ascendant ;

4° l'excentricité qui est $\frac{1}{18}$;

5° le demi-grand axe qui vaut à peu près 60 rayons terrestres ;

6° la durée de la révolution sidérale qui est de 27 jours $\frac{1}{3}$;

7° l'époque du passage de l'astre au périgée.

On vérifie les lois du mouvement, et l'on détermine les éléments de l'orbite, à l'exception du 5°, par les procédés que nous avons indiqués lorsqu'il s'agissait du mouvement apparent du Soleil autour de la Terre (de 62 à 71) ; seulement, comme il est plus commode de rapporter la position du plan de l'orbite lunaire au plan de l'écliptique qu'à celui de l'équateur, on calcule, au moyen des ascensions droites et des déclinaisons observées lors des passages supérieurs de la Lune au méridien, les longitudes et les latitudes correspondantes; puis, on se sert de ces deux dernières coordonnées, comme on s'est servi des deux autres quand on voulait détemiiner les éléments de l'orbite solaire. Quant au 5° élément, nous verrons bientôt comment il a été obtenu.

109. Force qui maintient la Lune sur son orbite. — D'après les lois du mouvement de la Lune, cet astre est soumis à l'action d'une force constamment dirigée vers la Terre, et qui varie en raison inverse du carré de la distance des deux corps (94). On démontre que cette force est la même que celle qui fait tomber les corps à la surface de la Terre.

110. Action du Soleil sur le mouvement de la Lune autour de la Terre. — En réalité, la Lune obéit non-seulement à l'attraction de la Terre, mais aussi à celle du Soleil; de plus, si l'on veut étudier son mouvement par rapport à la Terre, il faudra, pour être en droit de considérer celle-ci comme immobile, que l'on suppose appliquée à chaque unité de masse des deux corps une force égale et contraire à l'attraction du Soleil sur l'unité de masse de la Terre. La résultante de cette force et de l'attraction du Soleil sur l'unité de masse de la Lune constitue une force perturbatrice dont l'effet est de compliquer beaucoup le mouvement de notre satellite. Néanmoins on arrive à représenter ce mouvement, et à calculer d'avance les positions de la Lune, pour des époques données, en imaginant d'abord un mobile décrivant, suivant la loi des aires, une orbite elliptique dont les éléments sont variables, puis en ajoutant à la longitude et à la latitude de ce mobile, pour obtenir celles de la Lune, des termes de correction périodiques.

111. Déplacements des nœuds et du périgée. — La perpendiculaire au plan de l'orbite décrit, en 18 ans $\frac{2}{3}$, un cône de révolution autour de la perpendiculaire au plan de l'écliptique; ce mouvement est uniforme, et a lieu dans le sens rétrograde; il en résulte, pour les nœuds, une rétrogradation analogue à celle des équinoxes, mais beaucoup plus rapide. Le plan de l'orbite se déplace avec la ligne des nœuds, tout en conservant, sur celui de l'écliptique, une inclinaison de 5° 9'; l'angle qu'il fait avec l'équateur varie au contraire entre les deux limites 23° 27' — 5°9' et 23° 27' + 5°9', ou, à peu près, 18° $\frac{1}{3}$ et 28° $\frac{1}{3}$.

L'ellipse se déplace dans le plan de l'orbite : le périgée a, dans le sens direct, un mouvement qui lui fait décrire une circonférence entière en un peu moins de 9 ans.

112. Inégalités du mouvement en longitude. — Les *inégalités* qui affectent la latitude de la Lune sont beaucoup moins considérables que celles du mouvement en longitude; parmi ces dernières, nous citerons les trois principales, savoir : l'*évection*, la *variation* et l'*équation annuelle*, qui ont été trouvées par Ptolémée, par Tycho-Brahé[1] et par Képler[2]. Elles varient respectivement entre — 1° 20' et + 1° 20', — 30' et + 30', — 11' et + 11'; leurs périodes sont 31 jours environ pour la première, 15 pour la seconde, et 365 pour la troisième. C'est par la discussion des observations que l'on a découvert ces trois inégalités ainsi que quelques autres; mais la théorie

---

[1] Tycho-Brahé observait en Danemarck, puis à Prague, dans la seconde moitié du seizième siècle.

[2] Képler naquit en 1571, dans le duché de Wurtemberg, et mourut en 1630.

de l'attraction en donne une foule dont l'ensemble ne saurait être négligé; leur détermination, qui est d'une complication extrême, a une grande importance, à cause de l'usage qu'on fait des tables de la Lune dans la mesure des longitudes.

113. Révolution synodique de la Lune. — On dit qu'un astre, ou tout autre point mobile dans le ciel, est en *conjonction* avec le Soleil, lorsqu'il a la même longitude que celui-ci ; en *opposition*, lorsque les deux longitudes diffèrent de 180° ; en quadrature, lorsque la différence est d'un ou de deux quadrants. Dans les deux premières positions, qui portent le nom collectif de *syzygies*, le centre de la Terre, celui du Soleil, et la projection de l'astre sur le plan de l'écliptique se trouvent en ligne droite. Entre deux conjonctions successives, l'astre effectue une *révolution synodique*.

C'est surtout quand il est question de la Lune que l'on emploie le terme de syzygies, et la durée de sa révolution synodique s'appelle *lunaison*. Représentons par σ cette durée, par s celle de la révolution sidérale, et par T celle de l'année sidérale. D'une conjonction à la suivante, la distance angulaire du Soleil et de la projection de la Lune sur le plan de l'écliptique varie de 0° à 360°, avec une vitesse qui est la différence des vitesses angulaires des deux mobiles ; or, pendant le temps σ, ces deux mobiles décrivent des fractions de leurs circonférences respectivement égales à $\frac{\sigma}{T}$ et $\frac{\sigma}{s}$; ils s'éloignent donc l'un de l'autre de la quantité $\frac{\sigma}{s} - \frac{\sigma}{T}$; et, comme au bout du même temps, l'intervalle qui les sépare est une circonférence tout entière, on doit avoir :

$$\frac{\sigma}{s} - \frac{\sigma}{T} = 1, \qquad \text{ou bien} \qquad \frac{1}{\sigma} = \frac{1}{s} - \frac{1}{T}.$$

Cette relation permet de calculer la durée d'une lunaison, qui est de 29 jours $\frac{1}{2}$. Inversement, la même relation donnerait la durée de la révolution sidérale de la Lune, si l'on connaissait celle de la révolution synodique ; or, comme nous le verrons bientôt, on peut déterminer très-exactement cette dernière par l'observation.

114. Révolution synodique du nœud. — Le mouvement du nœud a lieu en sens contraire de celui du Soleil, de sorte que leur déplacement relatif, au bout d'un certain temps, est égal à la somme de leurs déplacements absolus ; si donc, T représentant, comme tout à l'heure, la durée de l'année sidérale, on appelle n la durée de la révolution sidérale du nœud, et ν celle de sa révolution synodique, on aura

$$\frac{\nu}{T} + \frac{\nu}{n} = 1, \qquad \text{ou } \nu = \frac{Tn}{T + n};$$

en remplaçant dans cette expression T et n par leurs valeurs, on trouve que la révolution synodique du nœud s'effectue à peu près en 346 jours $\frac{1}{3}$.

115. Phases de la Lune. — La Lune n'est pas lumineuse par elle-même, car, de l'hémisphère qu'elle tourne vers nous, nous n'apercevons jamais que la portion qui reçoit les rayons du Soleil ; cette portion se trouve limitée sensiblement par deux demi-circonférences de grand cercle, ACB, AIB (*fig.* 88), dont les plans sont respectivement perpendiculaires aux droites LT, LS, qui joignent le centre de la Lune au centre de la Terre et à celui du Soleil ; ces deux cercles se coupent suivant un diamètre AB perpendiculaire au plan CLI, qui contient les centres des trois astres. Ce plan se confond avec celui de l'écliptique lorsque la Lune passe à l'un de ses nœuds, et avec celui de l'orbite lunaire lorsque le Soleil se trouve en conjonction ou en opposition avec

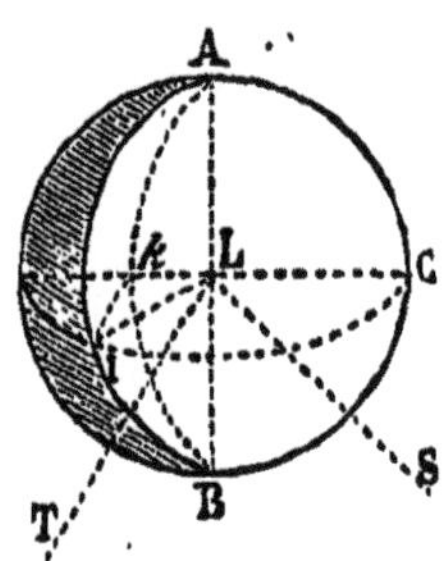

Fig. 88.

le nœud ascendant ; les points A et B ne sont donc pas immobiles à la surface de la Lune, mais nous ferons abstraction de leurs déplacements, et nous supposerons que le plan de l'orbite lunaire se confonde avec celui de l'écliptique, dont il ne diffère pas beaucoup. La circonférence dont ACB est la moitié forme le contour apparent de la Lune, quand cet astre est vu de la Terre ; c'est elle qui constitue le pourtour du disque ; celle à laquelle appartient AIB sépare l'hémisphère éclairé par le Soleil de celui qui reste dans l'obscurité ; la portion éclairée du disque se trouve comprise entre la demi-circonférence ACB et la projection orthographique de AIB ; cette projection est une demi-ellipse A*k*B (*fig.* 88 et 89).

Depuis l'époque d'une conjonction jusqu'à celle de l'opposition, l'angle CLI (*fig.* 88) augmente de zéro à 180°, puis il diminue, pour redevenir nul lors de la conjonction suivante ; le fuseau ACBIA, qui est proportionnel à cet angle, et la portion éclairée du disque ACB*k*A (*fig.* 89), augmentent ou diminuent en même temps que lui ; de là résultent les changements de forme que ce disque semble éprouver durant le cours

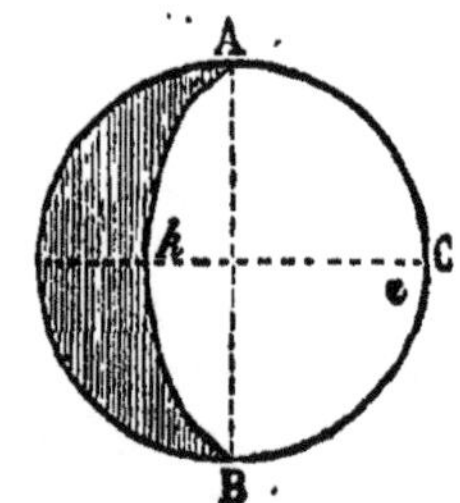

Fig. 89.

de chaque lunaison. Les *phases* sont les diverses valeurs que prend le rapport de la portion éclairée ACB*k*A au disque complet, ou, ce qui revient au même, celui de la longueur C*k* au diamètre tout entier.

Pour étudier les variations de la phase, il est permis de considérer le Soleil comme immobile, pourvu que l'on n'attribue à la Lune que la vitesse de son mouvement synodique ; de plus, à cause de l'éloignement du premier de ces deux astres, on peut admettre que ceux de ses rayons qui atteignent les différents points de l'orbite lunaire sont parallèles à une même direction, SS' (*fig. 90*). Il est alors facile de suivre sur la

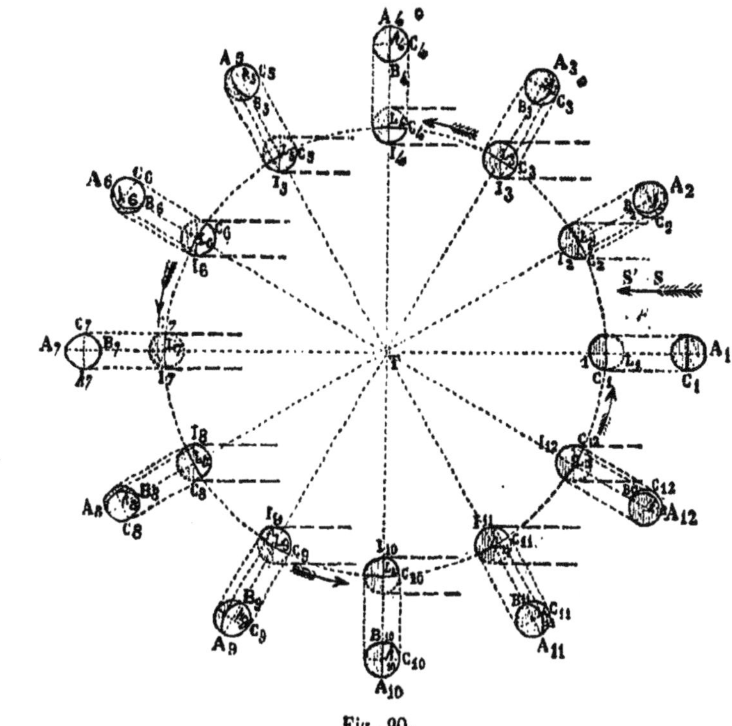

Fig. 90.

figure les circonstances que doit présenter le phénomène ; ces circonstances sont d'ailleurs les mêmes que celles qu'indique l'observation. Un jour ou deux après la conjonction, la Lune se montre du côté de l'occident, peu après le coucher du Soleil, sous la forme d'un croissant très-délié. Les jours suivants, le moment de son coucher retarde de plus en plus, et la largeur du croissant devient de plus en plus grande ; le septième jour après la conjonction, l'astre passe au méridien vers 0 heures du soir, et se montre sous la forme d'un demi-cercle ; on dit alors qu'il est dans son *premier quartier*. A partir de ce moment, la demi-ellipse A*k*B, qui limite à gauche la portion éclairée du disque, tourne sa convexité en sens contraire, et son petit axe va en augmentant. Quatorze jours après la conjonction, il y a *pleine lune*, c'est-à-dire que l'on aperçoit le cercle entier ; à cette époque, qui est celle de l'opposition, la Lune se lève quand le Soleil se couche, et se couche quand il se lève. Après l'opposition, les mêmes phases se reproduisent dans un ordre inverse; la demi-ellipse A*k*B, qui se trouve à droite pendant cette seconde période s'aplatit de plus en plus; elle finit par se confondre avec le diamètre AB, à l'époque du *dernier quartier*, qui est celle de la seconde quadrature; alors la Lune passe au méridien 18 heures environ après le Soleil, c'est-à-dire vers 0 heures du matin. Elle continue ensuite à se rapprocher de cet astre, et se montre sous la forme d'un croissant de plus en plus délié, tournant sa convexité vers la droite, et que l'on aperçoit le matin, du côté de l'orient, un peu avant le lever du Soleil. Enfin, un jour ou deux avant la conjonction, elle cesse d'être visible, pour reparaître après, comme nous l'avons d'abord indiqué. Au moment de la conjonction, on dit qu'il y a *nouvelle lune*.

Les figures 91 à 99 représentent les aspects qu'offre la Lune lors de ses différentes phases.

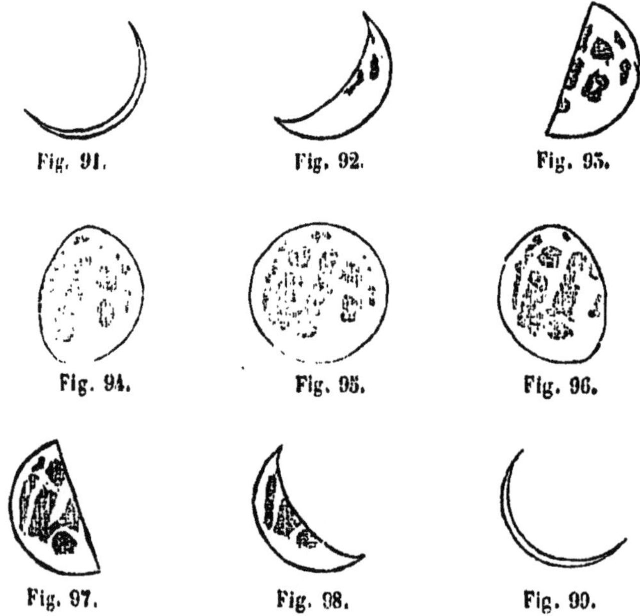

Fig. 91.   Fig. 92.   Fig. 93.

Fig. 94.   Fig. 95.   Fig. 96.

Fig. 97.   Fig. 98.   Fig. 99.

110. Lumière cendrée. — La Terre, vue de la Lune, doit présenter des phases complémentaires de celles de la Lune : les plans des cercles qui séparent, sur les deux corps, l'hémisphère éclairé de l'hémisphère obscur sont tous deux perpendiculaires à la direction des rayons solaires, et, par conséquent, parallèles entre eux; les plans des deux cercles qui déterminent les contours apparents sont aussi parallèles entre eux comme étant perpendiculaires à la même droite TL (*fig.* 100); de sorte que les angles CLI, C'TL', formés par les traces de ces plans sur celui qui contient les centres des trois astres, sont supplémentaires; la somme des rapports de chacun des deux fuseaux visibles et éclairés à l'hémisphère entier est donc égale à l'unité; il en est de même de celle des deux phases $\dfrac{Ck}{CC_1}$, $\dfrac{C'k'}{C'C'_1}$.

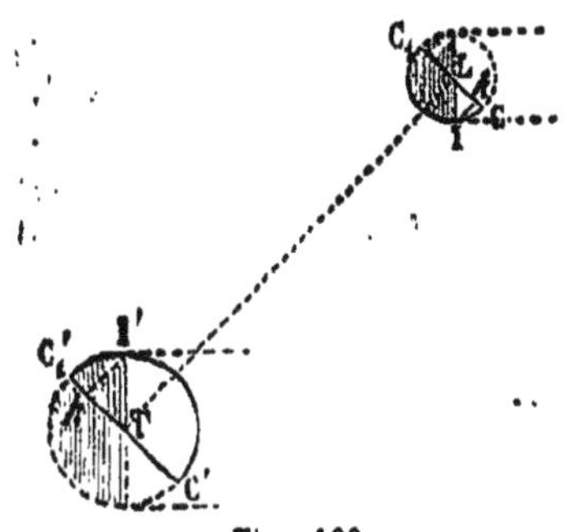

Fig. 100.

Lors de la nouvelle Lune, la quantité de lumière que la Terre renvoie à l'hémisphère de la Lune non éclairé par le Soleil est la plus grande possible. Après la nouvelle Lune, lorsque l'astre se montre à nous sous la forme d'un mince croissant, cette quantité de lumière est suffisante pour produire sur le disque une faible lueur, qui nous le fait apercevoir tout entier (*fig.* 101), et à laquelle on a donné le nom de *lumière cendrée.* Peu à peu, la quantité de lumière reçue de la Terre diminue, en même temps que l'épaisseur du croissant augmente, et, pour ces deux causes, la lumière cendrée devient de plus en plus faible; elle cesse d'être sensible avant le premier quartier, et reparaît quelque temps après le dernier.

Fig. 101.

117. Distance de la Lune à la Terre. — La distance de la Lune à la Terre a été déduite d'observations simultanées faites par Lalande et l'abbé de la Caille, le premier opérant à Berlin, et le second au Cap, sur le même méridien; ils mesuraient les distances zénithales, ZAL, Z'A'L (*fig.* 102), de l'astre au moment de sa culmination.

Dans le quadrilatère ATA'L, on connaissait donc les deux côtés TA, TA' égaux au rayon terrestre, l'angle ATA' égal à la somme des latitudes des lieux A et A', et enfin les angles TAL, TA'L, suppléments des distances zénithales mesurées. Dès lors on pouvait calculer la diagonale TL, qui est la distance cherchée. On pouvait aussi calculer la parallaxe horizontale qui correspond à cette distance.

En réalité, les deux stations n'étaient pas exactement situées sur le même méridien; on a tenu compte de la différence de leurs longitudes. ainsi que des petits angles que les rayons TA et TA' font avec les verticales des deux lieux A et A'; enfin, on a eu égard à l'inégalité des divers rayons terrestres, et l'on a rapporté la parallaxe à celui de l'équateur. On a trouvé que la *parallaxe horizontale équatoriale* de la Lune, pour la moyenne distance de cet astre à la Terre, est 57'40". Pour les autres distances, elle varie de 53' 50" à 1°1'30".

La distance moyenne de la Lune à la Terre est de 60 rayons terrestres, ou de 95,000 lieues; elle n'est guère que la 400ᵉ partie de celle de la Terre au Soleil, et ne surpasse pas de beaucoup la moitié du rayon de ce dernier astre.

La distance, TL (*fig.* 102), du centre de la Terre à celui de la Lune ne dépend que de la position de cet astre sur l'ellipse qu'il décrit; mais il n'en est pas de même de la distance, AL, du centre de la Lune à un point, A, de la surface de notre globe; cette dernière varie, par suite du mouvement diurne. Elle est sensiblement égale à TL au moment où l'astre se lève pour l'observateur

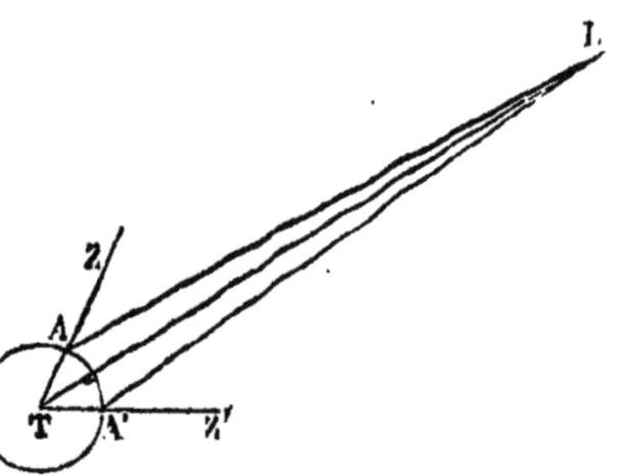

Fig. 102.

situé en A, puis elle devient plus petite à mesure que la hauteur au-dessus de l'horizon augmente, et, si le passage au méridien s'effectue au zénith du point A, elle se trouvera diminuée, à l'instant de ce passage, du rayon TA, ou de la 60ᵉ partie de sa valeur.

118. Diamètre apparent de la Lune. — A l'époque de la pleine Lune, on constate, à l'aide d'observations qui ont déjà été indiquées pour le Soleil (58), que le disque de l'astre est circulaire. D'ailleurs, chaque fois que la Lune est visible, on peut mesurer son diamètre apparent, quelle que soit la phase, car on aperçoit toujours la moitié de son contour. Si l'opération a été faite au point A (*fig.* 102), pendant que le centre de la Lune se trouvait en L, il faudra réduire le résultat obtenu dans le rapport de AL à TL pour obtenir le diamètre apparent tel qu'il serait mesuré du centre de la Terre. Celui-ci varie entre 29'22" et 33'28", limites qui comprennent entre elles le plus grand et le plus petit diamètre apparent du Soleil, sans en différer beaucoup. La valeur moyenne 31'25" est un peu inférieure au diamètre apparent moyen de ce dernier astre.

Quand un astre est près de l'horizon, nous le jugeons plus éloigné qu'à tout autre instant, à cause de la succession des objets terrestres qui frappent alors la vue, dans la direction de cet astre, et aussi à cause de la diminution relativement considérable que lui fait subir, dans son éclat, le passage, à travers l'atmosphère, des rayons lumineux qu'il nous envoie; telle est l'origine de la forme surbaissée que nous attribuons à la voûte céleste. Or, un objet que nous estimons plus éloigné à un instant qu'à un autre, doit nous paraître avoir des dimensions plus grandes au premier instant qu'au second. C'est ainsi qu'on explique l'augmentation que semblent éprouver le diamètre apparent du Soleil et celui de la Lune, lors des levers et des couchers de ces deux astres. Mais cette augmentation n'a rien de réel; il se produit au contraire une diminution, puisque la distance AL (*fig.* 102) est d'autant plus grande que le point L se trouve plus près de l'horizon, et que le diamètre apparent de l'astre L varie en raison inverse de cette distance. Pour le Soleil, la diminution est tout à fait négligeable; pour la Lune, elle atteint une demi-minute, quand l'on compare entre eux les diamètres apparents à l'horizon et au méridien, et que le passage dans ce dernier plan s'effectue au zénith du point A.

Quelle que soit la phase, on peut observer la distance zénithale de l'un des deux bords de la Lune, le bord supérieur ou le bord inférieur; en augmentant la première ou en diminuant la seconde du demi-diamètre apparent, on obtiendra la distance zénithale du centre. On peut aussi observer l'heure du passage au méridien, soit pour le bord occidental, soit pour le bord oriental; en ajoutant, dans le premier cas, à l'heure observée, ou en retranchant, dans le second, le temps que la moitié du disque met à passer derrière le fil vertical de la lunette, on aura l'heure du passage du centre. Ce temps est d'autant plus grand que la déclinaison de la Lune est plus grande; on le calcule au moyen de cette déclinaison et du diamètre apparent de l'astre.

CHAPITRE II

Dimensions et masse de la Lune. — Sa rotation. — Libration. — Constitution volcanique. — Absence d'eau et d'atmosphère.

119. Dimensions et masse de la Lune. — Le demi-diamètre apparent de la Lune, vue du centre de la Terre, et la parallaxe horizontale équatoriale, au même moment, sont entre eux dans le rapport de 3 à 11. Le rayon de la Lune est donc les $\frac{3}{11}$, ou un peu plus du quart, de celui de la Terre; sa surface est $\frac{1}{14}$ (*fig.* 103), et son volume $\frac{1}{49}$, de la surface et du volume de notre globe.

La masse de la Lune est $\frac{1}{88}$ de la masse terrestre. Sa densité moyenne est les $\frac{5}{9}$ de celle de la Terre, ou 3 fois la densité de l'eau.

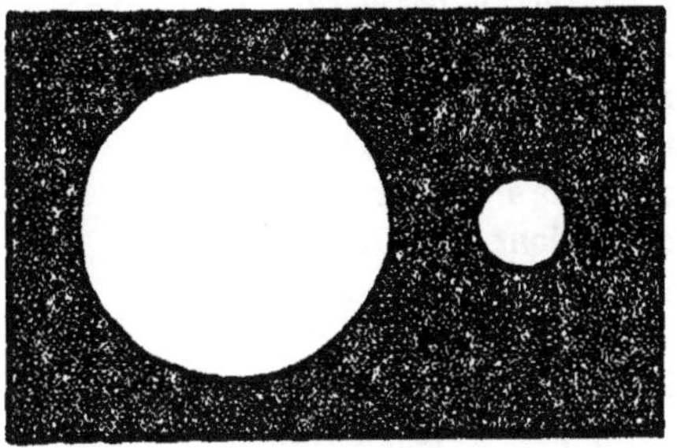
Fig. 103.

Enfin, l'intensité de la pesanteur à sa surface est 0,15, celle de la pesanteur à la surface de notre planète étant prise pour unité.

120. Taches de la Lune; rotation. — A la vue simple, on remarque, sur le disque de la Lune, des taches grisâtres qui lui donnent l'apparence grossière d'une figure humaine. Ces taches conservent toujours les mêmes positions par rapport au contour du disque; ainsi le point A de la surface (*fig.* 104), qui se projette sur le centre, lorsque la Lune est en L, s'y projette encore lorsqu'elle a parcouru l'arc LL′ de son orbite; c'est-à-dire qu'au lieu de se trouver alors sur la droite L′A′ parallèle à LA, ce point est venu en A″ sur la droite TL′, qui joint la Terre à la nouvelle position du centre de la Lune; or, pour qu'il en soit ainsi, il faut que le rayon LA ait décrit l'angle

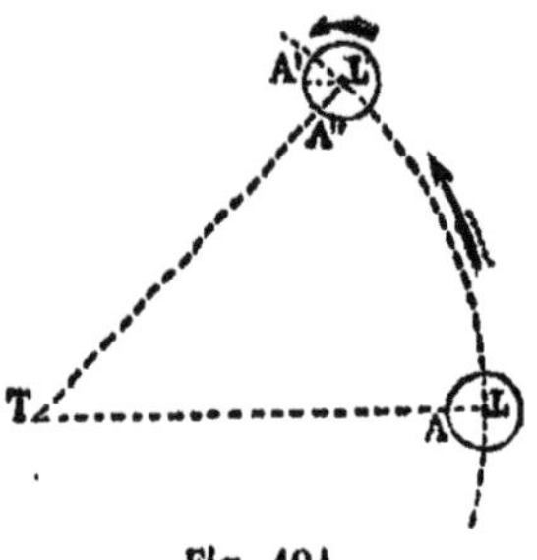

Fig. 104.

A′L′A″; donc la Lune est animée d'un mouvement de rotation, dans le sens direct, autour d'un axe perpendiculaire au plan de son orbite. Comme, d'ailleurs, les angles A′LA″ et LTL sont égaux, on voit que la durée de la rotation est la même que celle de la révolution sidérale. Il résulte de là que c'est toujours le même hémisphère lunaire que nous apercevons.

S'il existait la plus légère différence entre la vitesse de rotation de la Lune et la vitesse angulaire moyenne du rayon vecteur allant de cet astre à la Terre, notre satellite, au bout d'un temps suffisamment long, nous aurait présenté successivement les diverses portions de sa surface; or, l'aspect sous lequel nous voyons actuellement son disque est bien celui qu'indiquent les descriptions les plus anciennes; il y a donc égalité parfaite entre les deux vitesses. Vraisemblablement cette égalité rigoureuse n'a pas toujours subsisté; mais, pour comprendre comment elle a pu s'établir, il suffit d'admettre qu'à l'origine la différence était assez faible, et de plus que le globe lunaire est légèrement allongé suivant l'un de ses diamètres; car, s'il en est ainsi, l'attraction terrestre a dû modifier la vitesse de rotation, jusqu'à ce que ce diamètre restât constamment dirigé vers la Terre. Quant à la forme que cette explication lui attribue, c'est aussi sous l'influence de l'attraction terrestre que la Lune a dû la prendre, alors que sa masse se trouvait encore à l'état pâteux.

121. Libration. — Des deux mouvements dont nous venons de parler, un seul est uniforme; leurs vitesses, exactement égales en moyenne, ne le sont donc pas à tous les instants; l'angle dont notre satellite a tourné sur lui-même est tantôt plus petit, tantôt plus grand que celui qui a été décrit, dans le même temps, par le rayon vecteur, et la loi des aires, qui règle ce dernier mouvement, montre comment doit varier la différence. Un point de la surface qui, lors du périgée et de l'apogée, se projette sur le centre du disque, doit être vu à gauche du centre, lorsque la Lune se rend de la première à la seconde de ces deux positions, et, à droite, lorsque le trajet s'effectue de la seconde à la première. Le mouvement d'oscillation, dont chaque point de la surface semble ainsi animé, a reçu le nom de *libration en longitude*. L'écart peut atteindre, sur l'équateur lunaire, un nombre de degrés marqué par la plus grande valeur de l'équation du centre, ou, plus exactement, par cette valeur augmentée de celles des inégalités du mouvement de l'astre sur son orbite, c'est-à-dire qu'il peut atteindre 8°; de part et d'autre de l'hémisphère qui est visible au périgée et à l'apogée, nous pouvons donc apercevoir, à d'autres époques, un fuseau dont l'angle est de 8°. L'arc de 8° étant à peu près la 7° partie du rayon, l'amplitude totale de la libration en longitude correspond à ¼ du diamètre apparent.

L'axe de rotation de la Lune n'est pas exactement perpendiculaire au plan de l'orbite, mais il fait, avec la perpendiculaire à ce plan, un angle de 6° ½; de là résulte un second mouvement apparent d'oscillation, dans une direction perpendiculaire à celle du premier ; c'est la *libration en latitude*.

Imaginons par la Terre, T (*fig*. 105), un plan perpendiculaire à celui

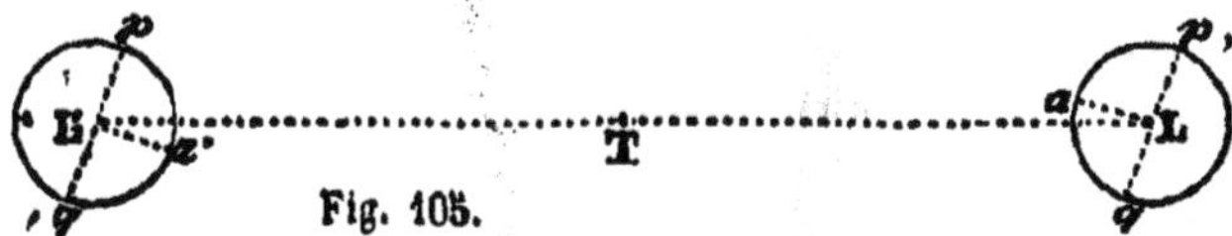

Fig. 105.

de l'équateur lunaire et au plan de l'orbite ; soit LL′ le diamètre suivant lequel il coupe ce dernier plan. L'axe *pq*, autour duquel tourne la Lune, restant parallèle à lui-même, celui des deux pôles qui se trouve visible de la Terre, lorsque le centre de l'astre est en L, devient au contraire invisible lorsque le centre de l'astre est arrivé en L′. De même, le point de l'équateur qui était d'abord en *a*, au-dessus de TL, est ensuite placé en *a′*, au-dessous de la même ligne. La Lune, en allant de L en L′, paraît donc avoir tourné d'un angle double de TL*a*, autour d'un axe parallèle à l'intersection du plan de l'équateur et de celui de l'orbite. On voit que la libration en latitude a pour période la durée du mois sidéral ; sa demi-amplitude est de 6° ½, et l'amplitude totale correspond à la 9° partie du diamètre apparent.

La réunion de ces deux mouvements apparents constitue la libration complète, et réduit de la moitié aux ⅖ la portion de la surface de la Lune qui sera toujours cachée aux habitants de la Terre.

122. Montagnes de la Lune. — La surface de la Lune offre de nombreuses aspérités, qu'il est facile de distinguer, même avec une lunette d'un faible grossissement. A chaque phase, elles sont surtout apparentes sur la ligne de séparation de la partie éclairée avec la partie

obscure, ou dans le voisinage de cette ligne, le long de laquelle elles
produisent des dentelures très-prononcées (*fig.* 100); jusqu'à une cer-

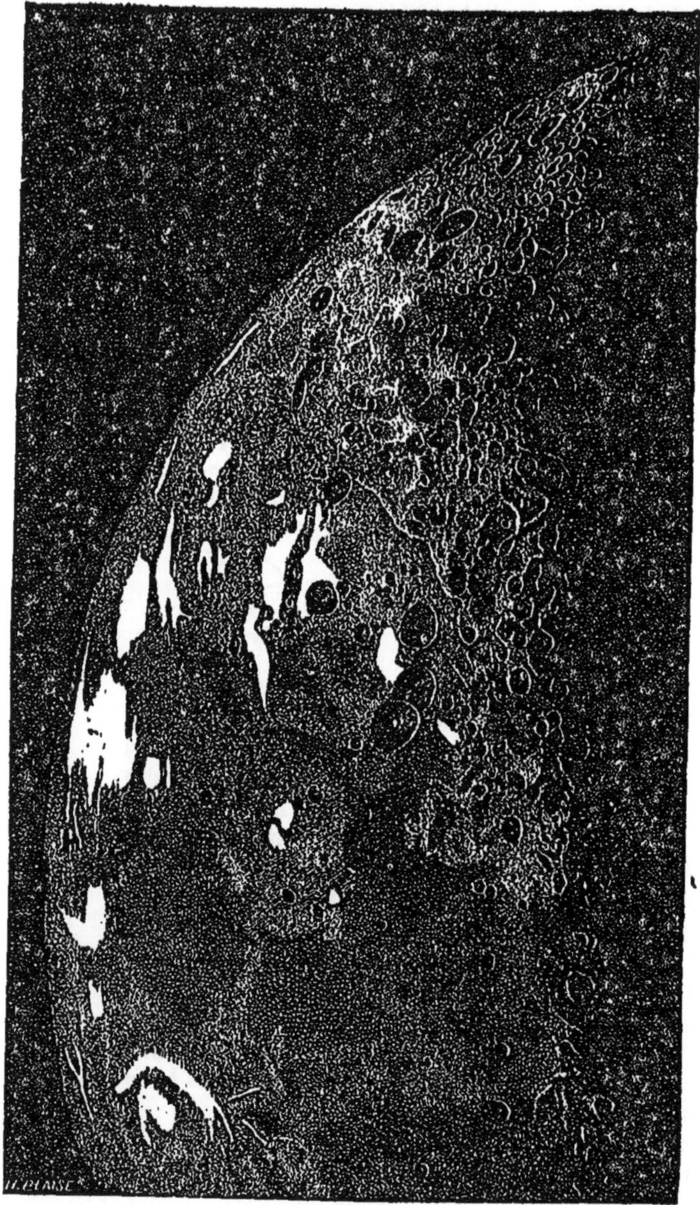

Fig. 106.

taine distance de la même ligne, les montagnes de la partie éclairée reçoivent obliquement les rayons du Soleil, et portent ombre du côté opposé ; tandisque, dans la partie obscure, les sommets d'autres montagnes, assez hautes pour traverser la surface du cylindre que forment les rayons tangents au globe lunaire, apparaissent comme des points lumineux isolés.

On a déterminé plus de mille hauteurs de montagnes lunaires, parmi lesquelles s'en trouvent 22 qui surpassent la hauteur, 4,800 mètres, du mont Blanc, et 6 qui sont au-dessus de 6,000 mètres. La plus considérable est de 7,600 mètres ; cette dernière est la 227° partie du rayon de la Lune, tandis que, sur notre globe, la hauteur, 8,840 mètres, de la montagne la plus élevée est seulement le 720° du rayon terrestre (27).

123. Constitution volcanique de la Lune. — Certaines régions, à la surface de la Lune, réfléchissent moins bien que les autres les rayons solaires, et produisent les taches que l'on aperçoit à l'œil nu ; elles ne renferment presque pas de montagnes. Partout ailleurs, les montagnes se trouvent en grande quantité et forment des enceintes circulaires (*fig.* 107), à l'intérieur desquelles le sol est ordinairement

Fig. 107.

au-dessous du niveau extérieur, et dont le centre est souvent occupé par une montagne isolée. La grandeur de leurs dimensions ne permet pas de les comparer aux cratères de nos volcans, qui, à la distance de la Lune, seraient à peine visibles avec le télescope, mais aux cirques montagneux auxquels on donne, en géologie, le nom de cratères de soulèvement. Ces derniers sont rares à la surface de la Terre, où les eaux ont dégradé peu à peu les saillies et comblé en partie les vallées par des sédiments ; tandis que la surface de la Lune a conservé ses reliefs primitifs, et présente presque partout l'aspect qui caractérise certaines contrées volcaniques de notre globe, telles que la Bohême ou l'Auvergne.

124. Absence d'eau et d'atmosphère. — En dirigeant une lunette sur la Terre, un observateur placé en un point de l'hémisphère lunaire, qui est tourné vers nous, distinguerait les principales aspérités que présente la surface de notre globe, mais de temps en temps, il y en aurait de masquées à sa vue par les nuages qui flottent dans notre atmosphère ; le disque de notre planète lui présenterait une variabilité d'aspect que nous ne remarquons nullement sur le disque de la Lune. Le même observateur verrait, suivant la phase, une portion plus ou moins grande de la surface terrestre éclairée par les rayons du Soleil, tandis qu'une autre portion se trouverait dans l'obscurité ; mais, à elles deux, elles n'occuperaient pas toute l'étendue du disque ; elles se trouveraient séparées par une bande produisant, de la première à la seconde, une dégradation insensible de lumière ; cette bande comprendrait tous les lieux terrestres dans lesquels, grâce à la présence de l'atmosphère, il y aurait crépuscule au lieu d'une nuit complète ; au contraire, sur le disque de la Lune, la partie éclairée et la partie obscure se rejoignent brusquement suivant une ligne plus ou moins sinueuse, mais toujours très-nette. Voilà donc deux phénomènes pour lesquels on ne constate aucun des caractères qu'ils présenteraient si notre satellite était environné d'une atmosphère comparable à la nôtre. L'observation suivante achève de démontrer qu'il en est dépourvu.

D'après la connaissance que l'on a du mouvement de la Lune, on peut prédire les *occultations* d'étoiles, et calculer d'avance leurs durées ; ces durées calculées se trouvent toujours d'accord avec celles que l'on détermine ensuite expérimentalement, au moment où l'occultation a lieu ; or, il n'en serait pas ainsi dans le cas où la Lune se trouverait entourée d'une atmosphère. Après avoir cessé d'être visible par le rayon ET (*fig.* 108), qu'elle envoie dans la direction de l'œil de l'observateur, l'étoile continuerait à l'être encore quelque temps par d'autres, tels que le rayon EM, qui, en se réfractant successivement dans les différentes couches de l'atmosphère lunaire, s'infléchirait suivant une courbe MNM', concave vers le centre de l'astre, puis émergerait avec la direction M'T. De même, l'étoile reparaîtrait du côté opposé du disque, avant que l'interposition de la Lune ait pris fin. La durée observée de l'occultation serait donc moindre que la durée calculée. On pourrait mettre ainsi en évidence une réfraction de 2″ ; comme cette réfraction ne se manifeste pas, on doit admettre que s'il existe une atmosphère lunaire, formée d'air comme le nôtre, elle est aussi rare que dans les récipients où l'on a fait le vide, autant que possible, à l'aide de la machine pneumatique.

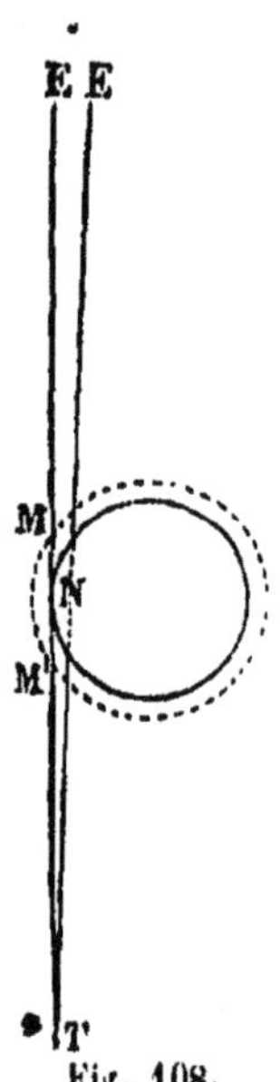

Fig. 108.

Puisqu'il n'y a pas d'atmosphère autour de la Lune, il ne peut y avoir d'eau à sa surface.

CHAPITRE III

Éclipses de Lune; éclipses de Soleil.

125. Possibilité des éclipses de Lune. — Le cône tangent extérieurement à la Terre et au Soleil limite, en arrière du premier de ces deux corps, une portion de l'espace, qui ne reçoit de l'autre aucun rayon. Soient IS (*fig.* 109) l'axe de ce cône, et IA l'une de ses généra-

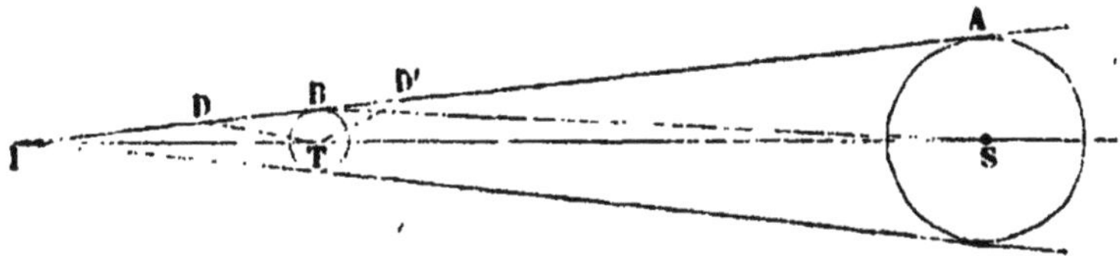

Fig. 109.

trices; joignons le point B, où cette génératrice touche la Terre, au centre S du Soleil. Dans le triangle IBS ainsi formé, le demi-angle au sommet du cône, BIS, que nous appellerons α, est égal à l'angle extérieur ABS diminué de l'angle BSI, c'est-à-dire au demi-diamètre apparent du Soleil diminué de la parallaxe horizontale du même astre; $\frac{1}{2}\delta$ et π représentant ces deux angles, on aura donc

$$\alpha = \tfrac{1}{2}\,\delta - \pi.$$

L'angle α a pour valeur moyenne 15′ 53″, on a à peu près 0,28 de la parallaxe horizontale de la Lune; la distance de notre satellite au centre T de la Terre est donc seulement les 0,28 de la longueur TI, et, au moment de l'opposition, il peut pénétrer dans le *cône d'ombre;* on dit alors qu'il y a *éclipse de Lune.*

126. L'éclipse peut être totale. — Soit D (*fig.* 109) un point de la section faite dans le cône d'ombre, perpendiculairement à son axe, et à une distance du point T égale à la distance de la Lune à la Terre; tirons TD, et appelons Δ le diamètre apparent de la section dont il s'agit; la moitié de ce diamètre est égale à l'angle DTI, c'est-à-dire à la différence des deux angles BDT, DIT, dont le premier est la parallaxe horizontale de la Lune, que nous représenterons par π', et le second le demi-angle au sommet du cône que nous avons désigné par α; on a donc

$$\tfrac{1}{2}\,\Delta = \pi' - \alpha = \pi + \pi' - \tfrac{1}{2}\,\delta.$$

La valeur de $\frac{1}{2}\Delta$ est environ 41′ 40″, tandis que le demi-diamètre apparent de la Lune, vue du centre de la Terre, n'atteint pas 16′ 45″. La Lune peut donc entrer tout entière dans le cône d'ombre; on dit alors que *l'éclipse est totale.*

La durée d'une éclipse ne peut surpasser 4 heures, et le temps pendant lequel l'éclipse est totale, 1^h52^m.

127. Pourquoi il n'y a pas éclipse de Lune à chaque opposition. — Si le plan de l'orbite lunaire se confondait avec celui de l'écliptique, il y aurait éclipse, et même éclipse totale, à chaque pleine Lune ; mais, comme les deux plans sont différents, la Lune passera généralement à côté du cône d'ombre. Pour qu'elle y pénètre, il faut qu'au moment de l'opposition, la latitude de l'un de ses bords soit plus petite que l'angle DTI (*fig.* 109), ou que $\frac{1}{2}\Delta$; par conséquent, il faut que la latitude du centre soit moindre que la somme de $\frac{1}{2}\Delta$ et de la moitié du diamètre apparent de la Lune. Appelons δ' ce diamètre apparent et l la latitude de l'astre au moment de l'opposition : la condition sera

$$l < \tfrac{1}{2}\Delta + \tfrac{1}{2}\delta', \quad \text{ou } l < \pi + \pi' + \tfrac{1}{2}\delta' - \tfrac{1}{2}\delta ;$$

le second membre de cette inégalité varie de 52′ à 1°1′.

128. Prédiction des éclipses de Lune. — Les astronomes peuvent prédire les éclipses, et annoncer d'avance les diverses circonstances que chacune d'elles présentera ; les nombres que l'on insère dans la *Connaissance des temps*, ou d'autres qu'il est facile d'en déduire, suffisent à cet usage.

Supposons qu'il s'agisse seulement de reconnaître les époques qui, pendant une certaine période d'années, correspondront à des éclipses. On cherchera les latitudes de la Lune pour toutes les oppositions de cette période, et on rejettera, comme trop considérables pour qu'il y ait éclipse, celles qui seront trouvées supérieures à 1°1′ ; parmi les autres, on considérera ensuite celles qui dépasseront 52′ ; on prendra, pour les époques correspondantes, le demi-diamètre apparent du Soleil, celui de la Lune, la parallaxe horizontale du Soleil et celle de la Lune ; puis, on retranchera le premier angle de la somme des trois autres ; si la différence obtenue est moindre que la latitude, il n'y aura pas non plus éclipse (127). Les époques qui correspondront à des éclipses seront donc celles pour lesquelles la latitude de la Lune, comprise entre 52′ et 1°1′, sera en même temps plus petite que la différence calculée, et celles pour lesquelles cette latitude n'atteindra pas 52′.

129. Éclipses de Lune horizontales. — Tous les lieux de l'hémisphère terrestre tournés vers le sommet du cône d'ombre (*fig.* 100) ont le Soleil au-dessous de l'horizon ; on ne peut donc observer une éclipse de Lune qu'entre le coucher et le lever du Soleil. Toutefois, dans des cas très-rares, et par l'effet de la réfraction atmosphérique, qui accélère le lever d'un des deux astres et retarde le coucher de l'autre, il arrive que l'on aperçoit en même temps le Soleil et la Lune éclipsée, en deux points opposés de l'horizon.

130. Aspect de la Lune pendant les différentes phases d'une éclipse. — L'ombre pure, c'est-à-dire la partie BOB' (*fig.* 110) du cône, ABOB'A', tangent extérieurement au Soleil et à la Terre, se

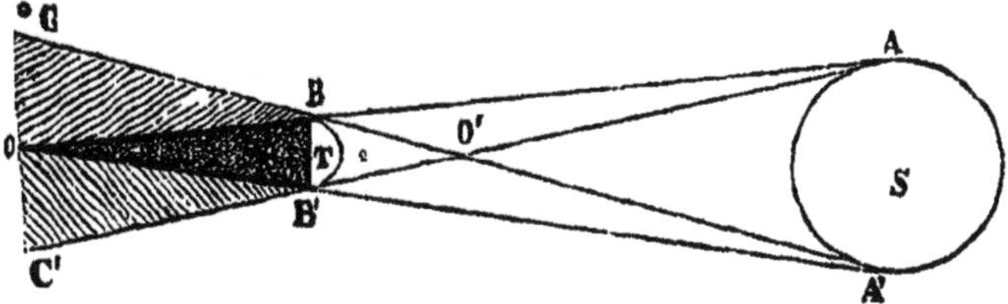

Fig. 110.

trouve entourée d'un espace, BCB'C' pour lequel la Terre intercepte une partie des rayons du Soleil, et qu'on appelle la *pénombre;* cet espace est circonscrit par un second cône tangent aussi au Soleil et à la Terre, mais intérieurement, et dont le sommet O' est entre les deux astres. Lors_ que la Lune entre dans la pénombre, sa lumière s'affaiblit graduellement,

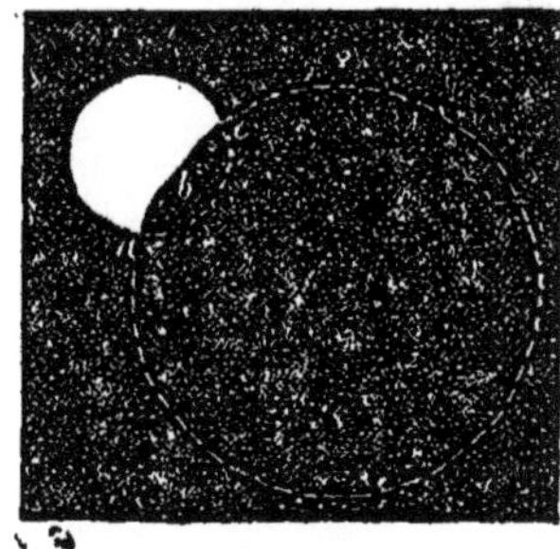

Fig. 111.

mais d'une manière peu sensible, jusqu'à ce que l'astre atteigne le cône d'ombre ; il se produit alors sur son disque une échancrure, *abc* (*fig.* 111), que l'on voit augmenter peu à peu ; seulement, à cause de la pénombre, la ligne circulaire qui termine cette échancrure n'est jamais bien nette.

L'atmosphère terrestre réfracte quelques-uns des rayons solaires, et les fait pénétrer dans le cône d'ombre, de sorte que, pendant les éclipses totales, on ne cesse pas de distinguer le disque de la Lune ; les rayons ainsi déviés ont à traverser sur une grande épaisseur les couches d'air humide voisines du sol, et la faible lueur qu'ils produisent donnent à l'astre éclipsé la teinte rougeâtre que l'on remarque sur les objets éclairés par le Soleil couchant, ou sur le disque même du Soleil vu à travers le brouillard.

131. Saros des Chaldéens. — Pour que la latitude de la Lune soit petite, il faut que cet astre se trouve dans le voisinage de l'un de ses nœuds ; si l'on est alors à l'époque d'une opposition, le Soleil sera près du nœud opposé ; la condition pour qu'il y ait éclipse peut donc s'exprimer par une limite supérieure assignée à la différence des longitudes du Soleil et du nœud le plus voisin. Supposons maintenant qu'il existe une période comprenant un nombre exact de lunaisons et un nombre exact de révolutions synodiques du nœud de la Lune (114) ; cette période écoulée, le Soleil reprendra à chaque pleine Lune de la seconde période les mêmes positions, par rapport au nœud, que dans la première; les éclipses de celle-ci se reproduiront donc dans le même ordre et avec les mêmes phases. Or, dans chaque intervalle de 18 ans 11 jours, il y a à très-peu près 223 lunaisons et 19 révolutions synodiques du nœud; l'observation des éclipses qui se produisent dans l'un de ces intervalles suffit donc pour qu'on puisse prédire toutes celles des périodes suivantes avec un certain degré d'exactitude; c'est en effet le procédé que les anciens employaient. La période dont nous venons de parler était connue des Chaldéens sous le nom de *saros*.

152. Éclipses de Soleil. — Les éclipses de Soleil sont des occultations d'une partie ou de la totalité du disque de cet astre par la Lune; elles se produisent quand, au moment d'une conjonction, notre satellite vient à passer entre la Terre et le Soleil.

Sur la génératrice AB (*fig.* 109) du cône tangent à ces deux derniers corps, prenons BD′ égal à BD, c'est-à-dire à la distance de la Lune à la Terre, et tirons TD′; la section faite dans le cône, au point D′ perpendiculairement à l'axe IS, a pour demi-diamètre apparent l'angle D′TS, qui est égal à D′IT + ID′T, c'est-à-dire à la moitié de l'angle au sommet du cône augmentée de la parallaxe horizontale de la Lune; en continuant à faire usage de la notation déjà employée (125), et en appelant $\frac{1}{2}\Delta_1$ l'angle D′TS, on aura

$$\tfrac{1}{2}\Delta_1 = \pi' + \alpha = \pi' + \tfrac{1}{2}\delta - \pi.$$

Pour qu'il y ait éclipse, il faut et il suffit que la latitude, l_1, la Lune au moment de la conjonction, soit moindre que $\frac{1}{2}\Delta_1 + \frac{1}{2}$, c'est-à-dire que l'on ait

$$l_1 < \pi' + \tfrac{1}{2}\delta + \tfrac{1}{2}\delta' - \pi\,;$$

le second membre de cette inégalité varie entre 1° 24′ et 1° 33′. En partant de la condition qui vient d'être obtenue, on prédira les nouvelles Lunes qui doivent être signalées par des éclipses de Soleil avec la même facilité que l'on prédit les oppositions qui doivent amener des éclipses de Lune.

153. Fréquence relative des éclipses de Lune. des éclipses de Soleil. — Le cône tangent extérieurement au Soleil et à la Terre étant de moitié plus large dans la région du point D′ (*fig.* 108) que dans celle du point D, les éclipses de Soleil se trouvent nécessairement plus fréquentes que les éclipses de Lune, et, dans un intervalle de temps suffisamment long, le nombre des premières doit être, avec celui des secondes, dans le rapport de 3 à 2; c'est ce qui a lieu en effet. Pendant chaque période de 18 ans 11 jours (150), il se produit en général 70 éclipses, dont 29 de Lune et 41 de Soleil.

Dans une même année, il n'y a jamais plus de 7 éclipses, et jamais moins de 2; en moyenne, il y en a 4. Quand il y en a 2 seule-

ment, comme c'est le cas pour l'année 1868, elles sont toutes deux de
Soleil.

Les éclipses de Lune sont visibles de tous les points d'un hémisphère
terrestre, mais il n'en est pas de même des éclipses de Soleil. Lorsque la
condition énoncée dans le paragraphe précédent se trouve remplie, il y
a éclipse de Soleil sur une portion de la surface de la Terre, mais
l'éclipse n'est visible d'un point déterminé qu'autant que la Lune vient
à rencontrer le cône tangent au Soleil qui a ce point pour sommet. L'ouverture de ce cône n'est autre chose que le diamètre apparent du Soleil, lequel est environ trois fois plus petit que celui que nous
avons représenté par Δ (126). Dans un lieu déterminé, on doit donc
voir, à peu près, trois fois plus d'éclipses de Lune que d'éclipses de
Soleil ; en moyenne, on observe une seule de ces dernières tous les deux
ans.

134. Éclipses de Soleil partielles, annulaires, totales.—
Le diamètre apparent de la Lune est tantôt plus petit, tantôt plus grand
que celui du Soleil ; ce dernier astre peut donc être totalement éclipsé

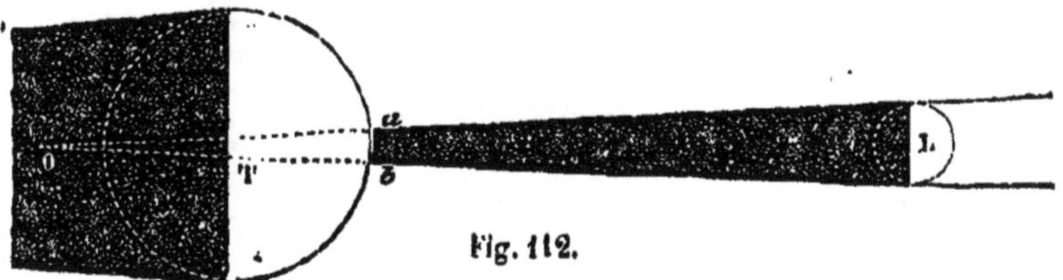

Fig. 112.

Dans ce cas, le cône o (*fig.* 112) tangent extérieurement à la Lune et
au Soleil atteint la Terre, et les points de la surface terrestre situés sur
ab, à l'intérieur de ce cône, sont ceux pour lesquels il y a éclipse totale.
Dans le cas contraire (*fig.* 113), il y a éclipse *annulaire* pour les lieux

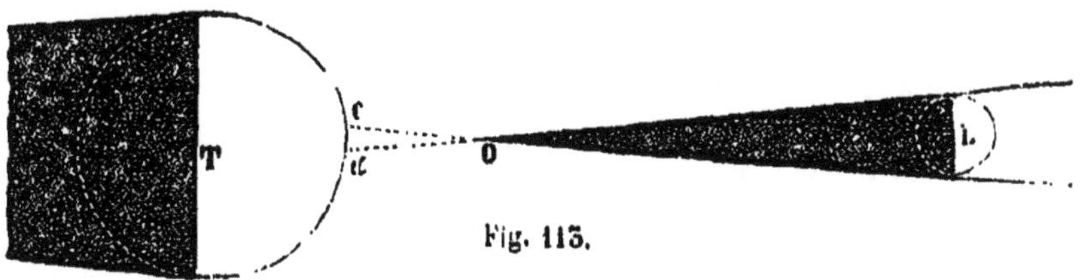

Fig. 113.

situés sur *cd* à l'intérieur du prolongement du cône d'ombre ; de chacun
de ces lieux, on voit la Lune se projeter sur le disque du Soleil, en lais-
sant tout autour un anneau lumineux. Le cercle intérieur de cet
anneau peut devenir concentrique à celui qui limite le disque ; on

dit alors que l'éclipse annulaire est *centrale* (*fig.* 114). Enfin, il y a éclipse partielle (*fig.* 115), pour la zone terrestre circonscrite par le cône de pénombre tangent intérieurement à la Lune et au Soleil.

Au moment où commence l'éclipse et au moment où elle finit, les disques des deux astres sont en contact extérieurement, et, dans l'intervalle, celui de la Lune, qui est obscur, découpe, sur le disque brillant du Soleil, une échancrure circulaire (*fig.* 115), qui atteint sa plus grande étendue au moment où la distance des centres cesse de diminuer. Si l'éclipse devient totale, il y a

Fig. 114.

de plus deux contacts intérieurs, qui marquent le commencement et la fin de cette phase de l'éclipse ; il en est de même lorsqu'elle devient annulaire ; seulement, dans ce dernier cas, c'est le disque lunaire qui se trouve à l'intérieur.

Les éclipses totales ne sont pas très-rares ; cependant en moyenne, dans un même lieu, on n'en voit qu'une tous les deux siècles. A Paris, il n'y en a pas eu depuis 1724, et l'on n'en verra pas non plus dans la seconde partie du siècle actuel. La zone terrestre pour laquelle il y a éclipse partielle, à un moment donné, n'occupe jamais qu'une portion d'un hémisphère, et celle que, le cône

Fig. 115.

d'ombre détermine à l'intérieur, lors des éclipses totales, a une très-faible étendue.

Une éclipse de Lune présente, à chaque instant, la même phase à tous ceux qui l'observent. Au contraire, lors d'une éclipse de Soleil, tandis que le disque de cet astre est entièrement caché pour quelques observateurs, ou se montre à eux sous la forme d'un anneau, il présente à d'autres une échancrure circulaire, et enfin, pour la plupart, il conserve son aspect habituel ; il peut même arriver, dans des cas très-rares, que le diamètre apparent de la Lune, plus grand que celui du Soleil pour certains points de la surface terrestre, soit plus petit pour d'autres situés dans le voisinage des premiers, et qu'on ait, au même moment, éclipse annulaire dans ceux-ci, et éclipse totale dans ceux-là.

Par suite du mouvement de la Lune relativement au Soleil, et par suite de la rotation de la Terre, le cône d'ombre, ou son prolongement, et le cône de pénombre rencontrent successivement diverses régions de notre

TISSOT, Cosm.   6 globe, et ces régions voient l'éclipse se produire les unes après les autres. Néanmoins, leur ensemble ne constitue jamais qu'une fraction d'un hémisphère terrestre.

135. Maximum de la durée d'une éclipse de Soleil. — La plus grande durée possible d'une éclipse de Soleil est de $4^h \frac{1}{4}$ à

Fig. 116.

l'équateur, de $5^h \frac{1}{4}$ à la latitude de Paris. Une éclipse ne peut être totale pendant plus de 8^m à l'équateur, ni pendant plus de 6^m à la latitude de Paris. Enfin, une éclipse ne peut être annulaire pendant plus de $12^m \frac{1}{4}$ à l'équateur, ni pendant plus de 10^m à la latitude de Paris.

136. Phénomènes qui accompagnent les éclipses partielles. — La clarté qui subsiste pendant une éclipse partielle de Soleil est toujours très-considérable et, la plupart du temps, ces phénomènes passeraient inaperçus si l'on n'était prévenu des époques auxquelles ils doivent se produire. Nous signalerons cependant un de leurs effets qu'il est très-facile d'observer. Dans l'ombre produite par le feuillage d'un arbre, chacune des petites portions éclairées par les rayons qui ont traversé les interstices des feuilles n'est autre chose qu'une section plane faite dans un cône ayant son sommet à l'interstice correspondant, et tangent

au Soleil. Habituellement ces portions doivent donc être elliptiques
comme sur la figure 116. Mais lors d'une éclipse partielle de Soleil, le
disque de l'astre se trouvant échancré, chacune des petites ellipses doit
l'être aussi, et toutes les échancrures doivent être tournées du même
côté, comme le montre la figure 117 ; c'est en effet ce que l'on constate.

Fig. 117.

Si l'éclipse devenait annulaire, les ellipses échancrées seraient remplacées, pendant quelques instants, par des anneaux de forme elliptique

**137. Phénomènes que l'on observe autour du disque de
la Lune pendant les éclipses totales.** — Pendant les éclipses
totales de Soleil, le disque sombre de la Lune se montre entouré d'une
auréole très-brillante (*fig* 118) sur laquelle se projettent, tout autour
de ce disque, des saillies offrant l'apparence de flammes rougeâtres. Les
grandes dimensions de l'auréole, les différences d'aspect qu'elle présente en ses divers points et pour divers observateurs, s'opposent à ce
qu'on la considère comme produite exclusivement par une atmosphère
qui entourerait la photosphère du Soleil. Au contraire, les protubérances
rougeâtres ont une existence réelle ; deux photographies prises lors de
l'éclipse totale de 1860, dans des lieux très-éloignés l'un de l'autre, les

ont montrées avec des formes et dans des positions identiques ; on ne
peut donc les regarder comme des jeux de lumière, mais comme des

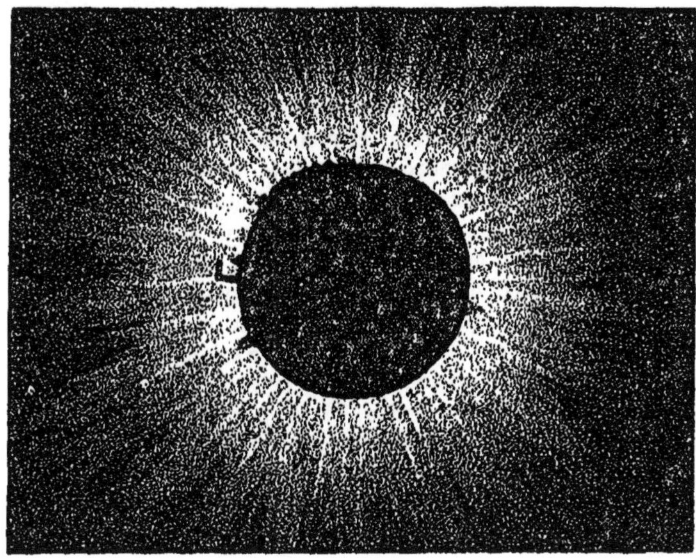

Fig. 118.

nuages flottant dans l'atmosphère dont nous venons de parler, et dont
l'existence se trouverait ainsi établie.

CHAPITRE IV

Phénomène des marées.

138. Circonstances principales du phénomène. — Les
eaux de l'Océan s'élèvent et s'abaissent par des oscillations périodiques
qui donnent lieu au phénomène des marées. Le temps écoulé entre deux
hautes mers consécutives est en moyenne de $12^h 25^m$: c'est la moitié
de la durée du *jour lunaire;* cette durée, qui est réglée par les passages
supérieurs de la Lune au méridien, surpasse en effet de 50^m celle du
jour solaire moyen. La hauteur de la *pleine mer* n'est pas constante, et
ses variations sont en rapport avec les phases de la Lune : elle est plus
considérable vers les syzygies, et elle l'est moins vers les quadratures,
qu'à toute autre époque ; elle dépend des déclinaisons du Soleil et de
la Lune, et aussi des distances de ces astres à la Terre, surtout de celle
de la Lune; elle augmente quand ces quantités diminuent, et réciproque-

ment ; de sorte que les plus fortes marées arrivent vers les équinoxes, quand la Lune est près de son périgée et dans le voisinage de l'équateur, les plus faibles, vers les solstices, quand la Lune est près de son apogée et que sa déclinaison est grande. Enfin, plus les eaux s'élèvent lors d'une pleine mer, plus elles s'abaissent à la *basse mer* suivante.

139. Actions de la Lune et du Soleil. — Les circonstances que nous venons de signaler mettent en évidence l'influence de la Lune et celle du Soleil sur le phénomène des marées, et montrent que la première est prépondérante. Pour nous rendre compte de la manière dont elles s'exercent, supposons que les eaux recouvrent en totalité la surface du globe ; soient, à un certain instant, T (*fig.* 119) le centre de la Terre, A et A' les deux lieux terrestres qui ont la Lune, le premier à son zénith, le second à son nadir, enfin B et B' deux des lieux pour lesquels elle se trouve à l'horizon ; nous désignerons par la lettre L le centre de l'astre, qui ne peut être placé sur la figure. L'attraction de la Lune sur le noyau solide est la même que si toute la masse de ce noyau se trouvait réunie au centre T ; nous pourrons en faire abstraction, si, à chaque molécule de l'enveloppe liquide, nous appliquons une force égale et contraire à l'attraction que la Lune exercerait en T sur

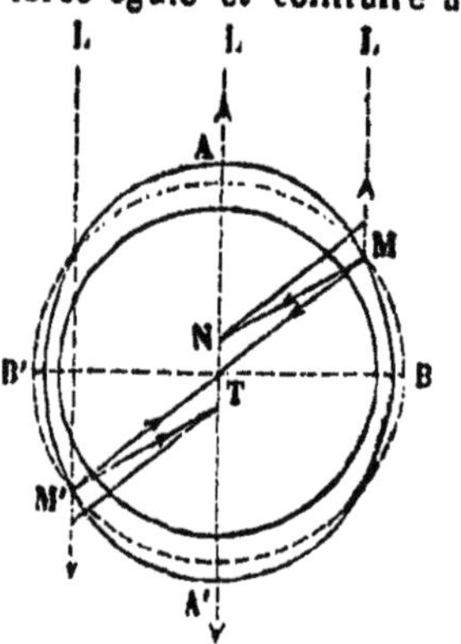
Fig. 119.

une masse équivalente à celle de cette molécule ; alors, en chaque point de l'enveloppe liquide, en M par exemple, agiront trois forces : 1° la pesanteur ; 2° l'attraction de la Lune, dont l'intensité variera avec la distance LM, et qui sera dirigée de M vers L, ou, si l'on néglige la parallaxe, parallèlement à TL ; 3° la force que nous venons d'introduire, qui sera la même pour tous les points, et dont le sens sera contraire à celui de la précédente. On peut remplacer la seconde et la troisième force par une seule, égale à leur différence ; cette dernière se combinera avec la pesanteur, et alors, pour que la masse liquide soit en équilibre, il faudra que la surface extérieure au lieu d'être horizontale, se trouve, en chacun de ses points, normale à la résultante.

La distance LM (*fig.* 119) étant plus petite que LT, la Lune exercera en M une attraction plus grande qu'en T, de sorte que la force qui se combine avec la pesanteur aura, dans le premier de ces deux points, le sens ML, et la normale à la surface d'équilibre, au lieu d'être MT, sera une droite MN rencontrant, entre A et T, l'axe AA', autour duquel cette surface est de révolution. Le même raisonnement peut-être appliqué à tous les points de l'arc BMA ; en chacun de ces points, à l'exception de A et de B, la normale se trouvera donc déviée vers la gauche du rayon

6.

TM, c'est-à-dire du même côté du centre que dans une ellipse qui aurait son grand axe sur TA et son petit axe sur TB. Il en est de même aux différents points de l'arc A'M'B', situé de l'autre côté de BB', car, pour le point M', par exemple, la distance LM' étant plus grande que LT, la force qui se combine avec la pesanteur sera de sens contraire à LM', et par conséquent la résultante rencontrera TA' entre le point T et le point A'; dès lors il est facile de se faire une idée de la forme que prendra la courbe ABA'B': suivant le diamètre AA', il y aura allongement ; BB' au contraire diminuera; de B ou de B' en A ou en A', l'épaisseur de la couche liquide ira d'ailleurs en croissant d'une manière continue, et, dans chaque intervalle, il y aura un point pour lequel elle sera la même que si l'action de la Lune n'existait pas.

On peut encore se rendre compte des mêmes circonstances de la manière suivante : en B et en B' (*fig.* 119), la pesanteur agit seule, car la distance LB est à très-peu près la même que LT; partout ailleurs, mais surtout en A et en A', la pesanteur se trouve diminuée; si l'on considère la pesanteur ainsi diminuée comme une pression agissant sur la masse liquide, on comprendra de suite que, la pression étant plus forte en B et en B' que partout ailleurs, la surface extérieure devra s'y aplatir, et qu'il y aura, au contraire, renflement en A et en A'.

La théorie démontre que la courbe ABA'B' est une ellipse : la forme d'équilibre que prendrait la surface extérieure de l'enveloppe liquide, si la Terre ne tournait pas sur elle-même, et si la Lune restait immobile, est donc celle d'un ellipsoïde de révolution , allongé suivant le diamètre dont le prolongement passe par la Lune.

Par suite de la rotation de la Terre et du mouvement de la Lune en ascension droite , cet astre passe successivement aux zéniths des différents lieux d'un même parallèle terrestre, dans l'intervalle de temps que nous avons nommé un jour lunaire ; pendant cet intervalle, la forme d'équilibre que la surface des eaux tendrait à prendre varie donc sans cesse, comme si l'ellipsoïde ABA'B' (*fig.* 118) tournait autour de la ligne des pôles; en chaque point du globe, à l'exception des pôles, la mer doit donc constamment s'élever ou s'abaisser; il tend à y avoir haute mer à chaque passage, supérieur ou inférieur, de la Lune au méridien, c'est-à-dire toutes les $12^h 25^m$, et basse mer quand la Lune se lève ou quand elle se couche; seulement, à cause de la vitesse acquise antérieurement par les eaux, on conçoit que le phénomène ne se produira pas au moment même où il tend à le faire, mais un peu après.

L'action du Soleil est analogue à celle de la Lune , mais l'effet qui lui correspond doit être deux fois plus petit. Lors des syzygies, les deux actions s'ajoutent ; à ces époques, elles tendent donc à amener les marées les plus fortes ; au contraire, elles se retranchent lors des qua-

dratures. Ici encore l'effet ne suit pas immédiatement la cause qui tend
à le produire : ce n'est qu'après les syzygies, ou les quadratures, que la
hauteur de la pleine mer est le plus grande, ou le plus petite.

Bien que les eaux ne couvrent pas toute la surface du globe, comme
nous l'avons supposé, le phénomène des marées doit se produire, tel qu'il
vient d'être décrit, dans les mers qui offrent une grande étendue ; dans
celles qui n'ont que de faibles dimensions, comme la mer Méditerra-
née, il est à peine sensible, parce que les diverses formes d'équilibre que
la surface des eaux tend à y prendre ne diffèrent guère les unes des
autres. Enfin, les oscillations des grandes mers se propagent dans les
petites, lorsque la communication se trouve établie par un canal suffisamment large, et occasionnent des *marées dérivées ;* c'est ce qui a lieu*
dans la Manche.

140. Influence des côtes. — La présence des côtes augmente,
dans des proportions souvent considérables, l'amplitude du mouvement
oscillatoire de la mer. Le phénomène prend surtout de l'intensité
là où les eaux se trouvent resserrées dans un canal étroit, comme
celui de la Manche. Quand les rivages sont en pente douce, la mer
s'avance dans l'intérieur, à la marée montante, et se retire à la marée descendante ; ce mouvement constitue le *flux* et le *reflux.* Enfin,
la présence des côtes occasionne aussi, dans la production du phénomène des marées, des retards qui varient beaucoup d'une localité à une
autre.

141. Calculs relatifs aux marées. — Dans nos ports, les plus
grandes marées ont lieu un jour et demi après la nouvelle et la pleine
Lune. Dans chacun d'eux, on nomme *unité de hauteur* la quantité dont la
mer s'élève ou s'abaisse relativement au niveau moyen, un jour ou deux
après les syzygies pour lesquelles le Soleil et la Lune se trouvent dans
le plan de l'équateur et à leurs moyennes distances de la Terre. Pour les
autres syzygies, le rapport de la hauteur d'une grande marée à l'unité de
hauteur varie de 0,7 à 1,2 ; il est le même partout, et dépend seulement
e la date du phénomène ; on trouve, dans l'*Annuaire du Bureau des
longitudes,* ses valeurs pour différentes dates, ainsi que l'unité de hauteur pour diverses localités ; il est donc facile de calculer d'avance la
hauteur d'une grande marée pour une date et un lieu donnés. Seulement les vents peuvent produire dans cette hauteur des variations acci-
dentelles.

Dans chaque localité, on appelle *établissement du port* le retard de la
pleine mer sur le passage de la Lune au méridien, le jour d'une syzygie
équinoxiale ; à toute autre époque, le retard diffère de l'établissement
du port d'une quantité que l'on calcule à l'aide des nombres qui se
trouvent dans les tables de la Lune et du Soleil.

Le tableau suivant est relatif à quelques-uns des ports de France.

NOMS DES PORTS.	UNITÉ DE HAUTEUR.	ÉTABLISSEMENT DU PORT
Bayonne (embouchure de l'Adour).	1^m,40	4^{h}25^m
Cordouan (embouchure de la Gironde) . .	2 ,35	3 54
Saint-Nazaire (embouchure de la Loire). .	2 ,68	3 43
Lorient	2 ,24	3 32
Brest	3 ,21	3 46
Saint-Malo	5 ,68	6 10
Grandville	6 ,15	6 30
Cherbourg	2 ,82	7 58
• Le Havre (embouchure de la Seine)	3 ,57	9 53
Dieppe	4 ,40	11 8
Boulogne	3 ,96	11 20
Calais.	3 ,12	11 49
Dunkerque	2 ,68	12 13

LIVRE V

CHAPITRE PREMIER
Mouvement des planètes autour du Soleil. — Satellites.

142. Caractères communs à toutes les planètes. — Parmi les points brillants que l'on aperçoit la nuit dans le ciel, il en est quelques-uns qui scintillent peu ou point, qui se présentent sous la forme d'un disque arrondi, lorsqu'on les observe à l'aide d'une lunette, et qui se déplacent, par rapport aux autres, avec plus ou moins de lenteur; ce sont les *planètes*.

Ces corps, dont l'ensemble ne constitue guère que la 600me partie du volume et la 1,000^{me} partie de la masse du Soleil, présentent dans leurs masses et dans leurs volumes des différences considérables; mais leurs distances au Soleil, dont la plus grande n'est pas la 7,500^{me} partie de la distance de l'étoile la plus voisine, sont comparables entre elles et à celles de la Terre. Plusieurs de ces corps sont environnés de satellites qui circulent autour d'eux comme la Lune autour de notre globe. La lumière du Soleil les éclaire et les rend visibles pour nous, ainsi que leurs satellites. Enfin, chacun d'eux est animé d'un mouvement de rotation uniforme dans le sens direct, et se meut dans le même sens autour du Soleil, en obéissant aux trois lois suivantes :

1° *Chaque orbite est une ellipse dont le Soleil occupe un des foyers ;*

2° *Le rayon vecteur qui va du Soleil à la planète décrit des aires égales dans des temps égaux ;*

3° *Les carrés des durées des révolutions sont proportionnels aux cubes des grands axes des orbites.*

Ces lois s'appliquent au mouvement de la Terre. La troisième se vérifie pour les satellites d'une même planète.

143. Planètes principales. — Les analogies que nous venons de grouper montrent avec évidence que la Terre doit être rangée parmi les planètes, dont les principales seront ainsi au nombre de huit, savoir : *Mercure*, *Vénus*, la *Terre*, *Mars*, *Jupiter*, *Saturne*, *Uranus* et *Neptune*.

L'ordre dans lequel nous les avons énoncées est celui de leurs distances au Soleil. Ces huit planètes se meuvent dans des plans qui font entre eux des angles assez petits; on les voit toujours, dans le ciel, à l'intérieur de la zone qui s'étend de part et d'autre de l'écliptique, sur une largeur totale de 16°, et à laquelle les anciens avaient donné le nom de *Zodiaque*. Les excentricités des orbites sont très-faibles, à l'exception de celle de l'orbite de Mercure.

144. Petites planètes situées entre Mars et Jupiter. — Outre les planètes principales, il y en a beaucoup de petites, dont les distances au Soleil sont intermédiaires entre celles de Mars et de Jupiter. Actuellement on connaît une centaine de ces dernières. Parmi leurs orbites, il en est qui ont une excentricité considérable, et dont les plans s'écartent beaucoup de celui de l'écliptique.

145. Distinction entre les planètes inférieures et les planètes supérieures. — Les planètes Mercure et Vénus, qui sont plus rapprochées du Soleil que la Terre, sont dites *intérieures* ou *inférieures;* les autres sont les planètes *extérieures* ou *supérieures*.

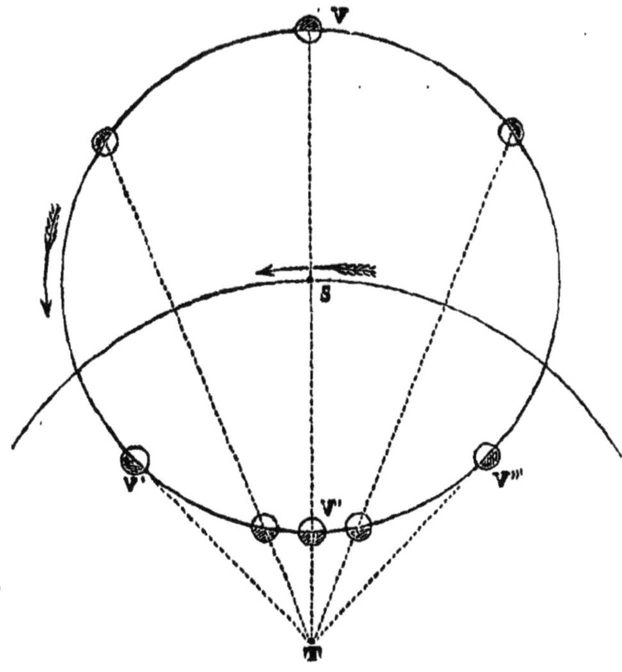

Fig. 120.

Une planète inférieure ne peut se trouver en opposition avec le Soleil, S (*fig.* 120) mais elle peut être avec lui en *conjonction supérieure* ou en *conjonction inférieure;* dans le premier cas, elle est en V, au delà de cet astre par rapport à la Terre, T, et dans le second elle est en

deçà, en V″. Lors d'une conjonction supérieure, V, d'une planète inférieure, ou lors d'une conjonction d'une planète extérieure, la Terre et la
planète se trouvent en opposition par rapport au Soleil ; lors d'une conjonction inférieure, V″, d'une planète intérieure, ou lors d'une opposition
d'une planète extérieure, la planète est en conjonction avec la Terre.

Chacune des deux planètes inférieures semble osciller de part et
d'autre du Soleil, et, dans ce mouvement, elle présente des phases
analogues à celles de la Lune. Au contraire, les planètes supérieures
s'écartent du Soleil à toutes les distances angulaires. D'ailleurs, l'angle
des deux droites qui les joignent au Soleil et à la Terre étant toujours
assez petit, elles ne peuvent offrir des phases sensibles ; on observe
seulement quelques traces de ce phénomène sur le disque de Mars.

Sur la figure 120, on a représenté diverses positions de la droite qui
joint Vénus à la Terre, par rapport à la direction, TS, dans laquelle est vu
le Soleil. En V, lors de la conjonction supérieure, elle est à son
maximum de distance, et tourne vers nous son hémisphère éclairé ; en V″,
lors de la conjonction inférieure, elle est à son *minimum* de distance, et
nous présente son hémisphère obscur ; en V′ et en V‴, son disque a la
forme d'un demi-cercle. La figure 121 représente les phases correspon-

Fig. 121.

dantes de la planète, ainsi que les variations qu'elle subit, dans son diamètre apparent, par suite du changement de distance à la Terre.

146. Mouvement apparent des planètes. — Le mouvement
des planètes, observé de la Terre, paraît nécessairement très-compliqué,
puisque l'observateur lui-même se déplace. Cependant, pour se le représenter, il suffit d'imaginer que le Soleil entraîne avec lui, dans son
mouvement annuel apparent, les orbites des planètes, en même temps
que celles-ci les décrivent. Si l'on cherche le lieu des positions successives que la planète doit sembler occuper à l'observateur qui se croit
immobile, en négligeant les excentricités, et en supposant que les
plans des orbites se confondent avec celui de l'écliptique, on trouve
une courbe telle que celle de la figure 121, lorsqu'il s'agit d'une

planète inférieure, et, pour une planète supérieure, une courbe telle que celle de la figure 122; la forme est la même dans les deux cas ; seulement, dans le second, l'arc

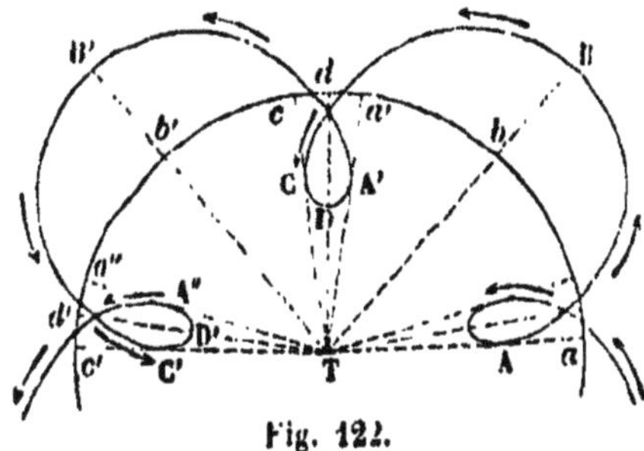

Fig. 122.

que le Soleil doit décrire pour qu'une boucle se reproduise est plus grand que 360°. La figure 122 se rapporte au mouvement de Mercure, et la figure 123 à celui de Mars.

Du point T (*fig.* 122 et 123), qui est celui qu'occupe la Terre, menons à la courbe les tangentes TA, TC, TA', TC', etc., et prenons, sur la circonférence que semble décrire le Soleil, les perspectives, a, c, a', c', etc., des points de contact, A, C, A', C', etc.,

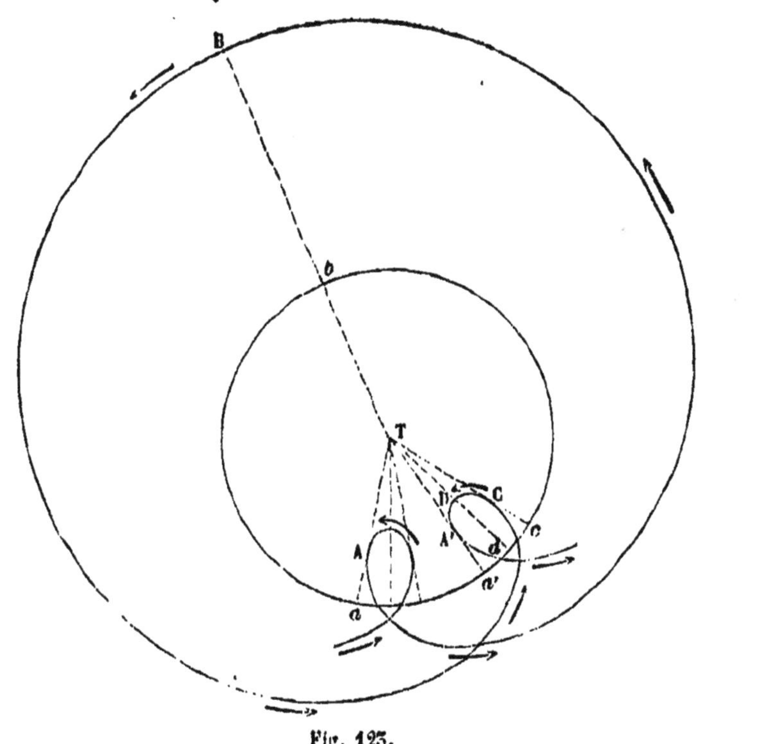

Fig. 123.

ainsi que celles, b, d, b' d', etc., des milieux des arcs limités par ces points. La planète décrivant l'arc ABC, sa perspective décrira l'arc abc

dans le sens direct; la planète décrivant ensuite l'arc CDA' sa perspective décrira l'arc *cda'*, dans le sens rétrograde; c'est au milieu *b* de l'arc *ac*, c'est-à-dire lors d'une opposition avec la Terre, que la vitesse directe paraîtra la plus grande ; et c'est au milieu *d* de l'arc *ca'*, c'est-à-dire, lors d'une conjonction avec la Terre, que la vitesse rétrograde atteindra son maximum. Lorsque la planète se trouvera dans le voisinage de l'un des points A, C ou A' son mouvement s'effectuera sur une droite passant par la Terre; la perspective de cette planète semblera donc alors immobile en *a*, *c* ou *a'*. Quand le point *a'* aura été dépassé, le mouvement direct reprendra sur l'arc *a'b'c'*; il y aura ensuite station en *c'*, puis rétrogradation suivant l'arc *c'd'a''*, puis de nouveau station, en *a''*, et ainsi de suite.

Le plan de l'orbite réelle de la planète différant de celui de l'écliptique, les arcs rétrogrades *ca'*, *c'a''*, etc., de la perspective de l'orbite apparente sur la sphère céleste ne coïncideront pas avec les arcs directs,

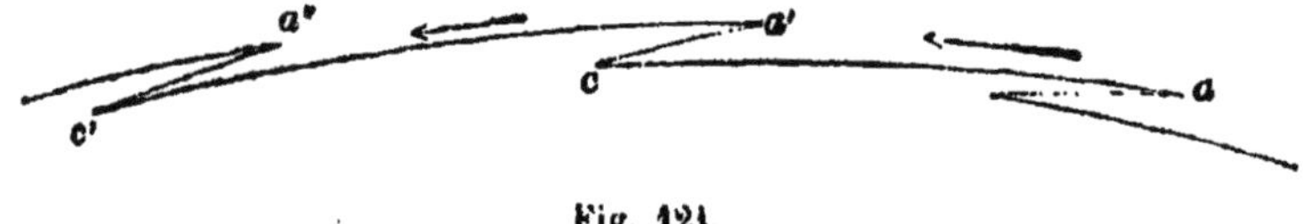

Fig. 121.

mais s'en sépareront comme le représente la figure 124. Les trajectoires ainsi déterminées sont exactement conformes à celles que donne l'observation.

Les anciens croyaient la Terre immobile, et la considéraient comme le centre des mouvements des autres astres. Leurs idées, qui nous ont été transmises par les ouvrages de Ptolémée, régnèrent sans contestation jusqu'en 1543, époque à laquelle Copernic, adoptant l'opinion des Pythagoriciens, restitua à notre globe son mouvement de rotation sur lui-même, et le fit circuler autour du Soleil, ainsi que les planètes. La discussion approfondie des observations de Tycho-Brahé conduisit Képler, en 1619, à la découverte des lois qui règlent les mouvements de ces corps autour de l'astre central (142). Enfin, de ces lois, Newton a déduit, en 1682, le principe de la *gravitation universelle*, qui s'énonce ainsi :

Deux points matériels s'attirent; l'attraction est proportionnelle à leurs masses et inversement proportionnelle au carré de leur distance.

147. Détermination des éléments de l'orbite d'une planète; vérification des lois de Képler; calcul des coordonnées de la planète. — Les éléments de l'orbite d'une planète sont au nombre de sept, savoir :

1° *la longitude du nœud ascendant*, c'est-à-dire la longitude du point où la planète traverse le plan de l'écliptique, lorsqu'elle se rapproche du pôle boréal ;

2° *l'obliquité du plan de l'orbite sur celui de l'écliptique ;*

3° *la longitude du périhélie ;*

4° *l'excentricité ;*

5° *le demi-grand axe ;*

6° *la durée de la révolution ;*

7° *l'époque du passage de l'astre au périhélie.*

Le 6⁰ᵐᵉ élément se déduit du 5ᵐᵉ et de la durée de la révolution sidérale de la Terre, par la 3ᵐᵉ loi de Képler (142), ce qui réduit à six le nombre des éléments réellement distincts les uns des autres.

En partant de la loi des aires et des propriétés de l'ellipse, on peut exprimer en fonction du temps, et en fonction du 3ᵐᵉ, du 4ᵐᵉ, du 5ᵐᵉ et du 7ᵐᵉ élément, l'angle du rayon vecteur de la planète avec la ligne des nœuds, et la longueur de ce rayon vecteur. En employant, de plus, les deux premiers éléments, on pourra déterminer la longitude et la latitude *héliocentriques* de la planète ; de ces deux coordonnées et de celles de la Terre, on déduira, comme nous allons le voir tout à l'heure, la longitude et la latitude *géocentriques* de la planète, puis, par la transformation ordinaire (67), son ascension droite et sa déclinaison. En égalant les deux expressions ainsi obtenues aux ascensions droites et aux déclinaisons fournies par trois observations de la planète, on aura six équations pour déterminer les six éléments. Avec d'autres équations formées de la même manière, on peut vérifier les lois du mouvement des planètes, et procéder à une détermination plus exacte des éléments de l'orbite. Enfin, ces éléments étant connus, on calculera d'avance, pour les inscrire dans les éphémérides, les coordonnées soit héliocentriques, soit géocentriques de la planète. Il nous reste à indiquer comment celles-ci se déduisent des premières.

Soient S (*fig.* 125) le Soleil, T la Terre, P la planète, *p* la projection de cette planète sur le plan de l'écliptique, Tγ l'intersection de ce plan avec celui de l'équateur, et Sγ′ une droite parallèle à Tγ. L'angle γ′TS compté dans le sens de la flèche est la longitude du Soleil ; en le diminuant de 180°, on obtient la longitude γ′ST de la Terre, et en retranchant celle-ci de γ′S*p* qui est la longitude géocentrique de la planète, on a l'angle TS*p*. La longueur S*p* est la *distance accourcie* de la planète au Soleil ; on la détermine dans le triangle SP*p*, qui est rectangle en *p*, et dans lequel on connaît le côté SP et la latitude héliocentrique PS*p* de la planète. Cela posé, dans le trian-

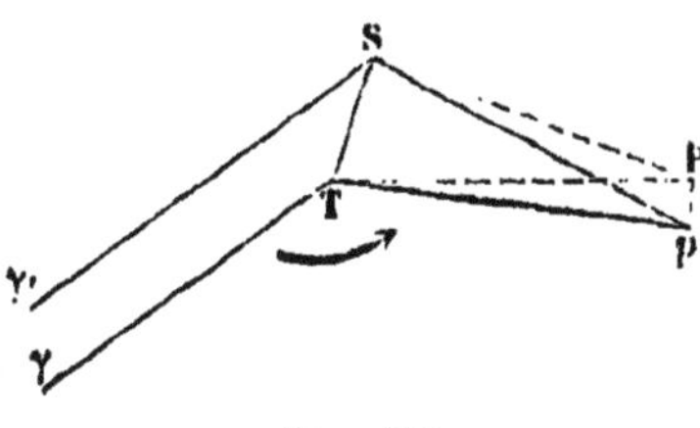

Fig. 125.

gle ST*p*, l'angle TS*p* et les côtés S*p*, ST étant connus, on pourra calculer l'angle ST*p* et le côté T*p* qui est la *distance accourcie* de la planète à la Terre. En retranchant ST*p* de la longitude du Soleil, on aura la longitude géocentrique γT*p* de la planète. Enfin, dans le triangle rectangle TP*p*, on obtiendra la distance TP et la latitude géocentrique PT*p*, au moyen de T*p*, et du côté P*p* fourni par le triangle SP*p*.

Le tableau suivant contient les valeurs de quatre des éléments de l'orbite pour chacune des huit planètes principales, et les valeurs extrêmes que l'on trouve pour ces quatre éléments lorsqu'on parcourt la série des petites planètes actuellement connues entre Mars et Jupiter.

NOMS DES PLANÈTES	OBLIQUITÉS DES PLANS DES ORBITES	EXCENTRICITÉS DES ORBITES	MOYENNES DISTANCES AU SOLEIL	DURÉES DES RÉVOLUTIONS SIDÉRALES	
				EN JOURS MOYENS	EN ANNÉES
Mercure.	7° 1′	0,206	0,39	87,97	0,24
Vénus.	3 23	0,007	0,72	224,70	0,62
La Terre. . . .	0 0	0,017	1,00	365,26	1,00
Mars.	1 51	0,093	1,52	686,98	1,88
Jupiter.	1 19	0,048	5,20	4 332,58	11,86
Saturne. . . .	2 30	0,056	9,54	10 759,22	29,46
Uranus.. . . .	0 46	0,047	19,18	30 686,82	84,02
Neptune. . . .	1 47	0,009	30,04	60 127	164,6
Petites planètes entre Mars et Jupiter.	de 0 41 à 34 43	de 0,043 à 0,330	de 2,20 à 3,49	de 1 193,28 à 2 384,10	de 3,14 à 6,53

Les distances que donne la quatrième colonne de ce tableau sont rapportées au demi-grand axe de l'orbite terrestre pris comme unité.

148. Loi de Bode. — Il existe entre ces distances une liaison remarquable, bien qu'elle ne constitue pas une loi, et qu'elle fournisse seulement un moyen commode de retrouver approximativement la plupart d'entre elles. Aux nombres

$$0, \quad 3, \quad 6, \quad 12, \quad 24, \quad 48, \quad 96, \quad 192, \quad 384,$$

dont chacun, à partir du 3me, est double du précédent, ajoutons le nombre 4, et divisons chaque résultat par 10, nous obtiendrons les nombres

$$0,4 \quad 0,7 \quad 1,0 \quad 1,6 \quad 2,8 \quad 5,2 \quad 10,0 \quad 19,6 \quad 38,8;$$

si l'on met en regard de ces derniers ceux qui expriment les distances
moyennes des planètes au Soleil, savoir :

$$0,4, \quad 0,7, \quad 1,0, \quad 1,5, \quad 2,8, \quad 5,2, \quad 9,5, \quad 19,2, \quad 30,0,$$

on verra qu'à l'exception du dernier ils en diffèrent assez peu ; le cinquième nombre, 2,8 de chaque ligne est la moyenne des distances
extrèmes pour les petites planètes connues entre Mars et Jupiter.

La figure 126 donne une idée des grandeurs relatives des distances des planètes au
Soleil.

140. **Satellites.** — On connaît dans le système solaire 22 satellites, répartis de la manière suivante :

1 à la Terre ;

4 à Jupiter ;

8 à Saturne ;

8 à Uranus ;

1 à Neptune.

Les numéros par lesquels on désigne ordinairement les satellites d'une même planète sui-
vent l'ordre de leurs distances à cet astre.

Saturne est de plus entouré d'un anneau
sur lequel nous donnerons plus tard quelques
détails.

Les mouvements des satellites s'effectuent
dans le sens direct, et dans des plans peu in-
clinés sur celui de l'orbite de la planète elle-
même ; le système d'Uranus forme à cet égard
une exception remarquable, les satellites de ce
système se déplacent dans le sens rétrograde,
et dans des plans qui sont presque perpendiculaires à celui de l'orbite d'Uranus.

Le rapport qui existe entre la plus grande
distance angulaire à laquelle un satellite s'é-
carte de la planète, et le demi-diamètre apparent de cette planète, à la même époque,
donne le rayon de l'orbite du satellite, le demi-
diamètre de la planète étant pris pour unité.
Les nombres suivants se rapportent à la Lune,
au satellite de Neptune, enfin aux deux satel-

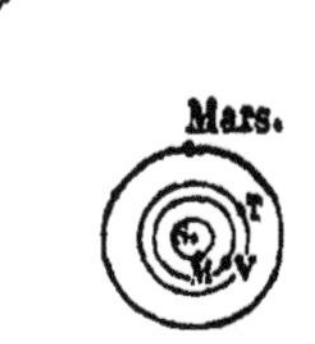

Fig. 126.

lites de chacune des autres planètes qui en sont le plus rapprochées et le
plus éloignées :

SATELLITES	DISTANCES MOYENNES AU CENTRE DE LA PLANÈTE, EN DEMI-DIAMÈTRES DE LA PLANÈTE	DURÉES DES RÉVOLUTIONS EN JOURS SOLAIRES MOYENS
Lune.	60,7	27,3
1er Satellite de Jupiter. . . .	6,0	1,8
4e idem.	27,0	16,7
1er Satellite de Saturne. . .	3,3	0,9
8e idem.	64,4	79,3
1er Satellite d'Uranus. . . .	7,4	2,5
8e idem.	91,0	107,7
Satellite de Neptune.	13	5,9

150. Détermination de la distance du Soleil à la Terre. — Les rapports qu'ont entre elles les dimensions du système solaire étant connus, il suffit de mesurer l'une de ces dimensions pour obtenir toutes les autres. Nous allons indiquer la nature des observations qui, faites sur les planètes Mars et Vénus, et sur les satellites de Jupiter, ont conduit à la connaissance du rayon de l'orbite terrestre et à celle de la vitesse de la lumière.

PAR LA PARALLAXE DE MARS. — La distance du Soleil à la Terre est trop considérable pour qu'il soit possible de l'obtenir avec exactitude par le procédé qui a fourni celle de la Lune (117). Mais le même procédé devient moins désavantageux lorsqu'on l'applique à la détermination de la parallaxe horizontale de Mars en opposition, qui est presque le double de celle du Soleil; d'ailleurs, on peut alors augmenter la précision des observations en mesurant dans chacune des deux stations, non la distance zénithale de la planète à son passage au méridien, mais la différence de cette distance zénithale et de celle d'une étoile très-voisine. Comme les tables des planètes (147) donnent très-exactement, et pour des dates suffisamment rapprochées, la distance de Mars à la Terre, le demi-diamètre de l'orbite terrestre étant pris pour unité, il est facile de déduire cette seconde longueur de la première.

La plus ancienne détermination de la distance du Soleil à la Terre remonte au voyage de Richer à Cayenne, vers 1670, voyage dans lequel il reconnut que l'intensité de la pesanteur diminue à mesure qu'on approche de l'équateur. Les observations faites alors à Cayenne et en Europe, sur la planète Mars, donnèrent 9″,5 pour la parallaxe solaire, et, pour la distance, 21700 rayons terrestres. Depuis, le même procédé a été appliqué plusieurs fois, notamment pendant le séjour que la Caille fit au cap de Bonne Espérance, séjour qui fut aussi utilisé pour la détermination de la parallaxe lunaire. Enfin, la planète a été observée lors de l'opposition de 1862, pendant les mois d'août, de septembre, d'octobre et de novembre, à Greenwich, à Madras, à Poulkova, à Santiago du Chili, à Williamstown, au cap de Bonne-Espérance, etc. ; la valeur déduite de ces observations, pour la parallaxe solaire, est 8″,95.

PAR LE PASSAGE DE VÉNUS SUR LE DISQUE DU SOLEIL. — Vénus en conjonction inférieure est quatre fois plus rapprochée de la Terre que le Soleil, mais alors il est très-difficile de l'observer, parce que son éclat s'efface devant celui de la région de l'atmosphère sur laquelle elle se projette. Cependant, il peut arriver qu'elle pénètre dans le cône tangent extérieurement à la Terre et au Soleil ; dans cè cas, on la voit passer comme un petit cercle noir sur le disque de cet astre, et, des durées des passages mesurées dans deux lieux terrestres très-éloignés l'un de l'autre, on peut déduire la parallaxe solaire.

On observe assez fréquemment des passages de Mercúre sur le disque du Soleil, mais la grande distance de cette planète à la Terre empêche de les utiliser pour le même objet. Au contraire, les passages de Vénus sont très-rares ; ils ne reviennent qu'après une période de 113 ans environ, et alors il y en a deux qui se succèdent à 8 années d'intervalle ; ainsi, dans le siècle dernier, il n'y en a eu qu'en 1761 et en 1769, et dans le siècle actuel, il n'y en aura qu'en 1874 et en 1882. Des observations de 1769, on avait conclu, pour la parallaxe solaire, 8″,58, et pour la distance moyenne de la Terre au Soleil, 24,000 rayons terrestres ou 38,200,000 lieues. Une discussion des mêmes observations, faite en 1864, a donné, pour la parallaxe, 8″,86. Il est à espérer que les passages de 1874 et de 1882 permettront d'obtenir cet angle, et par conséquent la distance de la Terre au Soleil, à quelques millièmes près de sa valeur.

151. Détermination de la vitesse de la lumière. — Les satellites de Jupiter sont fréquemment éclipsés à cause du peu d'inclinaison des plans de leurs orbites sur celui dans lequel se meut la planète, et de la grande largeur du cône d'ombre que celle-ci projette derrière elle ; le quatrième est le seul qui, à ses oppositions, passe quelquefois à côté de ce cône sans y pénétrer. A l'aide d'un grand nombre d'observations faites lors de ces éclipses, et en prenant la moyenne arithmétique des intervalles de temps mesurés, on a pu obtenir une valeur très-exacte de la durée de la révolution synodique de chacun des quatre satellites. La lumière met un certain temps pour se transmettre de Jupiter jusqu'à nous, et ce temps est d'autant moins court, que la planète est plus éloignée ; le moment où l'on voit une éclipse d'un satellite est donc postérieur à celui de la production du phénomène. L'observation de l'éclipse suivante du même satellite donne lieu à un retard analogue, plus grand ou plus petit que le premier, suivant que la planète a été en s'éloignant ou en se rapprochant de la Terre ; de sorte que la valeur conclue d'une seule observation, pour la durée de la révolution synodique du satellite, serait trop forte dans le premier cas et trop faible dans le second ; mais les différences qui se produisent ainsi, tantôt dans un sens et tantôt en sens contraire, n'influent pas sur la moyenne, et ne produisent pas d'erreur dans l'évaluation de cette durée.

Ce sont précisément ces différences qui ont permis de déterminer le temps que la lumière met à parcourir le grand axe de l'orbite terrestre. Appelons t le temps écoulé entre les observations de deux éclipses d'un satellite de Jupiter, n le nombre des révolutions synodiques accomplies dans l'intervalle, σ la durée de chacune d'elles, d et d' les distances de Jupiter à la Terre lors des deux éclipses, et τ le temps employé par la lumière à parcourir la distance $d'-d$; les retards lors des deux observations différeront précisément de τ, et l'on aura

$$ t = n\,\sigma + \tau, \qquad \text{d'où} \qquad \tau = t - n\,\sigma. $$

Pour obtenir le temps, θ, que la lumière met à parcourir le diamètre, $2a$, de l'orbite terrestre, il suffit de multiplier la valeur τ par le rapport $\dfrac{2a}{d'-d}$, qui se déduit des nombres fournis par les tables des planètes.

Lors des oppositions de Jupiter, le cône d'ombre projeté par la planète se trouve caché par elle, et, lors des conjonctions, la proximité du Soleil empêche de l'observer ; néanmoins, pour obtenir une détermination exacte de θ, il convient de faire en sorte que $d'-d$ soit le plus grand possible, c'est-à-dire de choisir deux éclipses qui aient lieu, l'une vers la conjonction et l'autre vers l'opposition ; alors $d'-d$ sera un peu inférieur au diamètre de l'orbite terrestre. On a trouvé que ce diamètre est parcouru en 16ᵐ 36ˢ.

La lumière parcourant 74200000 lieues en 16ᵐ 36ˢ, ou en 996 secondes, sa vitesse est de 74500 lieues par seconde. La valeur 76200000 lieues, adoptée antérieurement pour le diamètre de l'orbitre terrestre, conduirait à une vitesse de 77000 lieues.

152. Moyen de déterminer les dimensions des planètes et des satellites. — La parallaxe du Soleil étant connue, on peut en déduire la distance à laquelle une planète ou un satellite se trouve de la Terre à un certain instant, car on connaît le rapport de cette distance au rayon de l'orbite terrestre (147). Si, au même instant, on mesure le diamètre apparent de l'astre, on possédera les éléments nécessaires pour calculer son rayon, sa surface et son volume.

CHAPITRE II;

153. Rotations des planètes et des satellites. — Les astronomes ont constaté, pour tous les corps du système solaire à la surface
desquels il est possible de distinguer quelque accident physique, un mouvement de rotation dans le sens direct ; ces corps, lorsqu'on y comprend
notre planète, sont au nombre de 14, savoir, le Soleil, Mercure, Vénus,
Mars, la Terre, Jupiter, Saturne, la Lune, les quatre satellites de Jupiter,
l'anneau de Saturne et le dernier satellite de cette planète. Il n'est pas
douteux que les autres planètes et les autres satellites ne se trouvent
animés d'un pareil mouvement. Les taches que l'on observe, dans certaines
circonstances, à la surface des satellites de Jupiter, et les différences
d'éclat que l'on remarque sur celle du 8me satellite d'Uranus, ont permis de constater non-seulement que chacun de ces corps tourne sur lui-
même, mais aussi qu'il le fait, comme la Lune, avec une vitesse égale à la
vitesse moyenne de son mouvement de translation autour de la planète.

154. Éléments physiques des planètes et des satellites. —
Dans le tableau de la page suivante, on a joint les durées des rotations exprimées en jours solaires moyens et les aplatissements, produits
sans doute par ces rotations, aux dimensions, aux masses et aux densités
des huit planètes principales.

Les mesures effectuées dans le but d'obtenir les dimensions des petites
planètes comprises entre Mars et Jupiter, ont donné, pour les rayons de
Cérès, de *Pallas*, de *Junon* et de *Vesta*, des résultats compris entre 50 et
150 lieues. Les autres planètes de la même région ont des dimensions
trop faibles pour qu'on puisse les déterminer à la distance où se trouvent
ces astres ; d'après le peu d'éclat avec lequel les moins brillants nous apparaissent, il est permis de penser qu'il s'en trouve parmi eux dont la
surface ne dépasse pas en étendue celle d'un de nos petits départements.
Ces faibles dimensions établissent une distinction très-nette entre les
astéroïdes dont nous venons de parler, et les planètes principales ; elles
donnent de la vraisemblance à l'hypothèse qui a été faite de l'existence
de corps encore plus petits, circulant dans les espaces planétaires, hypothèse en vertu de laquelle les *aérolithes* et les *bolides* ne seraient
autre chose que des corps de cette nature rencontrés par la Terre dans
sa course autour du Soleil.

| NOMS DES PLANÈTES | RAYONS, CELUI DE LA TERRE ÉTANT 1. | SURFACES, CELLE DE LA TERRE ÉTANT 1 | VOLUMES, CELUI DE LA TERRE ÉTANT 1 | MASSES | | DENSITÉS MOYENNES | | DURÉES DES ROTATIONS | APLATISSE-MENTS. | INCLINAISON DE L'ÉQUATEUR DE LA PLANÈTE SUR LE PLAN DE SON ORBITE |
				CELLE DU SOLEIL ÉTANT 1	CELLE DE LA TERRE ÉTANT 1	RAPPORTÉES A CELLE DE LA TERRE	RAPPORTÉES A CELLE DE L'EAU			
cure....	0,58	0,14	0,05	$\frac{1}{4350000}$	0,08	1,50	8,17	24^h 05^m	Insensible.	70° (douteux)
us.....	0,95	0,91	0,87	$\frac{1}{412000}$	0,86	0,99	5,37	23 21	Idem.	75
Terre....	1,00	1,00	1,00	$\frac{1}{354000}$	1,00	1,00	5,44	23 56	$\frac{1}{299}$	23 $\frac{1}{2}$
s.....	0,54	0,29	0,16	$\frac{1}{2970000}$	0,12	0,78	4,24	24 37	$\frac{1}{35}$	29
iter....	11,16	125	1390	$\frac{1}{1050}$	337	0,26	1,40	9 55	$\frac{1}{17}$	3
urne....	9,55	91	865	$\frac{1}{3510}$	101	0,13	0,72	10 30	$\frac{1}{19}$	26
nus.....	4,22	18	75	$\frac{1}{20600}$	17,2	0,23	1,24	Inconnue.	Inconnu.	Inconnue.
tune....	4,41	19	86	$\frac{1}{17500}$	20,2	0,24	1,28	Idem.	Idem.	Idem.

On peut se faire une idée des dimensions des satellites à l'aide du tableau suivant, qui se rapporte à la Lune, au plus petit et au plus grand des satellites de Jupiter, enfin au plus grand satellite de Saturne.

NOM DU SATELLITE	RAYON DU SATELLITE		
	CELUI DE LA PLANÈTE ÉTANT 1	CELUI DE LA TERRE ÉTANT 1	EN LIEUES
La Lune.............	$\frac{3}{11}$	0,27	430
2ᵉ Satellite de Jupiter.	$\frac{1}{43}$	0,26	400
3ᵉ Id. Id.	$\frac{1}{24}$	0,46	700
6ᵉ Satellite de Saturne.	$\frac{1}{18}$	0,23	350

On voit que le plus petit satellite de Jupiter est à peu près de même grandeur que la Lune; le plus considérable est intermédiaire entre Mercure et Mars. Ainsi ce n'est pas parmi les satellites, mais bien parmi les planètes que l'on trouve les plus petits corps connus dans le système solaire.

La figure 127 permet de comparer à vue les surfaces des huit planètes principales entre elles et à celle de la Lune. A la même échelle, le Soleil serait représenté par un cercle de 15 centimètres de rayon, l'orbite de la Lune par un cercle de 8 centimètres de rayon, et les distances moyennes de Mercure, de la Terre et de Neptune au Soleil, respectivement par des longueurs de 12 mètres, 47 mètres et 930 mètres.

155. Division des planètes principales en deux groupes. — La région des petites planètes qui circulent entre Mars et Jupiter partage les huit planètes principales en deux groupes ; si l'on jette quelques instants les yeux sur le premier des deux tableaux ci-dessus, on sera frappé des analogies qui existent entre les quatre planètes d'un même groupe, sous le rapport des dimensions (*fig.* 127), celui des masses, des densités, etc., et des différences qui, au contraire, se manifestent lorsqu'on passe d'un groupe à un autre. Dans le premier, les volumes sont comparables à celui de la Terre, les densités, 5 à 6 fois celle de l'eau, les durées des rotations, de 24 heures à peu près ; dans le second, les volumes et les masses deviennent beaucoup plus considérables, les densités sont ou inférieures ou très-peu supérieures à celle de l'eau, les vitesses de rotation deux fois plus rapides que tout à l'heure, et les aplatissements très-forts. Enfin, des 22 satellites connus, un seul, la Lune, appartient à une planète du premier groupe.

150. Détails sur les diverses planètes. — MERCURE. — Cette
planète est rarement visible à l'œil nu, parce qu'elle se trouve toujours
dans le voisinage du Soleil. On a cru remarquer sur son disque des bandes obscures se formant subitement, ce qui ferait penser qu'elle a une

Fig. 127.

atmosphère. Lorsqu'elle [se] montre sous la forme d'un croissant, [on
aperçoit quelquefois, à l'extrémité de l'une des cornes, une troncature
qui a servi à étudier le mouvement de rotation de la planète ; on attribue
cette troncature à la présence d'une montagne, dont la hauteur attein-
drait 5 lieues, ou la 125ᵐᵉ partie du rayon de Mercure.

157. VÉNUS. — Vénus a un tel éclat qu'on la voit quelquefois à l'œil nu
pendant le jour; c'est elle que l'on désigne souvent sous le nom d'*étoile
du berger*. Les anciens l'appelaient *Vesper* et *Lucifer*, et on la nomme encore maintenant l'*étoile du soir*, ou l'*étoile du matin*, suivant qu'elle se
montre à l'occident, un peu après le coucher du Soleil, ou à l'orient, un
peu avant le lever de cet astre. Certaines irrégularités des cornes du
croissant observées lors des phases indiqueraient, sur la planète, l'exis-

tence de très-hautes montagnes ; celle d'une atmosphère analogue à la
nôtre résulterait principalement de l'observation d'une lueur s'étendant,
sur la surface de Vénus, à 15° au delà de la portion qui reçoit directement les rayons du Soleil. On a aussi aperçu des taches permanentes
sur le disque.

158. **Mars.** — Quoique beaucoup moins brillant que Vénus, Mars se
montre à l'œil nu comme une belle étoile rougeâtre. La disparition des
taches permanentes du disque, quand elles arrivent près du bord, porte
à croire à l'existence d'une atmosphère considérable. A chaque opposition, la planète se rapproche beaucoup de la Terre, et il est alors d'autant plus facile de l'observer, qu'elle passe au méridien vers minuit. D'un
autre côté, par suite du peu de différence qui existe entre l'inclinaison
de l'équateur de Mars sur le plan de l'orbite et l'obliquité de l'écliptique,
il doit y avoir une grande ressemblance entre les phénomènes que détermine la succession des saisons sur la surface de Mars et sur celle de
la Terre ; de sorte que, par analogie, nous pouvons interpréter les résultats fournis par l'observation de la première de ces deux planètes. Les
dernières oppositions de Mars ont permis de contrôler les faits déjà connus, et d'y ajouter quelques détails. On a vu la région équatoriale occu-
pée par une large ceinture verdâtre, dont les bords présentent des parties rentrantes qui semblent indiquer que la ceinture elle-même n'est
autre chose qu'une mer. Au-dessus et au-dessous s'étendaient deux grands

Fig. 128.

continents de couleur rougeâtre ; c'est
cette couleur qui produit, par effet
de contraste, la teinte verte de la
ceinture. En un des points de celle-
ci, on distinguait une île de la
même couleur que les deux continents. On a remarqué depuis longtemps, vers les pôles de la planète,
deux taches blanches beaucoup plus
brillantes que le reste de la surface
(fig. 128), et dont chacune diminue
ou augmente d'étendue suivant qu'elle
est ou non exposée aux rayons du soleil ; on les assimile aux amas de
neige et de glace qui existent dans
nos régions polaires. A l'opposition de 1862, on a pu apercevoir en entier
le cercle blanc qui environne le pôle sud de Mars ; son contour pa-
raissait nettement défini, et comme formé par un escarpement.

159. **Jupiter.** — Cette planète a l'aspect d'une étoile légèrement jau-
nâtre, presque aussi brillante que Vénus. A l'aide d'une lunette, on distingue à sa surface des taches plus ou moins prononcées, et des bandes

alternativement brillantes et obscures, parallèles à l'équateur de la planète (*fig.* 129). Bien qu'elles se déplacent, les taches offrent un certain

degré de permanence ; ainsi, l'on
a pu en observer une qui a duré
50 ans. Quant aux bandes, celles
qui ne forment pas le tour entier de la planète sont de courte
durée, tandis que les deux grandes bandes obscures que l'on
remarque vers le centre sont
persistantes ; on a cependant
observé quelquefois Jupiter sans
trace de bandes. La faible densité moyenne des planètes du
second groupe (155) accuse un
état physique tout différent de
celui de la Terre; on ne peut
donc faire que des conjectures

Fig. 129.

sur la nature des phénomènes auxquels sont dus les particularités que
nous observons à leur surface.

160. Saturne. — Saturne brille comme une étoile de première grandeur ;
sa lumière est un peu terne et comme plombée. Dans les télescopes, son
disque montre des bandes alternativement sombres et brillantes, parallèles à son équateur, plus difficiles à observer que celles de Jupiter.

161. La planète est entourée d'un anneau (*fig.* 130), situé à peu près dans

Fig. 130.

le plan de l'équateur, et qui tourne en 10 heures et demie environ autour
de son centre. Ce mouvement de rotation est nécessaire à la stabilité de

l'anneau; sa vitesse a été déterminée par la théorie avant d'être mesurée par l'observation, et celle-ci n'a fait que confirmer les résultats obtenus. Le rayon équatorial de Saturne étant pris pour unité, le rayon intérieur de l'anneau est 1, 5, et le rayon extérieur 2, 2; ces mêmes rayons sont exprimés en lieues par les nombres 23 700 et 35 600; on ne connaît pas l'épaisseur, qui est trop faible pour avoir pu être mesurée, et qui sans doute n'atteint pas 100 lieues.

L'anneau n'est pas simple; on y a reconnu des traces de divisions qui font croire à l'existence de quatre ou cinq anneaux concentriques. L'une des divisions est assez nette pour que l'on soit certain que l'anneau est au moins double; le rayon équatorial de Saturne, l'intervalle compris entre la planète et l'anneau intérieur, la largeur de cet anneau, la distance des deux anneaux, enfin la largeur de l'anneau extérieur sont entre eux comme les nombres 100, 58, 43, 4, 5 et 27. A la fin de 1850, on a découvert un anneau intérieur très-faiblement lumineux.

L'anneau de Saturne se présente toujours à nous obliquement, de sorte que son contour apparent est une ellipse; mais, comme son plan se transporte parallèlement à lui-même, dans le mouvement de l'astre autour du Soleil, tandis que la direction dans laquelle nous le voyons change continuellement, le petit axe de l'ellipse varie (*fig.* 131).

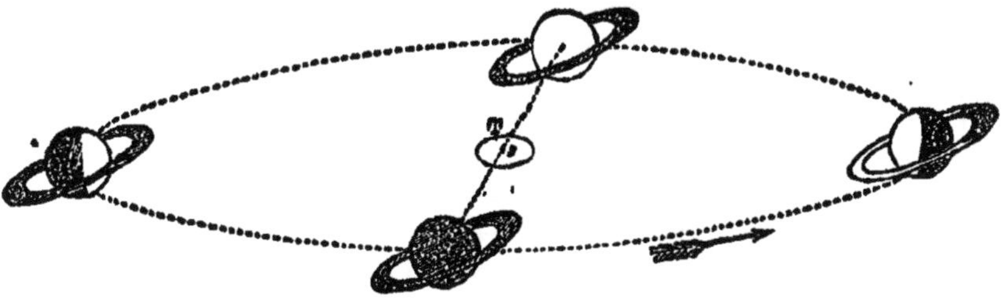

Fig. 131.

Aux époques des équinoxes de Saturne, c'est-à-dire tous les quinze ans et demi, le Soleil étant dans le plan de son équateur, qui est à peu près le même que celui de l'anneau, celui-ci se trouve éclairé par sa tranche, et, à cause de sa faible épaisseur, nous ne pouvons l'apercevoir, si ce n'est à l'aide des instruments les plus puissants, qui le montrent alors comme une mince ligne lumineuse s'étendant de chaque côté du disque (*fig.* 132). Au contraire, lors des solstices de Saturne, le petit axe de l'ellipse atteint son maximum, et déborde le disque même de l'astre.

L'anneau nous présente sa face obscure quand son plan prolongé passe entre le Soleil et la Terre; alors sa présence ne nous est rendue sensible que par l'ombre qu'il porte sur la planète.

162. Uranus. — Cette planète est visible à l'œil nu; elle a l'aspect d'une petite étoile de 6ᵐᵉ grandeur.

163. Neptune. — Neptune est invisible à l'œil nu, et brille moins qu'une étoile de 8ᵐᵉ grandeur.

164. Planètes comprises entre Mars et Jupiter. — *Vesta* se montre comme une étoile de 6ᵐᵉ grandeur; c'est la seule des petites planètes que l'on puisse quelquefois apercevoir à l'œil nu; elle paraît alors d'un jaune pâle. *Pallas* peut être assimilée pour l'éclat à une étoile de 7ᵐᵉ grandeur, *Cérès* et *Junon* à des étoiles de 8ᵐᵉ grandeur; la première est d'une belle couleur

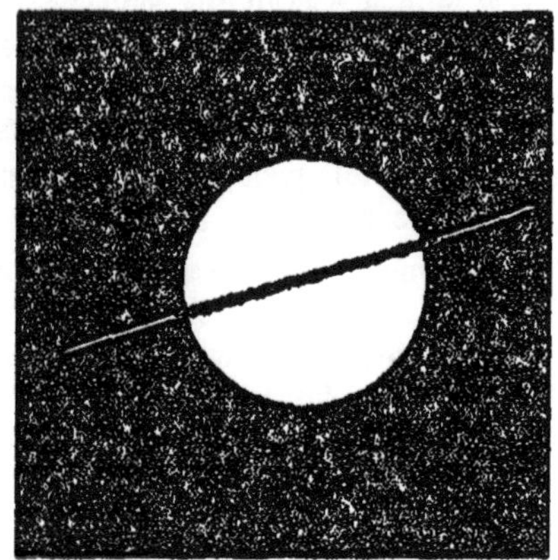

Fig. 132.

jaune, les deux dernières sont rougeâtres. Les autres petites planètes connues dans la même région paraissent comme des étoiles de 9ᵐᵉ, de 10ᵐᵉ, de 11ᵐᵉ, ou même de 12ᵐᵉ grandeur. Sur quelques-uns de ces astéroïdes, on a observé des variations d'éclat que l'on a attribuées à la présence d'une atmosphère ou à des irrégularités dans les formes de la planète.

165. Découvertes des planètes et des satellites. — Mercure, Vénus, Mars, Jupiter et Saturne furent, jusqu'en 1781, les seules planètes connues. Le 13 mars de l'année que nous venons de citer, William Herschel aperçut, dans la constellation des Gémeaux, un astre qui lui parut offrir un disque arrondi, et dont il constata le déplacement par rapport aux étoiles voisines; on pensa d'abord que c'était une comète, mais le calcul de son orbite montra qu'il devait être rangé parmi les planètes. Cet astre avait déjà été observé en différents points de la zone zodiacale, et classé comme une étoile dans divers catalogues.

Les observations que l'on trouva dans ces catalogues et toutes celles que l'on put faire de 1781 à 1820, furent employées à former les tables de la nouvelle planète; c'est alors que l'on s'aperçut du désaccord qui semblait exister entre les divers résultats, même lorsqu'on tenait compte des perturbations produites par les autres planètes dans le mouvement elliptique d'Uranus. On pensa dès lors que l'action d'une planète encore inconnue pourrait être la cause de ce désaccord, et que, si l'on parvenait à traiter en sens inverse le problème des perturbations, on arriverait à déterminer la position de cette nouvelle planète. La question ainsi posée fut résolue par M. Le Verrier, en 1846, et amena la découverte de Neptune; il serait impossible d'imaginer une confirmation plus éclatante des lois de la gravitation universelle.

La distance moyenne d'Uranus au Soleil, à peu près d'accord avec celle que lui assignait la loi de Dode (148), confirma dans leur opinion ceux qui croyaient à l'existence d'une planète située entre Mars et Jupiter, et comblant la lacune qui correspondait alors au cinquième nombre de la série. Les recherches qu'on entreprit en Allemagne, pour la découvrir, n'amenèrent aucun résultat; mais une circonstance fortuite ayant appelé l'attention de Piazzi, astronome à Palerme, sur une certaine région du ciel, il y aperçut un astre que ses déplacements, sensibles d'un jour à l'autre, lui firent considérer comme une comète; diverses circonstances l'ayant empêché d'en faire un nombre suffisant d'observations, et l'astre s'étant trouvé ensuite en conjonction avec le Soleil, on ne put le revoir que le 1er janvier 1802, un an, jour pour jour, après sa découverte, qui avait signalé le premier jour du siècle. Avant de le retrouver on l'avait déjà mis au rang des planètes sous le nom de Cérès. Sa distance moyenne au Soleil correspond au 5me nombre de la série dont nous avons parlé tout à l'heure.

En 1802, Olbers découvrit Pallas, qu'il considéra, avec Cérès, comme deux des fragments d'une même planète, qu'une cause quelconque aurait brisée; d'après cette hypothèse, les orbites des autres fragments devaient se croiser dans les mêmes régions du ciel que celle des deux premiers; c'est en effet dans l'une de ces deux régions que Junon fut découverte, par Harding, en 1804, et c'est dans l'autre qu'en 1807 Olbers lui-même aperçut Vesta. La distance moyenne de cette dernière planète au Soleil est notablement plus petite que celles des trois autres, ce qui ôte toute consistance à l hypothèse d'Olbers. La découverte d'Astrée par M. Heucke succéda à celle de Vesta, mais à trente-huit ans d'intervalle; elle fut comme le signal d'une foule d'autres, auxquels ont pris part MM. Goldschmidt, Hind, Luther, de Gasparis, Chacornac, etc., et qui paraissent devoir se continuer, au moins encore pendant quelque temps; le 100e astéroïde a été trouvé au mo's de juillet 1868.

10.). Les premiers astres du système solaire dont l'invention des lunettes a amené la découverte ne sont pas des planètes, mais des satellites. En 1610, Galilée vit les quatre satellites de Jupiter, et le disque de Saturne lui présenta une forme particulière qu'il ne sut pas expliquer, et qui était due à l'anneau. En 1655, Huygens découvrit le 4me satellite de Saturne, et en 1659 il expliqua les apparences de l'anneau. Quatre autres satellites de la même planète furent trouvés par D. Cassini, de 1671 à 1681; de 1787 à 1794, Herschel en trouva deux autres à Saturne et six à Uranus; Lassel a découvert le satellite de Neptune en 1846, et deux des satellites d'Uranus en 1851; enfin, Bond a trouvé, en 1848, le satellite de Saturne qui est le 7me dans l'ordre des distances à la planète, et le 8me dans celui des découvertes.

CHAPITRE III
Comètes.

167. Aspect des comètes. — On a donné le nom de comètes à des corps qui se montrent de temps en temps dans le ciel sous l'aspect de nébulosités plus ou moins brillantes ; les astronomes en observent en moyenne deux ou trois chaque année ; quelquefois ces corps s'aperçoivent à l'œil nu, et même ils peuvent prendre, comme on l'a vu en 1801 par exemple, de grandes dimensions apparentes et un grand éclat. On y distingue alors un *noyau*, où la matière nébuleuse semble offrir un plus grand degré de condensation, une *chevelure* entourant le noyau et formant avec lui la *tête* de la comète, enfin une *queue*, c'est-à-dire une traînée lumineuse plus ou moins allongée (*fig.* 133).

Fig. 133.

168. Lois du mouvement des comètes. — Les comètes ne sont pas, comme on l'a cru longtemps, des météores engendrés dans notre atmosphère, mais bien des astres, puisqu'elles participent au mouvement diurne apparent de la sphère céleste ; de plus, elles se déplacent dans le ciel, et les lois de leurs mouvements, que Newton a fait connaître, sont les mêmes que celles des mouvements des planètes ; seulement les excentricités des ellipses décrites par la plupart des comètes sont assez voisines de l'unité pour que ces ellipses se confondent sensiblement avec des arcs de parabole dans la portion de l'orbite qui est voisine du Soleil ; cette portion est d'ailleurs la seule sur laquelle la comète se trouve visible pour nous.

Les orbites des comètes sont parcourues, les unes dans le sens direct, les autres dans le sens rétrograde. Leurs éléments, qui se réduisent à cinq dans le cas de la parabole, se déterminent comme ceux des orbites des planètes, quand on a pu faire, à l'équatorial (22), un nombre suffisant d'observations de l'astre nouvellement découvert ; on sait que trois observations suffisent à la rigueur (147), pourvu qu'elles correspondent à des instants qui ne soient pas trop rapprochés les uns des autres. Les résultats obtenus s'inscrivent dans le *Catalogue des comètes*.

169. Comètes périodiques. — L'aspect d'une comète varie continuellement et ne peut la faire reconnaître si elle vient à se montrer de nouveau. Néanmoins il y en a quelques-unes que l'on sait maintenant appartenir à notre système solaire, et dont la périodicité a été bien constatée. Lorsqu'on a déterminé les éléments *paraboliques* de l'orbite d'une comète, on peut les comparer à ceux des orbites des comètes déjà cataloguées, et si l'on trouve qu'ils diffèrent assez peu des éléments qui se rapportent à l'une de ces dernières, on devra en conclure que les deux astres n'en font qu'un ; dès lors on pourra prédire l'époque du prochain retour de la comète à son périhélie. Lorsque l'ensemble des observations ne peut être représenté par un mouvement parabolique, mais bien par une orbite elliptique, le calcul des éléments de cette orbite fait connaître la durée de la révolution, et permet encore de prédire la prochaine réapparition de la comète. Dans les deux cas, il faut tenir compte des perturbations que le mouvement de l'astre devra subir sous l'action des planètes. Si cet astre est revu à l'époque prédite, on le classe définitivement parmi les comètes périodiques.

On connaît actuellement sept comètes périodiques qui sont, dans l'ordre des dates auxquelles la périodicité a été constatée : la comète de Halley, celle d'Enke, celle de Biela, celle de Faye, celle de Vico, celle de Brorsen et celle de d'Arrest ; c'est par le premier des procédés indiqués tout à l'heure que l'on a découvert la périodicité des trois premières ; celle des trois autres a été déduite du second. Dans le tableau suivant, les comètes que nous venons de citer se trouvent rangées d'après les durées de leurs révolutions ; les dates de la seconde colonne sont celles de l'année de l'apparition, à la suite de laquelle on a cherché à reconnaître la périodicité de l'astre ; les longueurs contenues dans les 5e, 7e et 8e colonnes sont rapportées au demi-grand axe de l'orbite terrestre pris comme unité.

COMÈTES	DATES	DURÉES DES RÉVOLUTIONS SIDÉRALES		DEMI-GRANDS AXES DES ORBITES	EXCENTRICITÉS	DISTANCES PÉRIHÉLIES	DISTANCES APHÉLIES	OBLIQUITÉS	SENS DES MOUVEMENTS
		EN JOURS	EN ANNÉES						
Encke .	1819	1204	$3\frac{8}{10}$	2,2	9,85	0,3	4,1	13°24′	Direct.
Vico . .	1844	1093	$5\frac{1}{4}$	3,1	0,62	1,2	5,0	2 54	*Idem.*
Brorsen.	1846	2084	$3\frac{3}{5}$	3,2	0,80	0,8	5,6	30 48	*Idem.*
D'Arrest.	1851	2353	$6\frac{1}{2}$	3,5	0,66	1,2	5,7	13 46	*Idem.*
Biela. . .	1826	2423	$6\frac{3}{4}$	3,5	0,76	0,9	6,2	12 36	*Idem.*
Faye. . .	1843	2726	$7\frac{1}{2}$	3,8	0,55	1,7	5,9	11 24	*Idem.*
Halley. .	1682	»	76	18,0	0,97	0,6	35,3	17 42	Rétrog.

Connaissant les distances périhélies et les distances aphélies, il est facile de voir, pour chaque comète, quelles sont les planètes dont les orbites seraient coupées par la sienne, si ces diverses orbites se trouvaient dans un même plan : la comète d'Enke, appelée aussi *comète à courte période*, est celle qui a la plus petite distance aphélie; son orbite serait contenue à l'intérieur de celle de Jupiter ; la comète de Halley est cellequi a la plus grande distance aphélie; son orbite (*fig.* 134) s'étendrait un peu au delà de celle de Neptune; la ligne NN' représente l'intersection du plan de cette orbite avec celui de l'écliptique.

L'excentricité la plus faible du tableau n'est que les $\frac{5}{3}$ de celle qui se rapporte à l'orbite de la planète Polymnie; l'ellipse décrite par cette planète, et celle sur laquelle se meut la comète de Faye, ménagent ainsi, sous le rapport de la forme, une transition entre les orbites des planètes et celles des comètes ; la distinction tranchée que l'on cherche souvent à établir entre les deux classes d'orbites, à cet égard, n'est donc pas fondée.

Les obliquités contenues dans le tableau ci-dessus ne sont pas très-considérables, et les sens des mouvements sont directs, si ce n'est pour la comète de Halley; peut-être n'y aura-t-il plus lieu de faire les mêmes remarques quand on connaîtra un plus grand nombre de comètes périodiques; mais, dès à présent, si on a égard à toutes les comètes cataloguées, périodiques ou non périodiques,

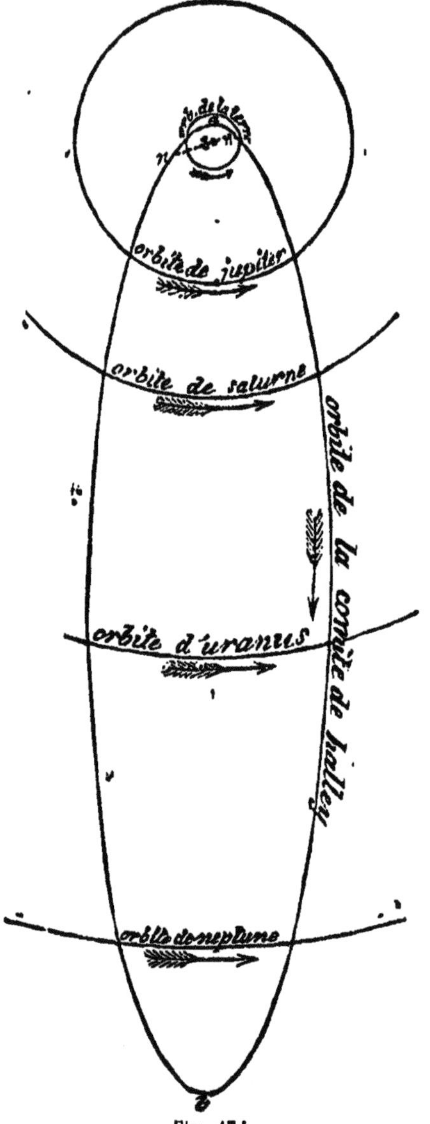

Fig. 134.

on trouve qu'il y a autant de mouvements rétrogrades que de mouve-ments directs, et que les orbites peuvent prendre toutes les inclinaisons sur le plan de l'écliptique.

170. Notions sur la nature des comètes. — Quelques co-mètes se montrent accompagnées de plusieurs queues; au contraire, la comète d'Enke et la plupart des comètes télescopiques en sont dépour-vues; souvent même ces dernières offrent l'aspect d'une simple nébu-losité sans apparence de noyau; on cite une ou deux comètes qui ont paru rondes et nettement terminées. On a observé des noyaux de toutes les dimensions, depuis 10 lieues jusqu'à 3,000 lieues de diamètre, des nébulosités de 100,000 et même 450,000 lieues de diamètre; enfin, il arrive quelquefois que les queues embrassent dans le ciel des arcs de 30°, de 60° et même de 100°, et que leurs longueurs se comptent par dizaines de millions de lieues; leurs formes sont très-diverses et éprouvent des changements souvent très-rapides.

La queue d'une comète est ordinairement opposée au Soleil; elle s'allonge rapidement dans ce sens à mesure que la distance au Soleil diminue; puis, l'inverse se produit quand l'astre a passé au périhélie. La matière ainsi mise en mouvement est d'une ténuité extrême, et dont les gaz les plus dilatés ne sauraient nous donner aucune idée; elle ne réfracte pas la lumière, et ne diminue en rien l'éclat des étoiles, même lorsque les rayons qui émanent de ces astres ont à la traverser dans toute son épaisseur pour arriver jusqu'à nous; malgré leurs grandes dimensions, les comètes n'ont que des masses insignifiantes.

D'une apparition à l'autre, les comètes périodiques offrent de grandes différences dans leur forme, leurs dimensions et leur éclat. On a con-staté, pour la comète de Biela, le singulier phénomène d'un dédouble-ment; le 21 décembre 1845 il ne se manifestait aucun indice de sépara-tion, et le 27 du même mois, il y avait deux noyaux au lieu d'un seul. Du 10 février au 22 mars 1846, la distance des deux noyaux augmenta depuis 60,000 jusqu'à 62,000 lieues; elle était de 500,000 lieues quand la comète est revenue en 1852 à son périhélie, et chacune des deux par-ties avait pris une forme arrondie. On n'a revu la comète ni en 1859, ni en 1866.

L'hypothèse qui est actuellement la plus vraisemblable, sur les étoiles filantes, les considère comme des débris de comètes.

On a constaté à diverses reprises que la lumière des comètes est polarisée; elle est donc, au moins en partie, de la lumière solaire réfléchie.

LIVRE VI

CHAPITRE PREMIER

Des étoiles.

171. Distances des étoiles à la Terre. — Puisque notre globe décrit chaque année, autour du Soleil, une orbite à peu près circulaire, dont le rayon est de 37,100,000 lieues, pour observer une étoile de deux stations, situées à plus de 74,000,000 de lieues l'une de l'autre, il suffit d'opérer à six mois d'intervalle. Malgré sa longueur, la base dont il est ainsi permis de disposer, pour la mesure des distances des étoiles à la Terre, est encore excessivement petite relativement à ces distances, et les efforts des astronomes pour les déterminer restèrent longtemps infructueux. Les observations que Bradley fit dans ce but le conduisirent à d'autres découvertes importantes; mais c'est à Bessel que l'on doit d'avoir fait connaître, en 1838, la distance de la 61me du Cygne; quelques autres seulement ont pu être évaluées depuis.

L'angle sous lequel le rayon de l'orbite terrestre serait vu d'une étoile, s'appelle la *parallaxe annuelle*.de cette étoile. Ainsi, la distance, à la Terre, d'une étoile qui aurait 1″ de parallaxe ne serait autre chose que le rayon de la circonférence dans laquelle l'arc d'une seconde a pour longueur la distance de la Terre au Soleil; cette dernière longueur étant prise pour unité, celle de la demi-circonférence sera représentée par le nombre 648,000, et celle du rayon par 206,265; la distance de l'étoile à la Terre serait donc égale à 206,265 fois le rayon de l'orbite terrestre, c'est-à-dire à 7,650 milliards de lieues; la lumière, dont la vitesse est de 74,500 lieues par seconde, emploierait 3 ans et quart à parcourir cette distance.

Pour déduire de ces nombres ceux qui conviendraient à une étoile dont la parallaxe est connue, il suffit de les diviser par cette parallaxe; quelque grands qu'ils paraissent, ils sont encore au-dessous de la réalité, car on n'a pas trouvé de parallaxe qui atteigne 1″, et la plupart de cel-

les que l'on a entrepris de déterminer ont échappé à l'observation, à cause
de leur petitesse. Le tableau suivant contient les résultats obtenus :

ÉTOILES	PARALLAXES	DISTANCES A LA TERRE		TEMPS EMPLOYÉ PAR LA LUMIÈRE POUR VENIR DE L'ÉTOILE A LA TERRE	OBSERVATIONS
		EN RAYONS DE L'ORBITE TERRESTRE	EN MILLIARDS DE LIEUES		
α du Centaure.	0,01	230,000	8,400	ans 3,6	
61° du Cygne. .	0,37	550,000	20,000	8,7	De 6° grandeur. Parallaxe incertaine
Sirius.	0,23	900,000	33,000	14	
α de la Lyre. .	0,21	1,000,000	37,000	16'	
ε de la Grande-Ourse. . . .	0,13	1,600,000	58,000	24	De 3° à 4° grandeur. Parallaxe incertaine.
Arcturus . . .	0,13	1,600,000	60,000	26	
La Polaire. . .	0,11	1,900,000	72,000	31	
La Chèvre. . .	0,05	4,500,000	170,000	71	Parallaxe très-incertaine

Plusieurs des parallaxes inscrites dans la seconde colonne sont exactes
à quelques centièmes de secondes près. On voit par ce tableau que les
étoiles les plus brillantes ne sont pas pour cela les plus rapprochées de
nous.

172. Nature des étoiles. — L'angle sous lequel nous voyons le
diamètre du Soleil est de 32', et, d'après des mesures photométriques, cet
astre nous envoie 22,000 millions de fois plus de lumière que α du
Centaure ; mais, s'il était transporté dans le voisinage de cette étoile,
c'est-à-dire à une distance de la Terre 230,000 fois plus grande, l'angle
et la quantité de lumière dont nous venons de parler se trouveraient
respectivement réduits dans le rapport de l'unité à 230,000 et au carré
de 230,000 ; l'un deviendrait inférieur à $0''$,04, et l'autre à la moitié
de la quantité de lumière que nous recevons de α du Centaure. Ainsi, à
la distance de l'étoile la plus rapprochée, les dimensions du Soleil seraient pour nous insensibles, et cet astre nous apparaîtrait seulement
comme une étoile brillante ; à la distance de Wéga, il serait à peine visi-

ble à l'œil nu. Il est donc naturel d'admettre que chaque étoile est un soleil lumineux par lui-même, peut-être entouré d'un système de planètes comme celui dont la Terre fait partie.

173. Mouvements propres des étoiles. — Malgré la dénomination si ancienne d'*astres fixes*, qui leur est encore attribuée, les étoiles changent de position dans le ciel ; ainsi, la 61ᵉ du Cygne s'est déplacée, depuis 2,000 ans, d'une quantité angulaire égale à 6 fois le diamètre du disque de la Lune ; son mouvement annuel est de 5″,12. Le rapport 13,7 de cet arc de 5″,12 à la parallaxe de l'étoile donne, en rayons de l'orbite terrestre, le chemin que la 61ᵉ du Cygne parcourt chaque année, ou plutôt la projection de ce chemin sur une perpendiculaire à la direction dans laquelle nous voyons l'étoile ; la vitesse correspondante est de 16 lieues par seconde ; la vitesse réelle de l'étoile, qui se trouve aussi réduite par l'effet de la projection, est peut-être beaucoup plus considérable encore. Dans le tableau suivant, on trouve les nombres analogues pour les 9 étoiles dont nous avons donné les parallaxes (171).

ÉTOILES	MOUVEMENTS ANNUELS		VITESSE PAR SECONDE (EN PROJECTION)
	EN ANGLE	EN RAYONS DE L'ORBITE TERRESTRE (PROJECTIONS)	
			lieues.
α du Centaure.	3″,580	3,92	4,6
61ᵉ du Cygne.	5 ,123	13,7	16
Sirius.	1 ,234	5,37	6,3
α de la Lyre.	0 ,304	1,76	2,1
ι de la Grande-Ourse. . .	0 ,746	5,61	6,6
Arcturus.	2 ,250	17,7	21
La Polaire.	0 ,035	3,30	3,0
La Chèvre.	0 ,461	10,0	12

Les étoiles auxquelles on a trouvé les mouvements propres les plus considérables ne sont pas les plus brillantes ; ce sont des étoiles de 5ᵉ, de 6ᵉ, et même de 7ᵉ grandeur. On n'en connaît aucune dont le déplacement annuel surpasse 8″, et, pour la plupart d'entre elles, ce déplacement reste inaperçu ; c'est donc seulement après un grand nombre de siècles que les mouvements propres des étoiles pourraient avoir pour résultat de modifier l'aspect des constellations.

Chaque déplacement observé résulte de deux causes : le mouvement réel de l'étoile et celui de notre système solaire. On est parvenu à séparer les effets dus à la seconde, et à reconnaître que le Soleil, ainsi que les planètes qui circulent autour de lui, se dirigent vers la constellation d'Hercule, avec une vitesse de 2 lieues par seconde.

174. Étoiles multiples. — Les *étoiles doubles, triples, quadruples*, etc., sont des groupes d'une, de deux, de trois, de quatre, etc., étoiles, qui paraissent n'en former qu'une seule lorsqu'on les regarde à l'œil nu ou avec une lunette d'un pouvoir optique insuffisant. Aujourd'hui l'on connaît, dans les deux hémisphères, environ 6,000 étoiles doubles, pour lesquelles la distance angulaire des deux *composantes* est inférieure à 32″ ; les plus nombreuses sont celles pour lesquelles cette distance est la plus faible. En général, les deux composantes ont des intensités assez différentes. Parmi les étoiles que nous avons déjà eu l'occasion de citer, les suivantes sont doubles : ζ de la Grande-Ourse, α du Centaure, γ de la Vierge, Castor, la 61ᵉ du Cygne, Régulus, γ du Lion, ζ de la Couronne, η de Cassiopée, ζ d'Orion, Sirius. Il suffit d'employer un grossissement médiocre pour voir les premières se dédoubler.

Deux étoiles situées à une grande distance l'une de l'autre, mais dans des directions peu différentes, formeraient un couple *optiquement* double, par un simple effet de perspective ; cependant, il est à présumer que peu de systèmes binaires se trouvent dans ce cas ; le nombre de ceux pour lesquels on a la preuve que les deux composantes sont réellement très-voisines est déjà considérable, et il va toujours en augmentant. On obtient cette preuve en constatant soit que les deux composantes ont le même mouvement propre, soit que l'une tourne autour de l'autre, comme la Terre tourne autour du Soleil. Pour ζ d'Hercule, η de la Couronne, Castor, γ de la Vierge, α du Centaure et quelques autres étoiles doubles, on a pu déterminer les orbites relatives ainsi décrites, et les durées des révolutions. Ces dernières sont comprises entre 30 et 500 ans, de sorte que la plus courte est égale à la durée de la révolution de Saturne, et la plus longue à trois fois la durée de la révolution de Neptune autour du Soleil. Quant aux orbites, ce sont des ellipses; celle des deux composantes que l'on considère comme immobile occupe l'un des foyers de l'ellipse, et le mouvement relatif du satellite s'exécute conformément aux lois qui régissent l'attraction dans le système solaire. Le demi-grand axe de l'orbite, pour α du Centaure, est de 12″, ce qui correspond à 13,5 rayons de l'orbite terrestre ou à une distance intermédiaire entre celles de Saturne et d'Uranus au Soleil.

On connaît plus de 50 étoiles triples, et on a constaté pour deux d'entre elles le mouvement des deux satellites autour de l'étoile centrale.

On connaît quelques étoiles quadruples, entre autres α d'Andromède et ε de la Lyre.

Enfin, on connaît une étoile sextuple, qui est θ d'Orion. Lorsqu'on l'observe avec un grossissement ordinaire, ou aperçoit quatre étoiles de 4°, 6°, 7° et 8° grandeurs, situées aux quatre sommets d'un trapèze; avec un grossissement considérable, on voit que deux d'entre elles ont un compagnon de 11° ou 12° grandeur. Les six étoiles ont un mouvement commun de translation.

La variabilité de leurs mouvements propres avait conduit à admettre, dès l'année 1844, que Sirius et Procyon étaient de véritables étoiles doubles, bien que jusqu'alors leurs compagnons n'aient pu être découverts; depuis, l'observation les a montrées multiples. Au mois d'avril 1863, on a retrouvé, dans le voisinage de Procyon, deux très-petites étoiles déjà signalées en 1855 et en 1856, et on en a même aperçu deux autres. En 1862, on est parvenu, à l'aide des instruments les plus puissants, à constater l'existence d'une petite étoile située à 10″ de distance de Sirius, et, depuis, un autre compagnon de la même étoile a été vu par deux observateurs différents.

175. Étoiles variables; périodiques. — Il y a des étoiles dont l'éclat va en augmentant, tandis que pour d'autres il diminue; parmi ces dernières se trouvent α de la Grande-Ourse, qui est actuellement de 2° grandeur, et ne pourrait plus être classée, comme autrefois, parmi les étoiles de 1re et 2° grandeur, Dénébola ou, β du Lion, qui était de 1re grandeur il y a 250 ans. On cite même des étoiles qui ont complétement disparu.

Certaines étoiles éprouvent dans leur éclat, tantôt dans un sens et tantôt dans l'autre, des variations plus ou moins rapides, et dont la loi nous échappe; telle est η du navire Argo.

Enfin, il y en a pour lesquelles ces variations sont périodiques, par exemple, Mira ou o de la Baleine, Algol, β de la Lyre, α de Cassiopée, α d'Orion, β de Pégase. La périodicité a été bien constatée pour une trentaine d'étoiles; il y en a un pareil nombre pour lesquelles elle n'est pas encore établie d'une manière certaine. Parmi les périodes reconnues, la plus courte est de 69 heures, et la plus longue de 500 jours. La première se rapporte à Algol, qui reste de 2° grandeur pendant les $\frac{9}{10}$ de la durée de cette période, et emploie l'autre 10° à décroître de la 2° à la 4° grandeur, puis à revenir à la 2°. Quant au changement qui se produit dans l'intensité de la lumière des étoiles périodiques, il varie de l'une à l'autre; tandis que α d'Orion ne descend jamais à la 2° grandeur, o de la Baleine devient invisible.

Aucune des périodes qui ont été évaluées n'a été trouvée parfaitement régulière, mais les irrégularités sont soumises à certaines lois fixes. Pour plusieurs étoiles l'éclat augmente toujours plus rapidement qu'il ne décroît; pour Mira, le contraire a lieu quelquefois. Tandis qu'il arrive à cette étoile de dépasser la 2° grandeur, lors de son maximum d'éclat, il lui arrive aussi d'atteindre à peine la 4° lors de la même phase. A chaque période, β de la Lyre passe par deux *maxima* qui offrent le même éclat, et par deux *minima* dont l'éclat est différent. Enfin, il est bien établi pour Algol, β de la Lyre et quelques autres étoiles, que la durée de la période éprouve actuellement une diminution progressive.

Si Algol se rapprochait de nous avec une vitesse de 3 lieues par jour environ, sa lumière, à chaque période, nous arriverait un peu plus tôt que dans l'hypothèse d'une distance constante, et l'avance suffirait pour expliquer la diminution observée; mais rien, d'ailleurs, ne prouve l'existence d'un pareil mouvement. Quant aux variations mêmes que subit l'éclat d'une étoile périodique, proviennent-elles de ce que la surface de l'astre, n'étant pas également lumineuse dans toute son étendue, il nous montre, en tournant sur lui-même, tantôt les parties brillantes et tantôt les parties relativement obscures? Sont-elles dues à des planètes ou bien encore à des nuages cosmiques qui, circulant autour de l'étoile, viendraient par moment s'interposer entre elle et la terre? Il est plus vraisemblable que le phénomène est analogue à celui de la périodicité dans le nombre des taches solaires (107). Le soleil serait ainsi une étoile variable, pour laquelle il y aurait peu de différence entre le maximum et le minimum d'éclat, et dont la période serait d'un peu plus de 10 ans.

176. Étoiles temporaires. — Pendant les 2,000 ans qui viennent de s'écouler, on a constaté l'apparition d'une vingtaine d'étoiles, qui, après s'être montrées quelque temps dans le ciel, à la même place, ont perdu graduellement leur éclat, et ont de nouveau cessé d'être visibles. Elles ont été très-brillantes, et on les a vues tout d'abord avec leur plus vif éclat, à l'exception des deux plus récentes, celle de 1670 qui ne dépassa pas la 3° grandeur, et celle de 1848, qui ne dépassa pas la 5°. La première a présenté, avec celle de l'an 1012, une autre particularité ; leur éclat a subi des alternatives de diminution et d'accroissement. Elles ont même reparu, après qu'on avait cessé de les voir, pour disparaître ensuite définitivement.

Les $\frac{2}{3}$ des apparitions d'étoiles temporaires ont eu lieu dans l'intérieur ou sur les bords de la voie lactée. La plus courte a duré 3 semaines et la plus longue 17 mois. Cette dernière eut lieu en novembre 1572, dans le trône de Cassiopée; l'étoile était plus brillante que Sirius ; on put même la voir en plein midi; à partir du mois de décembre, son éclat diminua très-régulièrement; elle cessa d'être visible en mars 1574 ; à cette époque les télescopes n'étaient pas encore inventés. Après être restée blanche pendant deux mois, la même étoile passa au jaune, puis au rouge, enfin la couleur blanche reparut, mais avec moins de pureté que la première fois.

En 1600 on aperçut dans le col du Cygne une étoile nouvelle qui était de 3° grandeur : après avoir éprouvé, pendant 80 ans, des variations d'éclat, et même deux disparitions successives, elle s'est fixée à la 6° grandeur, qu'elle a conservé depuis. Cet astre nous fournit le seul exemple connu d'une étoile nouvelle non temporaire, à moins qu'elle ne constitue l'une de ces étoiles variables dont, à certaines époques, les changements d'éclat restent nuls ou inaperçus pendant un long intervalle de temps.

177. Coloration des étoiles. — Généralement les étoiles sont blanches ; cependant il en est qui présentent une coloration assez prononcée ; ainsi Arcturus, Aldébaran, Pollux, Bételgeuse sont rouges ou rougeâtres. Sirius, qui est maintenant d'une entière blancheur, était compté par les anciens au nombre des étoiles rouges. Au-dessous de la 9e ou 10me grandeur, il est impossible de distinguer les couleurs des étoiles, mais jusque-là le télescope permet de retrouver dans le ciel presque toutes les nuances du spectre. On cite dans l'hémisphère austral trois amas de petites étoiles fortement colorées ; dans l'un, toutes sont bleues, dans un autre, elles sont d'un rouge rubis ; enfin, dans le troisième, il y en a plus de 100 colorées en rouge, en vert, en bleu, ou en bleu verdâtre.

La plupart des étoiles variables sont rouges ou rougeâtres ; pour Mira de la Baleine, la teinte est très-prononcée ; pour η d'Argo, elle varie, ainsi que l'éclat, et passe d'un jaune rougeâtre à un rouge assez foncé. Parmi les étoiles doubles, le nombre des couples binaires où les deux étoiles sont blanches, paraît ne former que la moitié du nombre total ; et celui où les composantes offrent une coloration différente est un cinquième du même nombre. Lorsque ce dernier cas se présente, les deux couleurs sont souvent complémentaires.

CHAPITRE II
Nébuleuses.

178. Grand nombre de nébuleuses. — Les nébuleuses sont des taches blanches, émettant une lueur pâle, et que l'on aperçoit çà et là dans le ciel. On en connaît environ 4,000, et l'on estime qu'elles couvrent au moins la 270me partie de la surface totale de la sphère. Il y en a qui atteignent dans l'une de leurs dimensions jusqu'à quatre fois le diamètre apparent de la Lune.

La première dont il soit fait mention est celle qui se trouve près de ν d'Andromède (*fig.* 135).

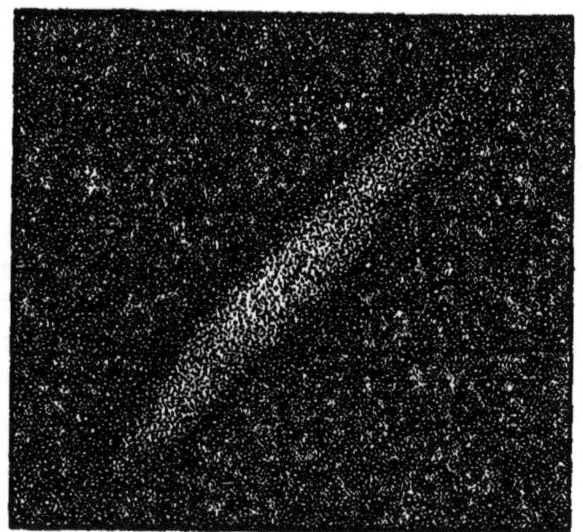

Fig. 135.

Elle fut observée en 1612 par Simon Marius, qui comparait sa lumière à celle d'une chandelle vue à travers une feuille de corne. Sa longueur est de 2° ½ et sa largeur surpasse 1°.

En 1656 Huygens aperçut la grande nébuleuse qui entoure θ d'Orion (*fig.* 136). On peut l'observer, ainsi que la première, en n'employant

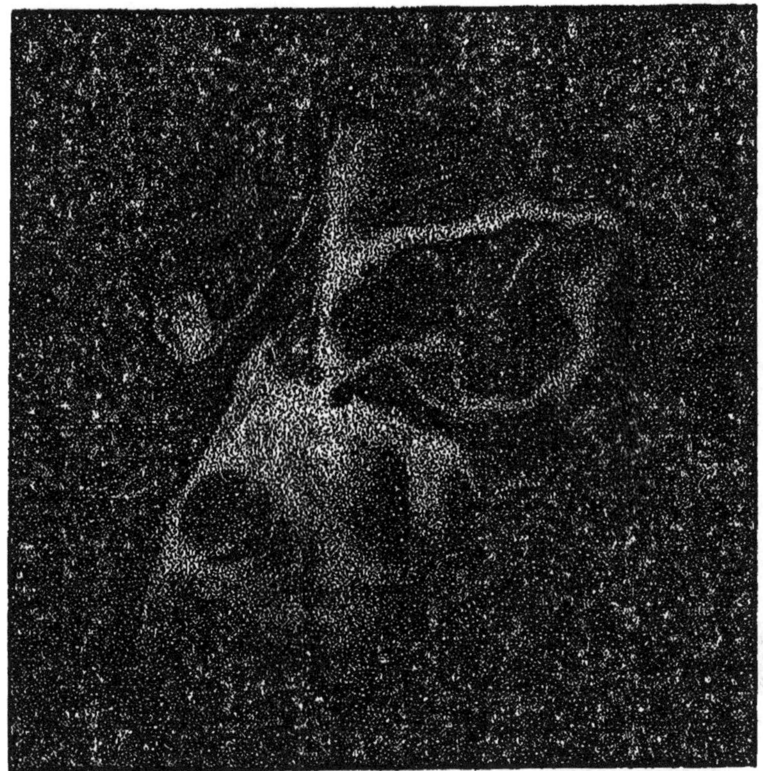

Fig. 136.

qu'un faible grossissement. On ne comptait encore que six nébuleuses en 1716, une centaine en 1786. C'est à partir de cette époque, et grâce aux travaux de W. Herschel, que les catalogues de ces astres ont reçu un accroissement rapide.

170. Nébuleuses résolubles. — Un grand nombre de nébuleuses ne sont autre chose que des amas d'étoiles, assez rapprochées les unes des autres pour produire la sensation d'une lumière continue. C'est ce que l'observation a mis en évidence pour 400 environ, qui sont dites *nébuleuses résolubles*. Parmi elles, nous citerons la nébuleuse d'Andromède (*fig.* 135), qui n'a pu être résolue que dans ces dernières années, avec la lunette de l'observatoire de Cambridge (États-Unis), et la nébuleuse perforée qui se trouve entre β et γ de la Lyre (*fig.* 137).

Les figures 138, 139 et 140 représentent des nébuleuses résolubles vues

dans des lunettes d'une grande puissance. La dernière est un magnifique
amas d'étoiles situé dans la chevelure de Bérénice, constellation voisine
de la gueule du *Lion*.

Les nébuleuses résolubles présentent une grande variété de formes,

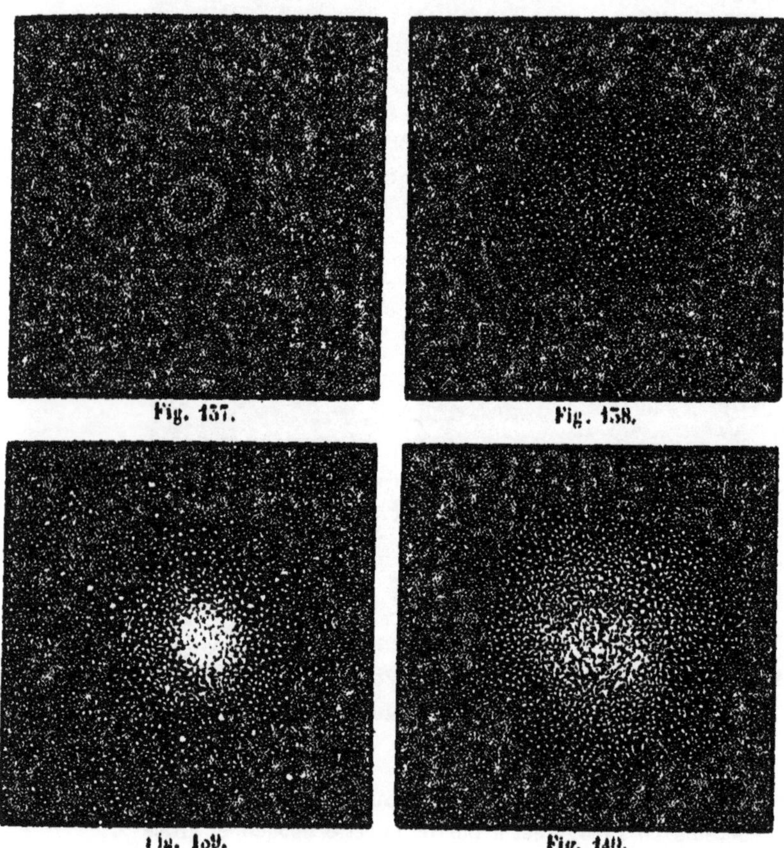

Fig. 137.   Fig. 158.

Fig. 159.   Fig. 140.

mais le plus souvent elles sont rondes, et leur éclat va en augmentant
de la circonférence au centre; comme d'ailleurs les étoiles qui les composent paraissent être à peu près de même grandeur, cette augmentation
d'éclat indique aussi une augmentation dans la longueur de la portion
du rayon visuel comprise à l'intérieur de l'amas d'étoiles; de sorte que
cet amas doit être sphérique ou globulaire. On remarque aussi que
l'accroissement d'éclat est plus rapide vers le centre que vers les bords,
ce qui indiquerait autour du centre une sorte de condensation. Enfin, il
a été constaté que les régions du ciel voisines des nébuleuses renferment
généralement peu d'étoiles, comme si chaque nébuleuse s'était formée,

par une condensation progressive, aux dépens d'étoiles disséminées primitivement dans ces régions.

La voie lactée est, dans son ensemble, une nébuleuse résoluble. Pour
expliquer la forme qu'elle nous présente, il suffit d'admettre que les millions
d'étoiles qui la composent forment une couche annulaire, dont la hauteur
est très-faible par rapport aux deux autres dimensions, que le Soleil est
une de ces étoiles, et qu'il est situé vers le centre de la couche. L'arc secondaire, qui s'étend du Cygne au Centaure, révélerait l'existence d'une
seconde couche, peu inclinée sur la première, limitée par elle et la rencontrant près du lieu que nous occupons. Les étoiles, relativement en

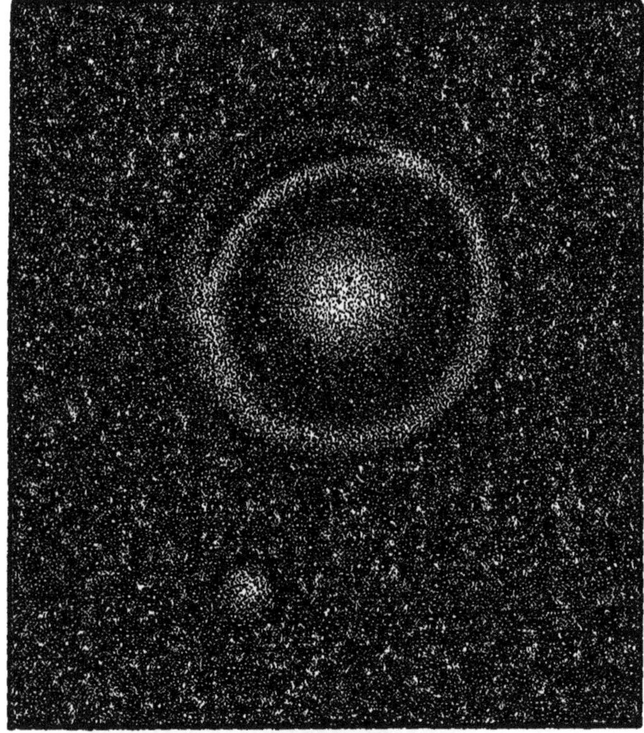

Fig. 141.

petit nombre, que l'on aperçoit, en dehors des nébuleuses, dans les régions
du ciel autres que la voie lactée, ne seraient isolées qu'en apparence,
et appartiendraient aussi au groupe dont nous faisons partie, de sorte
que l'univers visible pour nous serait constitué par quelques milliers
d'amas stellaires. L'un d'entre eux, représenté sur la figure 141, offre
précisément une forme analogue à celle que nous venons d'attribuer à
la voie lactée.

180. Nébuleuses non résolubles. — Beaucoup de nébuleuses
actuellement non résolubles doivent être aussi des amas d'étoiles que le

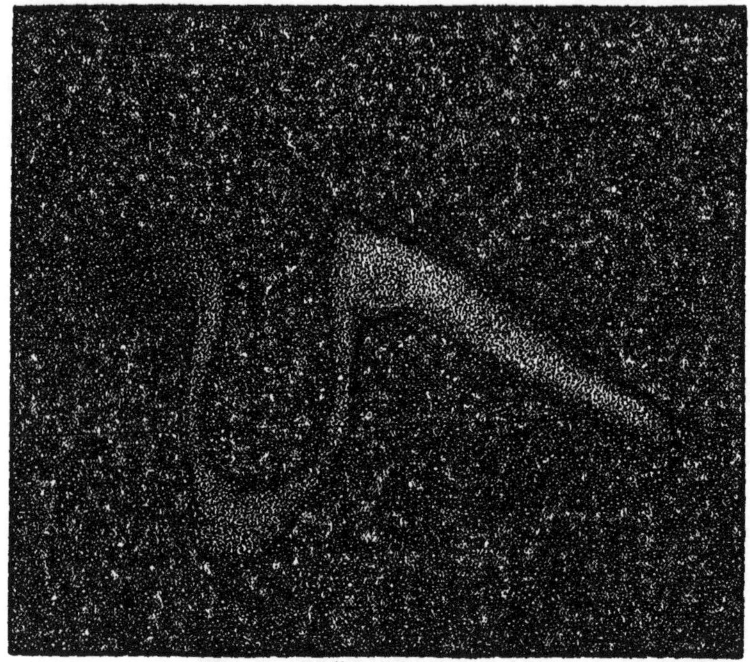

Fig. 142.

défaut d'instruments assez puissants nous empêche seul de résoudre.
Mais d'autres sont constituées par une matière cosmique diffuse telle que
celle dont les comètes nous ont ré-
vélé l'existence ; c'est ce dont on ne
peut plus douter depuis que l'analyse spectrale a mis en évidence la
nature particulière de leur lumière.

Les nébuleuses non résolubles affectent les formes les plus diverses
(*fig.* 138, 142, 143). Il y en a qui
sont rondes ou elliptiques (*fig.* 144
à 155), ce sont celles qui relativement ont les plus faibles dimensions. Un grand nombre de ces
dernières présentent, vers le centre, l'apparence d'une condensation plus ou moins prononcée

Fig. 143.

(*fig.* 145 et 151), tandis que (quelques-unes, que l'on appelle *nébu-*

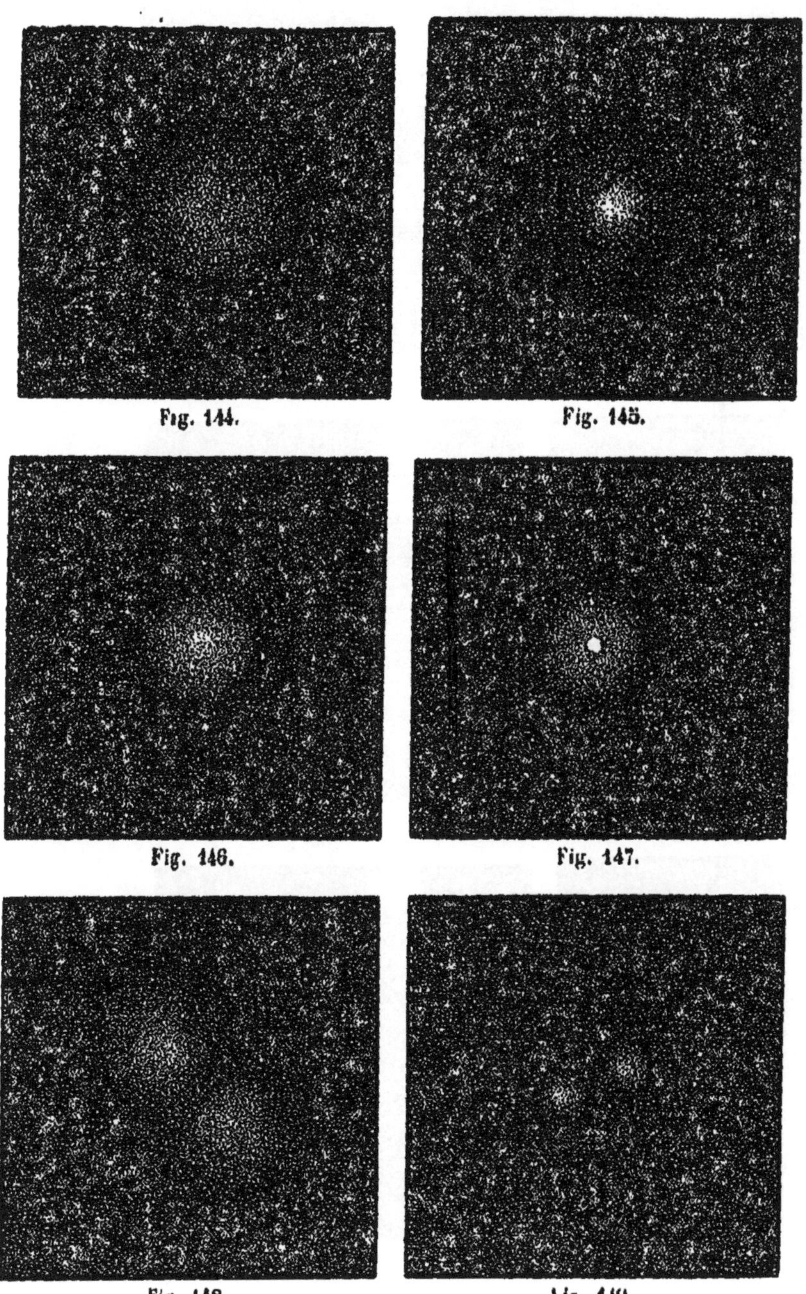

Fig. 144.

Fig. 145.

Fig. 146.

Fig. 147.

Fig. 148.

Fig. 149.

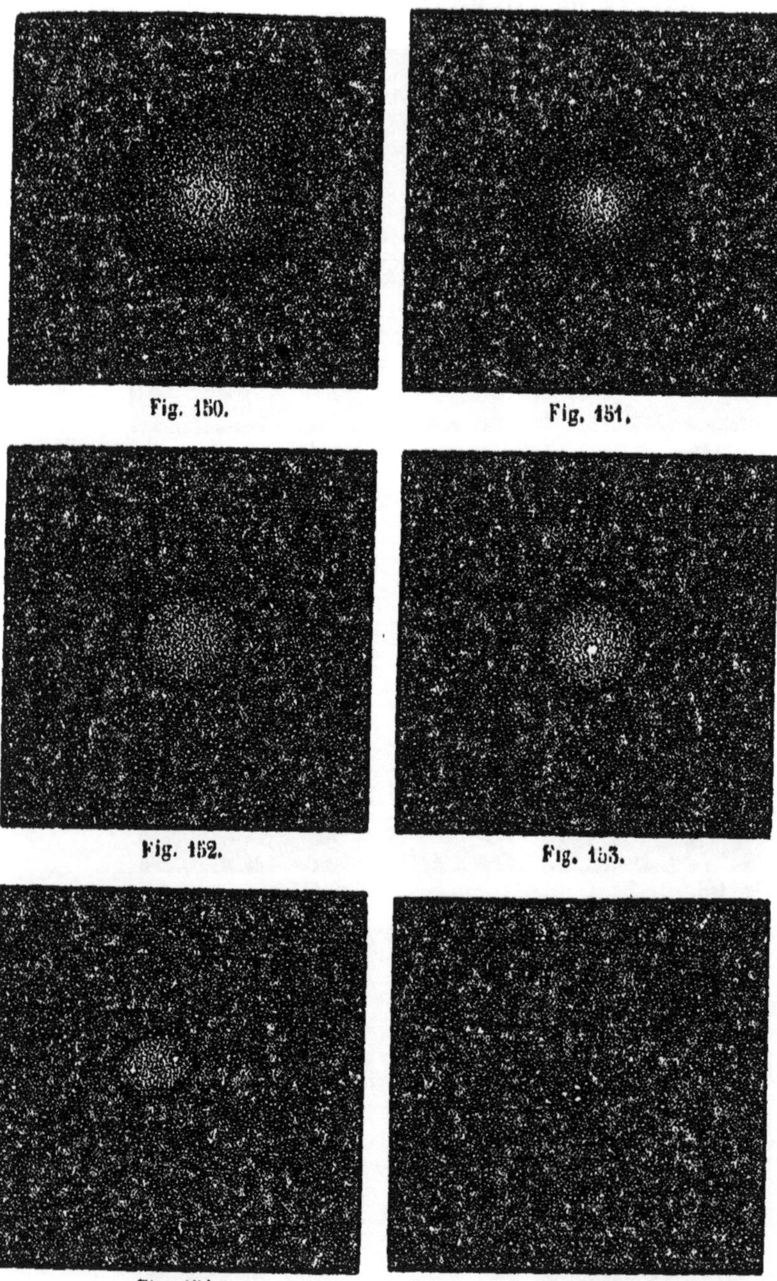

Fig. 150.

Fig. 151.

Fig. 152.

Fig. 153.

Fig. 154.

Fig. 155.

leuses planétaires, ont un disque d'un éclat uniforme (*fig.* 152) ; souvent, au centre de ce disque, on aperçoit une, deux, et même trois étoiles (*fig.* 153 à 155) ; la nébuleuse prend alors le nom d'*étoile nébuleuse*.

Les figures ci-dessus représentent des nébuleuses qui existent réellement dans le ciel, et avec lesquelles beaucoup d'autres ont une grande ressemblance ; or, si l'on regarde les figures 144 à 147, on aura sous les yeux les divers aspects qu'offrirait successivement un amas de matière cosmique se concentrant peu à peu pour passer définitivement à l'état d'étoile ; la même transformation semble indiquée par les figures 148 à 151, si ce n'est qu'elle tendrait à produire une étoile double ; aussi a-t-on émis l'idée que la transformation a lieu réellement, et qu'elle se trouve parvenue à divers degrés d'avancement dans les nébuleuses dont nous venons de parler. Les étoiles nébuleuses nous offriraient alors des exemples de la persistance d'une portion de la matière diffuse, dont la plus grande partie a donné lieu, par sa condensation, à l'étoile centrale. Quant aux nébuleuses planétaires, on peut admettre que ce sont des étoiles nébuleuses assez éloignées de nous pour que l'éclat de l'étoile centrale ne prédomine plus sur celui de la nébulosité qui l'entoure.

Notre Soleil est peut-être une étoile nébuleuse : lorsque les circonstances sont favorables, on aperçoit, après le crépuscule pendant les mois de mars ou d'avril, ou avant l'aurore vers le mois de novembre, une lueur de forme triangulaire, à laquelle on a donné le nom de *lumière zodiacale* ; les circonstances de ce phénomène sont les mêmes que celles qui résulteraient de l'existence d'une nébulosité de forme lenticulaire environnant le Soleil.

NOTES

—

Almicantarats. — Les petits cercles parallèles à l'horizon comme
$z M z'$ (*fig.* 156) s'appellent des almicantarats. Les divers points d'un
almicantarat ont même hauteur et même distance zénithale.

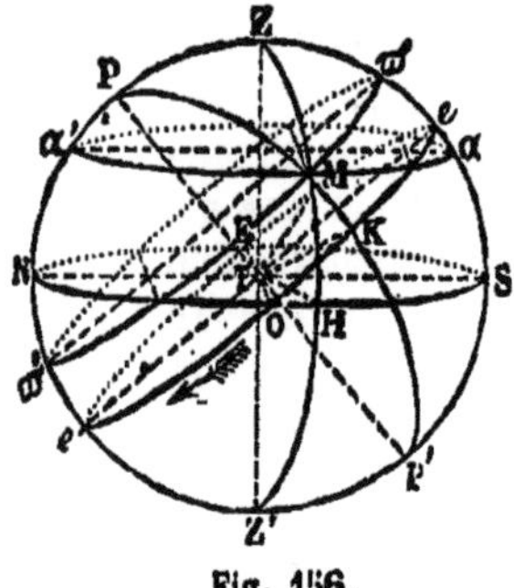

Fig. 156.

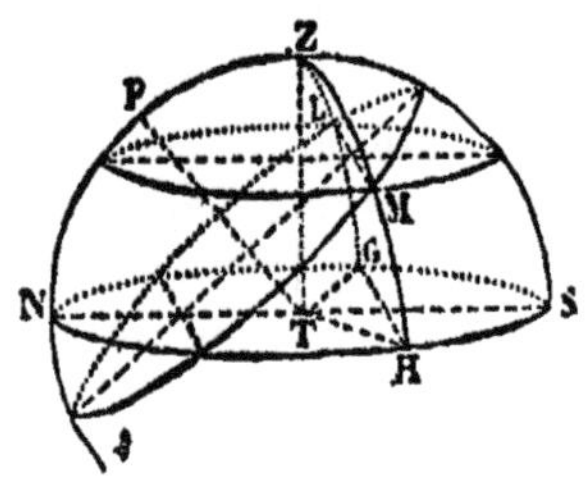

Fig. 157.

Dans la détermination du méridien par la méthode des hauteurs
correspondantes, on observe une étoile dans une première position L
(*fig.* 157). Le parallèle et l'almicantarat du point L se coupent nécessairement en un second point M ; l'étoile, qui décrit le premier de ces
deux cercles, viendra passer par ce point M, au bout d'un temps plus ou
moins long, et y aura la même distance zénithale qu'en L. Ainsi, quand
en donnant, autour de l'axe vertical du théodolite, un mouvement de
rotation commun à la lunette, au limbe et à l'axe horizontal, on voit de
nouveau l'étoile, celle-ci se trouve en M. Puisque le plan méridien est
perpendiculaire au parallèle et à l'almicantarat des deux points L et M,
et qu'il passe par leurs centres, ces deux points occupent des positions
symétriques de part et d'autre de ce plan ; donc les deux verticaux
ZLG, ZMH font des angles égaux avec le méridien, et la méridienne n'est
autre que la bissectrice, NS, de l'angle de leurs traces, TG, TH, sur le
plan de l'horizon.

Cercles horaires. — On nomme cercles horaires tous les grands cercles tels que PMP' (*fig.* 156) qui contiennent l'axe du monde.

Azimuts et angles horaires. — On appelle *azimut* d'un vertical, ZMZ' (*fig.* 156), l'angle dièdre SZTH de son plan avec le plan méridien ; l'angle rectiligne correspondant est celui des deux traces TS et TH sur le plan de l'horizon, et il a pour mesure l'arc intercepté SH.

On appelle *angle horaire* d'un cercle horaire, PMP' (*fig.* 156), l'angle dièdre, *e*PTK, de son plan avec le plan méridien ; l'angle rectiligne correspondant est celui des deux traces T*e* et TK sur le plan de l'équateur, lequel est mesuré par l'arc *e*K.

Les azimuts et les angles horaires se comptent dans le sens rétrograde, et de 0° à 360°, à partir du méridien, qui est à la fois un vertical et un cercle horaire. En réalité, chaque valeur de l'un de ces angles se rapporte, non à un grand cercle tout entier, mais à la moitié seulement de ce grand cercle. Les expressions azimut, ou angle horaire d'un point M (*fig.* 156) sont souvent employées pour indiquer l'azimut, SH, du vertical, ZMZ', de ce point, ou l'angle horaire, *e*K, de son cercle horaire, PMP'.

Systèmes de coordonnées sphériques. — Les points et les lignes qui ont été définis jusqu'à présent, sur la surface de la sphère, sont fixes dans l'hypothèse du mouvement diurne apparent, et on peut leur rapporter les positions successives qu'une étoile semble occuper. Chacune de ces positions se trouve déterminée quand on connaît, ou bien son vertical ainsi que son almicantarat, ou bien son cercle horaire et en même temps son parallèle ; de là deux systèmes de coordonnées : celui dans lequel on fait usage des azimuts et des distances zénithales ; celui dans lequel on a recours aux angles horaires et aux distances polaires.

D'après les lois du mouvement diurne, la distance polaire d'une étoile est constante, et son angle horaire varie proportionnellement au temps.

L'angle horaire du point vernal s'obtiendrait à chaque instant en multipliant l'heure sidérale par 15. Réciproquement, l'heure sidérale, à un moment quelconque, est le quotient de la division par 15 de l'angle horaire du point vernal.

La mesure des distances zénithales s'effectue facilement à l'aide du théodolite, et il en est de même de celle des azimuts quand on a déterminé le méridien.

L'équatorial serait éminemment propre à la mesure directe des angles horaires, et à celle des distances polaires, si son axe pouvait être placé exactement, et maintenu d'une manière invariable, dans la direction de la ligne des pôles ; en réalité, c'est ce qui n'a pas lieu. On fait souvent usage de cet instrument dans les observatoires, mais pour d'autres déterminations (22).

Seconde vérification des lois du mouvement diurne. — Si l'on suit une étoile dans son mouvement apparent, en mesurant, pour diverses positions, sa distance zénithale ainsi que l'angle de son vertical avec un plan vertical fixe, et en notant chaque fois l'heure de l'observation, puis, si l'on marque sur un globe représentant la sphère céleste, les positions ainsi déterminées, on reconnaîtra qu'elles sont toutes sur une même circonférence, et que les temps employés pour passer de l'une à l'autre sont proportionnels aux arcs décrits. En répétant l'expérience pour d'autres étoiles, on trouvera que les circonférences qui leur correspondent ont les mêmes pôles que la première, et qu'elles sont parcourues dans le même temps. On vérifiera donc ainsi les lois du mouvement diurne apparent, et, de plus, on aura déterminé les pôles célestes, par conséquent l'axe du monde et le plan méridien. Le calcul, substitué aux constructions géométriques, conduira aux mêmes résultats, mais avec plus de précision.

(LIVRE II, chapitre 1er.)

Circonstances dans lesquelles on a à effectuer des déterminations géographiques. — Les voyages au long cours ou dans des contrées peu connues, ceux que les astronomes entreprennent pour l'observation de certains phénomènes célestes, enfin, les opérations qui ont pour but l'étude de la forme exacte de la Terre, ou la construction des cartes géographiques, sont autant de circonstances dans lesquelles on a à déterminer, en dehors des observatoires permanents, et pour un plus ou moins grand nombre de stations, la direction du méridien, l'heure, la latitude et la longitude. Les observations astronomiques nécessaires à ces déterminations se font, suivant les cas, dans le méridien ou en dehors du méridien, et doivent porter sur les astres dont l'ascension droite et la distance polaire sont inscrites dans les *éphémérides*.

EMPLOI DES INSTRUMENTS MÉRIDIENS PORTATIFS. — Lorsqu'on a à sa disposition une *lunette méridienne portative*, on arrive à faire décrire le plan méridien à son axe optique, et, par conséquent, à déterminer ce plan, en effectuant sur l'instrument les rectifications qui ont été indiquées pour la lunette méridienne des observatoires (19). Si l'on observe ensuite le passage d'une étoile dont l'ascension droite se trouve dans la *Connaissance des temps*, cette ascension droite donnera précisément l'heure sidérale de l'observation (18), et la quantité dont elle différera de l'indication du chronomètre fera connaître l'avance ou le retard de celui-ci. Souvent, par l'addition d'un cercle gradué perpendiculaire à l'axe de rotation de la lunette, l'instrument est rendu apte à la mesure des distances zénithales ; il prend alors le nom de *cercle méridien portatif*. La distance zénithale d'une étoile ayant été mesurée à son passage au méridien, à l'aide de l'instrument ainsi modifié, si l'on ajoute cet angle à la distance polaire de la même étoile, que l'on trouve dans la *Connaissance des temps*, ou si on l'en retranche, on obtient la distance zénithale du pôle, dont le complément donne la hauteur du pôle, c'est-à-dire la latitude du lieu (29).

Emploi du théodolite. — A l'aide du théodolite, on obtient la position du méridien par la méthode des hauteurs correspondantes (12). Un procédé analogue à celui-là, et portant le même nom, peut servir à déterminer l'heure. Pour l'appliquer, il suffit de noter les indications du chronomètre, au moment où l'étoile est observée une première fois, et au moment où elle revient à la même hauteur au-dessus de l'horizon ; le passage de l'étoile au méridien divise l'intervalle de temps écoulé en deux parties égales ; la moyenne des deux indications donnera donc celle qui correspondrait à l'instant de ce passage ; cette dernière indication est précisément celle qu'aurait fourni directement la lunette méridienne portative.

Bien que le théodolite ne se prête pas à l'observation directe des passages au méridien, on peut l'employer à la mesure des distances zénithales dans ce plan, parce que la distance zénithale d'un astre varie très-lentement lorsque l'astre est voisin de sa culmination ; on obtiendra donc la latitude du lieu, avec le théodolite, par le même procédé qu'avec le cercle méridien portatif.

Lorsque la latitude est connue, on peut déterminer l'heure par une s ule mesure de distance zénithale. Soient en effet (*fig.* 158), P le pôle céleste, Z le zénith, et M l'astre observé ; dans le triangle sphérique PZM, le côté PZ est la distance zénithale du pôle ou le complément de la latitude, le côté ZM est la distance zénithale mesurée, et le côté PM la distance polaire de l'étoile, que l'on trouve dans la *Connaissance des temps;* au moyen de ces trois côtés, on calculera l'angle horaire, ZPM, ou l'arc d'équateur, EN, qui le mesure ; en ajoutant à ce dernier l'ascension droite γN, on

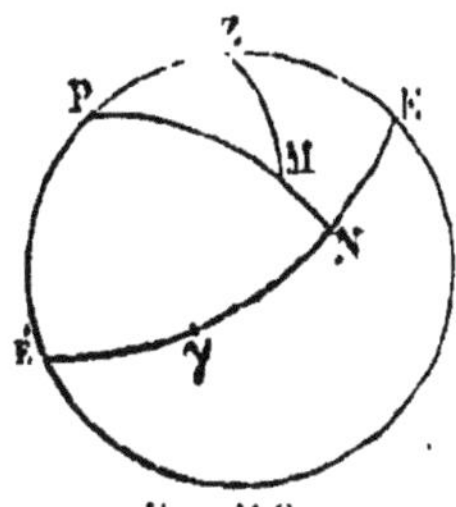

Fig. 158.

obtiendra l'angle horaire, γE, du point vernal, dont le quotient de la division par 15 donnera l'heure sidérale pour l'instant de l'observation (74).

Dans le même triangle, on peut aussi calculer l'angle PZM, qui a pour supplément l'azimut, EZM, de l'astre; si donc on a mesuré l'angle que faisait son vertical avec celui d'un objet terrestre, il suffira d'une addition ou d'une soustraction pour trouver l'angle du méridien avec le plan vertical qui contient cet objet.

EMPLOI DU SEXTANT; OBSERVATIONS EN MER. — Le *sextant* est beaucoup plus facile à transporter que le théodolite, et souvent les voyageurs n'ont pas d'autre instrument à leur disposition ; il peut d'ailleurs servir aux déterminations dont nous venons de parler, car il est disposé pour la mesure des hauteurs et pour celle des distances angulaires. A bord on en fait exclusivement usage, le principe sur lequel il repose permettant de l'employer malgré les mouvements du navire; la ligne circulaire qui limite la vue (27) et qu'on appelle l'*horizon de la mer*, sert alors de repère dans la mesure des hauteurs, et l'astre observé est ordinairement le Soleil. La boussole donne à chaque instant au marin le moyen de s'orienter, pourvu que de temps à autre il détermine, par une mesure de l'azimut du Soleil, la déclinaison de l'aiguille; la hauteur de cet astre à son passage au mériden lui fait connaître la latitude du lieu ; l'heure est obtenue par une autre mesure de hauteur effectuée en dehors du méridien; enfin, l'heure du premier méridien, qu'il faut connaître pour avoir la longitude, est donnée par des chronomètres réglés avant le départ sur le temps de ce premier méridien (2° méthode). Les indications de ces mêmes chronomètres sont d'ailleurs contrôlées de temps en temps par la mesure d'une distance lunaire (3° méthode).

(LIVRE II, chapitre II.)

Appareils destinés à la mesure des bases. — Depuis les opérations effectuées sur la méridienne de Dunkerque, on a employé divers appareils pour la mesure des bases. Le plus récent se compose d'une règle en platine sur laquelle sont gravés deux traits distants l'un de l'autre de quatre mètres, et de deux microscopes munis chacun d'un réticule formé d'un fil que l'on peut faire mouvoir latéralement à l'aide d'une vis à tête graduée. La règle de platine est superposée à une règle en cuivre, de manière à permettre l'évaluation des températures, comme dans l'appareil précédent. Après avoir placé les deux microscopes sur la base à mesurer, à quatre mètres environ l'un de l'autre, et rendu leurs axes optiques verticaux, on dispose la double règle horizontalement de manière que les deux traits de la règle de platine se trouvent chacun dans le champ de l'un des microscopes; puis, de chaque côté, on fait mouvoir le fil du réticule jusqu'à ce qu'il coïncide avec l'image du trait. On évalue ainsi à chaque extrémité, en centièmes de millimètre, la quantité dont l'intervalle des deux axes optiques déborde celui des deux traits, ou en est débordé, et, par conséquent, le premier de ces deux intervalles se trouve déterminé très-exactement. On laisse en place un des deux microscopes, et l'on transporte l'autre sur la base, environ à quatre métres plus loin, puis on mesure, de la même manière, le nouvel intervalle, et on continue ainsi jusqu'à l'extrémité de la base.

Irrégularités de la figure géométrique de la Terre. — La surface idéale qui sert à définir la figure géométrique de notre globe (40) ne saurait reproduire, tels que nous les voyons, les accidents de la partie solide; néanmoins, puisque la présence d'un massif continental, le voisinage d'une chaîne de montagnes, et même celui d'une portion relativement plus dense de l'écorce terrestre, produisent des déviations, bien légères il est vrai, dans la direction du fil à plomb, on est amené à penser que la surface dont il s'agit, pour rester en tous ses points perpendiculaire à cette direction, doit présenter des ondulations nombreuses, très-peu prononcées dans le sens vertical, mais susceptibles de couvrir horizontalement un grand espace : les plus étendues modifieront la forme générale de la Terre, qui s'écartera un peu de celle d'un ellipsoïde de révolution; les plus restreintes, généralement superposées aux premières, constitueront des anomalies locales ; c'est en effet ce que l'expérience indique. La forme et les dimensions de l'ellipsoïde de révolution qui donne, dans chaque contrée, la figure de la Terre, varient légèrement d'une contrée à l'autre. Quant aux anomalies locales, nous verrons comment on les constate.

Malgré les irrégularités dont on a reconnu l'existence, il paraît y avoir symétrie dans la figure du globe par rapport à l'équateur ; jusqu'à présent on a trouvé la même courbure sur les méridiens, à des distances égales de part et d'autre de cette ligne, et les deux moitiés du sphéroïde offrent le même aplatissement.

Calcul des coordonnées géographiques des sommets d'une triangulation. — Lorsqu'on a déterminé, par des observations astronomiques, la longitude et la latitude d'un sommet, A (*fig.* 150),

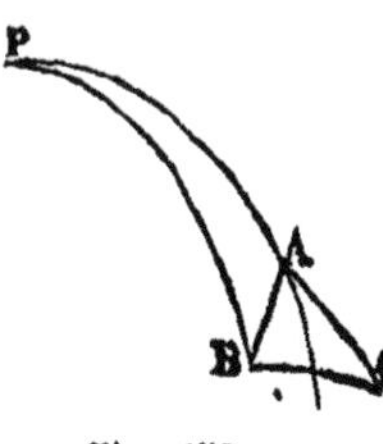

Fig. 150.

d'une triangulation, ainsi que l'azimut d'un côté, AB, aboutissant en ce point, par rapport au méridien qui y passe, on peut calculer de proche en proche les mêmes quantités pour tous les autres sommets. En effet, soit P le pôle de la Terre, que nous supposerons d'abord sphérique ; dans le triangle PAB formé par le côté AB et par les méridiens PA, PB, on connaît AB, l'angle PAB et PA, qui est le complément de la latitude du point A; on pourra donc calculer PB, dont le complément donnera la latitude du point B, puis, l'angle P, que l'on ajoutera à la longitude du point A, ou que l'on en retranchera, pour avoir celle du point B, et enfin l'angle PBA; en ajoutant ce dernier à l'angle en B du triangle ABC, on trouvera l'azimut d'un second côté BC par rapport au méridien du point B; de cet azimut, de la longueur BC et des coordonnées géographiques du sommet B, on déduira celles du troisième sommet, C, par un second calcul analogue au premier, et ainsi de suite. Les longitudes obtenues de cette manière n'ont à subir aucune correction ; quant aux latitudes, on les modifie pour tenir compte de l'aplatissement.

Les différences entre les coordonnées géographiques ainsi calculées et celles que fournit l'observation directe, révèlent les anomalies locales.

(Livre II, chapitre III)

Cartes marines. — Il est facile aux marins de maintenir constamment le navire dans le même *rumb de vent*, à l'aide de la boussole ; c'est pourquoi, au lieu de suivre l'arc de grand cercle, qui serait le plus court chemin entre le point de départ et le point d'arrivée, ils naviguent sur la *loxodromie*, c'est-à-dire sur une ligne faisant le même angle avec tous les méridiens qu'elle rencontre. Sur une carte marine, il faut donc que le tracé de l'arc de loxodromie qui passe par deux points donnés, se

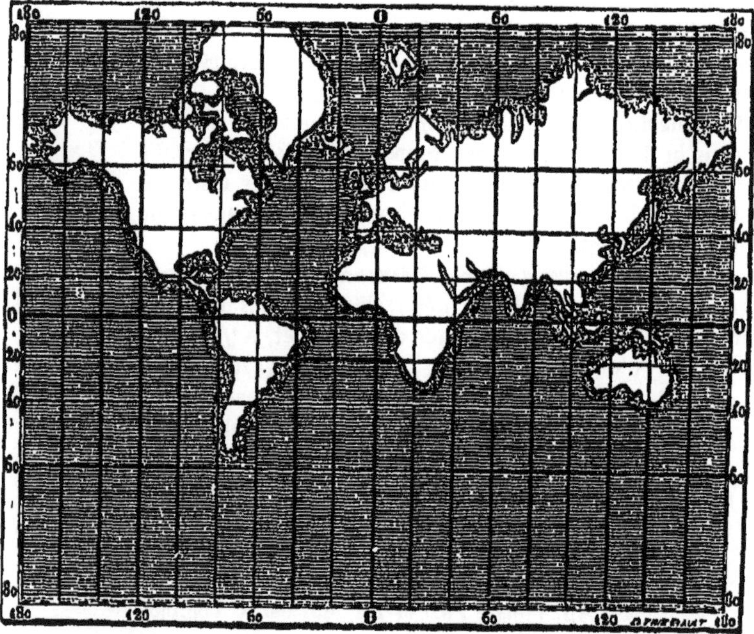

Fig. 160.

fasse le plus simplement possible, et qu'il soit facile de déterminer le rumb de vent correspondant à cet arc. Cette condition se trouve parfaitement remplie dans le système en usage : l'équateur y est représenté en entier par une ligne droite (*fig.* 160), le long de laquelle les longueurs sont conservées, les méridiens, par d'autres droites perpendiculaires à la première, enfin, les parallèles, par des droites parallèles entre elles, et dont les distances à l'équateur sont calculées de manière que les angles ne subissent pas d'altération. Dès lors, toute loxodromie a pour projection une ligne droite, et la direction de cette droite, par rapport à celles qui représentent les méridiens, fait connaître le rumb de vent de la loxodromie[1].

(Livre III, chapitre 1er.)

Note relative au paragraphe 62. — Si l'on fait entrer, dans le calcul, les arcs Om et Om' (*fig.* 161) tels que les fournit l'observation,

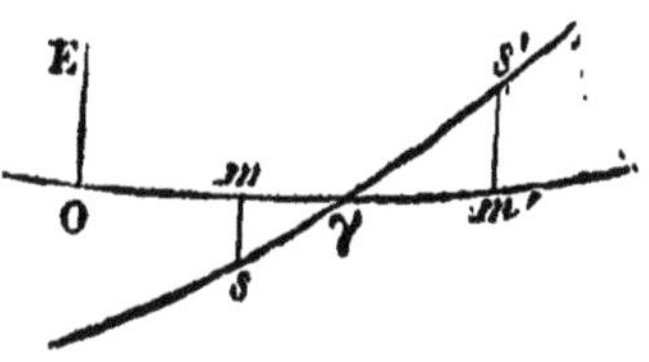

Fig. 161.

c'est-à-dire évalués en temps (18), on trouvera Oγ exprimé aussi en temps; de sorte que la somme du résultat obtenu et de l'heure marquée par la pendule quand l'étoile E atteint sa culmination, donnera l'heure que marque la même pendule quand le point vernal passe au méridien; on aura ainsi l'avance de la pendule, ou la quantité qu'il faut retrancher des ascensions droites provisoires quand on veut adopter la nouvelle origine.

Passage des coordonnées équatoriales aux coordonnées écliptiques et réciproquement. — Dans le triangle sphérique PQM (*fig.* 162), qui a pour sommets le pôle, P, de l'équateur, le pôle,

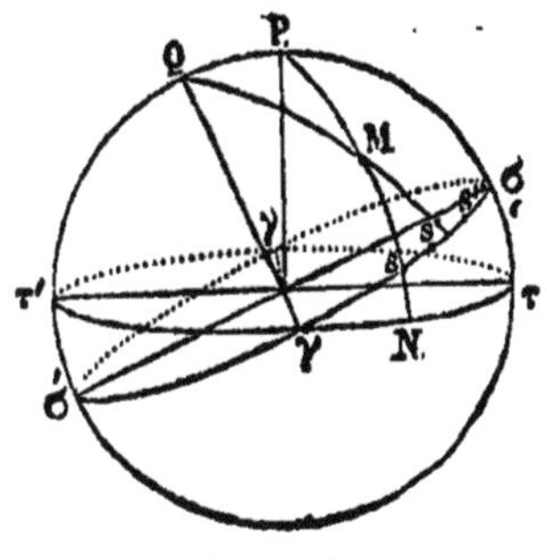

Fig. 162.

Q, de l'écliptique et l'astre, M, le côté PQ est égal à l'obliquité de l'écliptique, le côté PM au complément de la déclinaison de l'astre, le côté QM au complément de sa latitude, l'angle QPM à son ascension droite augmentée de 90°, et l'angle PQM au complément de sa longitude. Par la résolution de ce triangle, on pourra donc calculer les coordonnées écliptiques, connaissant les coordonnées équatoriales, ou réciproquement. Pour le Soleil dont la latitude est nulle, on emploiera de préférence le triangle rectangle γNS, dans lequel l'hypoténuse, γR, est la longitude de l'astre, tandis que les deux côtés de l'angle

[1] Gérard Kaufmann, plus connu sous son nom latin de Mercator, est l'inventeur de ce mode de projection, dont il s'est servi pour la construction d'une mappemonde publiée en 1569.

droit, γN et NS, représentent respectivement son ascension droite, et sa déclinaison. Nous supposerons, dans ce qui va suivre, que l'on ait calculé les longitudes γS, $\gamma S'$, $\gamma S''$, etc., qui correspondent aux positions S, S', S'', etc., du Soleil, observées dans l'intervalle d'une année, lors des passages du centre de l'astre au méridien.

Détermination des trois éléments de l'orbite solaire qui dépendent du mouvement elliptique.

Longitude du périgée. — Le grand axe, PA (*fig.* 165), de l'ellipse est la seule ligne droite qui, menée par le foyer T, divise l'aire totale en deux parties équivalentes; par conséquent, d'après la loi des aires, c'est aussi la seule aux deux extrémités de laquelle le Soleil passe à une demi-année d'intervalle; si donc, dans le tableau qui donne les longitudes du Soleil, pour tous les jours, à l'instant de son passage au méridien, on cherche deux de ces longitudes qui, différant

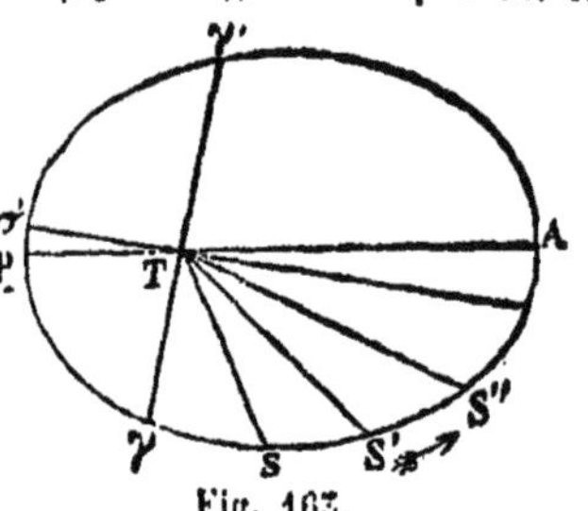

Fig. 165.

l'une de l'autre de 180°, correspondent à deux dates séparées par un intervalle de temps d'une demi-année, elles se rapporteront l'une au périgée et l'autre à l'apogée. Comme l'époque où le Soleil occupe l'un de ces deux points ne coïncide pas généralement avec un passage de l'astre au méridien, on aura à faire, pour déterminer la longitude de chacun d'eux, une interpolation entre deux longitudes du tableau. Enfin, remarquons que les deux portions de ce tableau, sur lesquelles les recherches devront porter, sont très-restreintes : les époques voisines du passage du Soleil au périgée sont caractérisées par cette circonstance qu'en vertu de la loi des aires le déplacement diurne de l'astre en longitude y atteint sa plus grande valeur, et le contraire a lieu lors du passage à l'apogée; or l'accroissement de la longitude est facile à calculer pour chaque jour; il suffit pour cela de prendre l'excès de chacune des longitudes du tableau sur celle qui la précède. La même remarque permet de reconnaître quelle est celle des deux longitudes obtenues qui convient au périgée. On trouve ainsi que cette dernière est de 280° environ, de sorte que le grand axe de l'ellipse fait, avec la ligne des solstices, $\sigma\sigma'$, un angle de 10° seulement.

Époque du passage au périgée. — L'époque précise du passage au périgée est celle qui correspond à la longitude que l'on vient de déterminer. La recherche précédente fait donc connaître le 7° élément en même temps que le 3°. C'est une dizaine de jours après son passage au solstice d'hiver que le Soleil se trouve à sa plus courte distance de la Terre.

Excentricité. — Soit e l'excentricité de l'orbite solaire; le demi-grand axe étant pris pour unité, les distances TP et TA (*fig.* 165) du Soleil

à la Terre, lors de ses passages au périgée et à l'apogée, seront respectivement $1-e$ et $1+e$. Appelons λ le plus grand mouvement diurne en
longitude, lequel a lieu lors de la première époque, et λ' le plus petit,
lequel a lieu lors de la seconde; les secteurs elliptiques décrits en un
jour, lors de ces deux époques, se confondent sensiblement avec les deux
secteurs circulaires dont les surfaces ont pour expression $\frac{1}{2}(1-e)^2\lambda$
et $\frac{1}{2}(1+e)^2\lambda'$; comme, en vertu de la loi des aires, ces deux surfaces doivent être égales, on aura

$$\frac{1+e}{1-e} = \frac{\sqrt{\lambda}}{\sqrt{\lambda'}},$$

et, par conséquent,

$$e = \frac{\sqrt{\lambda} - \sqrt{\lambda'}}{\sqrt{\lambda} + \sqrt{\lambda'}}.$$

Longitude du Soleil en fonction du temps. — En admet-
tant les deux lois qui ont été données comme réglant le mouvement du
Soleil, on peut exprimer la longitude de cet astre en fonction de la longitude du périgée, de l'excentricité de l'orbite, de la durée de l'année
tropique, de l'époque du passage au périgée, et enfin du temps, qui sera
la seule variable. Supposons que, dans la formule ainsi obtenue, on remplace les quatre éléments que nous venons de citer par leurs valeurs,
puis, que l'on substitue au temps les nombres qui le mesurent lors des
époques pour lesquelles l'ascension droite et la déclinaison du Soleil ont
été observées; on calculera ainsi autant de valeurs de la longitude, qui
devront être d'accord avec les valeurs déduites de ces ascensions droites
et de ces déclinaisons; c'est en effet ce qui a lieu.

La formule dont nous venons d'indiquer l'emploi, pour la vérification
des lois du mouvement apparent du Soleil, peut aussi servir à déterminer simultanément l'excentricité, la longitude du périgée et l'époque
du passage de l'astre en ce point; en effet, si, dans cette formule, on
regarde ces trois éléments comme inconnus, qu'on y remplace la durée
de l'année tropique par sa valeur, et qu'on y substitue, au temps et à la
longitude, les valeurs de ces deux quantités, qui correspondent à trois
observations du Soleil, on formera trois équations qu'il suffira de résoudre pour trouver les trois éléments inconnus.

Enfin, les éléments ayant été déterminés avec exactitude, la même formule servira à calculer d'avance les longitudes du Soleil, pour des époques données.

Longitude moyenne. — La longitude moyenne est égale à la longitude du périgée augmentée du produit du *moyen mouvement*, c'est-à-
dire de la vitesse ordinaire du Soleil fictif, par le temps écoulé depuis le
passage au périgée; le moyen mouvement exprimé en degrés s'obtient
d'ailleurs en divisant 360 par la durée de l'année tropique.

Relation entre les rayons vecteurs et les diamètres apparents. — Appelons R le rayon, SA (*fig.* 164), du Soleil, D la distance, TS, de son centre à la Terre, et $\frac{1}{2}\delta$ le demi-diamètre apparent, ATS, ou le demi-angle au sommet du cône formé par les rayons visuels menés

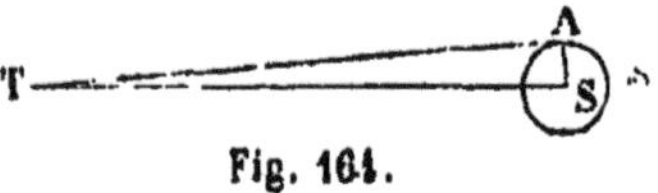

Fig. 164.

tangentiellement à l'astre; dans le triangle TAS, rectangle en A, on a

$$R = D \sin \tfrac{1}{2}\delta.$$

Si la distance à la Terre varie, le diamètre apparent variera aussi; supposons qu'à une autre époque ces deux quantités soient devenues respectivement D′ et δ′; on aura de même

$$R = D' \sin \tfrac{1}{2}\delta',$$

et, par conséquent,

$$D' \sin \tfrac{1}{2}\delta' = D \sin \tfrac{1}{2}\delta;$$

cette dernière égalité donne

$$\frac{D'}{D} = \frac{\sin \tfrac{1}{2}\delta}{\sin \tfrac{1}{2}\delta'},$$

ou, à très-peu près,

$$\frac{D'}{D} = \frac{\delta}{\delta'}.$$

(LIVRE III, chapitre II.)

Définition des trois espèces de temps. — Les définitions que nous avons données dans le paragraphe 75, reviennent à celle-ci :

A un moment quelconque le temps sidéral, le temps moyen et le temps vrai sont respectivement égaux aux quotients de la division par 15 des angles horaires au point vernal, du Soleil moyen et du Soleil vrai.

Principe de la détermination des longitudes. — Soient, à un certain instant, Z et Z′ (*fig.* 165) les zéniths de deux lieux, PZN et PZ′N′ leurs méridiens célestes, et P le cercle de déclinaison du point vernal; l'arc NN′ d'équateur mesure, d'une part, la différence des longitudes des deux lieux, et de l'autre, la différence des angles horaires, ɣN et ɣN′, du point vernal par rapport aux méridiens de ces deux lieux; mais cette dernière est égale au produit de la multiplication par 15 de la différence des deux heures; donc, le même produit représente aussi la différence des deux longitudes.

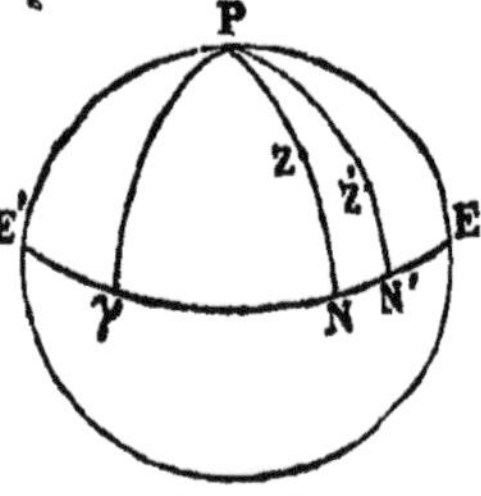

Fig. 165.

Supposons maintenant que Pɣ soit le cercle de déclinaison du Soleil moyen à l'instant considéré. L'heure du premier lieu en temps moyen

sera $\frac{4}{15}\gamma N$, celle du second $\frac{11}{15}\gamma N'$, et leur différence $\frac{4}{15}$ NN'. La différence des longitudes, ou l'arc NN', est donc aussi le produit par 15 de la
différence des heures en temps moyen.

Le même raisonnement est applicable à la différence des heures en
temps vrai.

En résumé, les angles horaires d'un point quelconque, mobile ou non
dans le ciel, par rapport aux méridiens de deux lieux terrestres, ont
entre eux une différence constante qui ne dépend nullement de la position de ce point, car elle est égale à l'angle des deux méridiens. La
différence des heures des deux lieux, à un instant donné, est donc la
même, qu'il s'agisse de temps sidéral, de temps moyen ou de temps
vrai, et, lorsque l'on dit que son produit par 15 donne la différence
des longitudes des deux lieux, il n'est nullement besoin d'indiquer l'es-
pèce de temps.

Cadran vertical déclinant. — Supposons qu'il s'agisse de construire un cadran solaire sur un mur vertical *déclinant*, c'est-à-dire sur

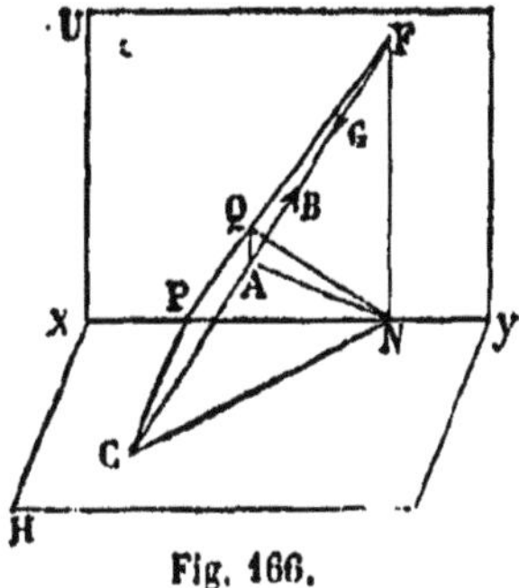

Fig. 166.

un mur dont le plan YU (*fig.* 166) fasse
avec le méridien un angle différent de 90°.
FG étant le style, et F son pied, la verticale FN sera la trace du méridien sur le
plan du cadran, et, par conséquent, la
ligne de midi ; par le point N, pris arbitrairement sur cette ligne, menons un
plan horizontal YH. Soit XY l'intersection
de ce plan avec celui du mur, et soit C le
point où le même plan coupe le prolongement du style; abaissons CP perpendiculaire
sur XY, et tirons FP ; enfin, menons par le
point N un plan parallèle à l'équateur, et joignons entre eux et au point N
es points de rencontre, A et Q, de ce plan avec les deux droites FG et FP.
On peut remarquer : 1° que dans le triangle CNF, rectangle en N, l'angle NCF est égal à la latitude du lieu; 2° que dans le triangle NPC, rectangle en P, l'angle NCP est égal à la *déclinaison* du mur, c'est-à-dire à
l'angle que fait le plan de ce mur avec le vertical perpendiculaire au méridien; 3° que NA est perpendiculaire à FC; 4° que NQ est perpendiculaire à FP et à AQ, car le plan FPC, qui contient les droites CP et CF,
respectivement perpendiculaires aux deux plans YU et NAQ, est lui-
même perpendiculaire à ces deux plans, et, par conséquent, à leur
intersection, NQ. Cela posé, élevons au point N (*fig.* 167), sur FN, la perpendiculaire NC₁, formons au point F, avec FN, l'angle NFC₁ égal au complément de la latitude, et abaissons NA₁ perpendiculaire sur FC₁ : les longueurs NC₁, NA₁ seront respectivement égales aux longueurs NC, NA
(*fig.* 166). Au point N (*fig.* 167), formons, avec le prolongement de C₁N, un

angle PNC₂ égal au complément de la déclinaison du mur, prenons le second côté NC₂ de cet angle égal à NC₁, puis, menons C₂P perpendi-

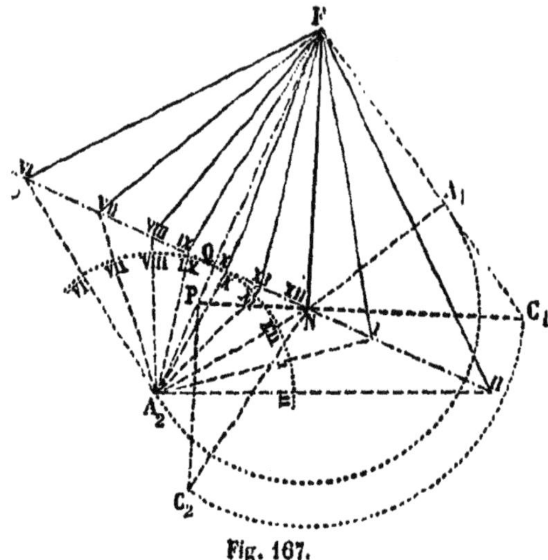

Fig. 167.

culaire au premier côté; joignons le point F au pied, P, de la perpendi-culaire, et abaissons du point N, sur FP, une perpendiculaire NQ; nous aurons ainsi la trace du plan parallèle à l'équateur sur le plan du mur. Imaginons maintenant que le premier de ces deux plans se rabatte sur le second; le point A (*fig.* 166) viendra se placer en A₂ (*fig.* 167), sur le pro-longement de FQ, et de telle manière que l'on ait NA₂ égal à NA₁; si l'on tire NA₂, puis, qu'à partir de cette droite, considérée comme ligne de midi, on trace d'autres droites faisant entre elles des angles de 15°, enfin qu'on joigne les points où elles rencontrent NQ avec le point F, on obtiendra les lignes d'heures du cadran vertical déclinant.

(Livre III, chapitre iii.)

Résumé des explications concernant les durées du jour et de la nuit. — L'horizon d'un lieu quelconque de l'équateur terrestre contient la ligne des pôles, PP' (*fig.* 168), de la sphère céleste, et divise, par conséquent, en deux parties égales, tous les parallèles de cette sphère; pour ce lieu, il y a donc toute l'année 12 heures de jour et 12 heures de nuit. Il en est de même pour tout autre lieu, lorsque le Soleil se trouve à l'un des deux points équinoxiaux, car le parallèle dé-crit alors par cet astre se confond avec l'équateur, *ee'*, et se trouve divisé en deux parties égales, par l'horizon, NS, du lieu. Soient, à une autre époque, Kλ et Kλ' les projections, sur le méridien du lieu, des deux arcs de parallèle décrits par le Soleil, l'un pendant la nuit, l'autre pendant le

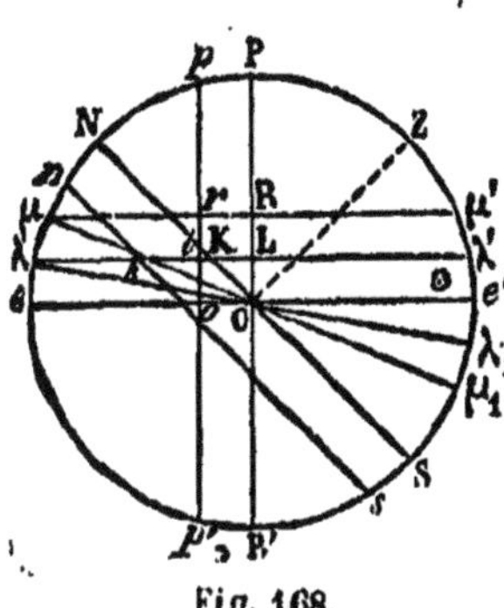

Fig. 168.

jour; ces deux arcs sont inégaux, et leur différence est d'autant plus grande que la hauteur, PN, du pôle est plus considérable, c'est-à-dire que le lieu terrestre est plus éloigné de l'équateur. Pour un même lieu, la différence augmente d'ailleurs avec la déclinaison du Soleil, et atteint son maximum aux solstices. Ainsi, pour tous les points de l'hémisphère boréal, le jour est plus long que la nuit pendant le printemps et l'été, et la nuit est plus longue que le jour pendant les deux autres saisons; de plus, la durée du jour augmente, et par conséquent celle de la nuit diminue, du solstice d'hiver au solstice d'été; puis, le contraire a lieu du solstice d'été au solstice d'hiver. Les phénomènes inverses se produisent pour les divers points de l'hémisphère austral.

A l'époque du solstice d'été, le Soleil décrit le parallèle $\mu\mu'$ (*fig.* 168) dont la déclinaison $e\mu$ est de 23° $\frac{4}{5}$; il reste donc pendant 24 heures au-dessus de l'horizon, $\mu\mu_1$, de l'un quelconque des points du cercle polaire arctique; à l'époque du solstice d'hiver, il reste 24 heures au-dessous. L'horizon du pôle boréal de la Terre n'est autre chose que l'équateur céleste ee'; pour ce pôle, le Soleil se lève donc à l'équinoxe du printemps, et ne se couche qu'à l'équinoxe d'automne. Enfin, dans tout autre lieu de la zone glaciale arctique, celui dont l'horizon est $\lambda\lambda_1$, par exemple, la succession alternative des jours et des nuits est remplacée par un jour continu, depuis l'époque du printemps où la déclinaison du Soleil devient égale au complément, $e\lambda$, de la latitude du lieu, jusqu'à l'époque de l'été où elle repasse par la même valeur; au contraire, il y a nuit continue pour le même lieu, tant que le Soleil se trouve avoir, dans l'hémisphère austral, une déclinaison supérieure à $e\lambda$. Ce serait l'inverse, si le lieu que l'on considère appartenait à la zone glaciale antarctique.

Détermination des heures du lever et du coucher du Soleil. — Il est facile de déterminer pour chaque jour, soit par un procédé graphique, soit par le calcul, l'angle horaire et l'azimut du Soleil, au moment du lever de cet astre, ou au moment de son coucher. En effet, le parallèle sur lequel il se trouve, à l'un de ces deux instants, coupe le plan de l'horizon suivant une corde perpendiculaire au méridien du lieu, et dont la projection sur ce méridien est le point d'intersection, K, (*fig.* 169) des traces, $\lambda\lambda'$ et NS, des deux premiers plans sur le troisième.

Décrivons une circonférence sur $\lambda\lambda'$ comme diamètre, et élevons KM_1 perpendiculaire sur la même droite ; le point M_1, où cette perpendiculaire rencontre la circonférence, sera la position qui viendrait prendre le point de la sphère céleste occupé par le Soleil, si l'on rabattait le parallèle sur le méridien, en faisant tourner le premier autour de $\lambda\lambda'$; par conséquent, en joignant le milieu I de $\lambda\lambda'$ au point M_1, on formera un angle, $\lambda'IM_1$, égal à l'angle horaire que l'on cherche, et il suffira de le diviser par 15 pour avoir, en temps vrai, l'heure du lever ou du coucher du Soleil. De même, si l'on imagine que le plan de l'horizon tourne autour de NS, pour se rabattre sur

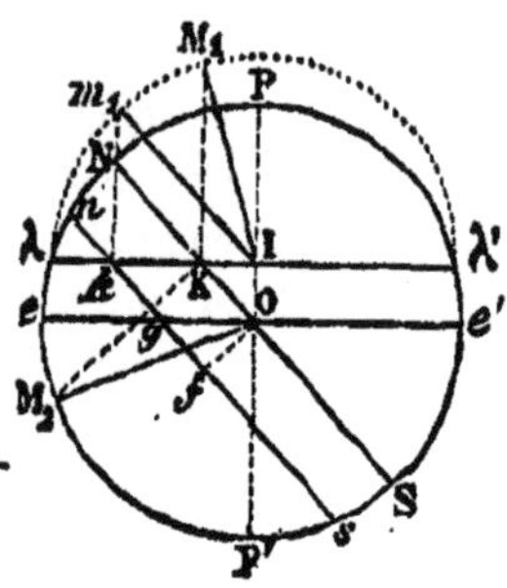

Fig. 169.

le méridien, le point qu'occupait le Soleil, dans le premier de ces deux plans, viendra se placer en M_2, sur la circonférence du méridien et sur la perpendiculaire élevée au point K à la droite NS ; l'angle SOM_2 donnera l'azimut cherché.

Appelons d la déclinaison, $e\lambda$, du Soleil à l'instant que l'on considère, et l la latitude, PON, du lieu (*fig.* 169) ; soient $\mathcal{H}I$, l'angle horaire $\lambda'IM_1$, et A l'azimut SOM_2 : le rayon oe étant pris pour unité, on a

$$OI = \sin d, \qquad I\lambda = \cos d.$$

On a aussi, dans le triangle OIK,

$$IK = OI \tan l = \sin d \tan l, \quad OK = \frac{OI}{\cos l} = \frac{\sin d}{\cos l};$$

puis, dans le triangle IKM_1,

$$\cos KIM_1 = \frac{IK}{IM_1} = \frac{IK}{I\lambda} = \tan d \tan l;$$

enfin, dans le triangle OKM_2,

$$\cos KOM_2 = \frac{OK}{OM_2} = OK = \frac{\sin d}{\cos l}.$$

Mais les angles $\mathcal{H}I$ et KIM_1 sont supplémentaires ; il en est de même des angles A et KOM_2 ; il vient donc

$$\cos \mathcal{H}I = - \tan d \tan l, \quad \cos A = - \frac{\sin d}{\cos l}.$$

En discutant la première de ces deux formules, on peut retrouver toutes les circonstances que présentent la durée du jour et celle de la nuit, aux différentes époques de l'année et dans les divers lieux de la surface de la Terre.

Minimum de la durée du crépuscule. — Soit k (*fig.* 168) le point où la projection, ns, sur le méridien, du petit cercle parallèle à l'horizon, et situé à 18° au-dessous, rencontre celle du parallèle qui contient le Soleil; les portions de ce parallèle décrites par l'astre, pendant les deux crépuscules, se projettent suivant la ligne Kk; à une époque donnée de l'année, plus la latitude du lieu que l'on considère est élevée, plus cette projection a de longueur, et aussi plus l'arc de parallèle se trouve réduit en projection; donc, pour ces deux raisons, plus l'arc lui-même est grand; ainsi, c'est à l'équateur que le crépuscule dure le moins de temps. Les arcs de parallèles décrits par le Soleil, au-dessous de l'horizon, PP', d'un des lieux de l'équateur, aux différentes époques de l'année, ont des projections Oo, Ll, Rr, etc., de même longueur; or, chacun d'eux est d'autant plus réduit en projection que la déclinaison du Soleil est plus grande, et en même temps il appartient à un parallèle d'autant plus petit; donc, la fraction de ce parallèle qu'il représente est d'autant plus grande. Ainsi, à l'équateur, la durée du crépuscule augmente depuis l'équinoxe jusqu'au solstice. Lors de l'équinoxe, elle est égale au temps que le Soleil met à décrire sur l'équateur céleste, en vertu du mouvement diurne, un arc de 18°, c'est-à-dire à 1ʰ 12ᵐ.

Détermination des heures du commencement et de la fin du crépuscule. — Au point k (*fig.* 109), qui se trouve déterminé de la même manière que sur la figure 108, élevons km_1 perpendiculaire sur $\lambda\lambda'$, et joignons le point I au point m_1, où cette perpendiculaire rencontre la circonférence décrite sur $\lambda\lambda'$ comme diamètre. A l'époque où la déclinaison du Soleil est $e\lambda$, l'angle $\lambda'Im_1$ est l'angle horaire du Soleil, pour le moment où cet astre se trouve à 18° au-dessous de l'horizon NS. Soit g le point d'intersection de ee' avec ns; abaissons Of perpendiculaire sur ns; on aura

$$Of = \sin 18° \quad , \quad fOg = \text{PON} = l,$$

et le triangle Ofg donnera

$$Og = \frac{Of}{\cos fOg} = \frac{\sin 18°}{\cos l};$$

Or, Al' représentant l'angle horaire $\lambda'Im_1$, il est facile de voir que, pour obtenir $\cos Al'$, il suffit de remplacer, dans la valeur ci-dessus de $\cos Al$, IK par Ik, c'est-à-dire par IK + Og; il vient donc

$$\cos Al' = -\frac{\sin d \sin l + \sin 18°}{\cos d \cos l}.$$

En divisant AII' par 15, on trouverait, en temps vrai, l'heure du commencement du crépuscule du matin, ou celle de la fin du crépuscule du soir.

(LIVRE III, chapitre IV.)

Noms des jours de la semaine. — Chacun des jours de la semaine porte le nom d'un des sept corps célestes que les anciens considéraient comme des planètes. Quant à l'ordre suivant lequel ces noms se succèdent, il paraît provenir d'une pratique autrefois en usage en Égypte, celle de consacrer chaque heure à l'une des divinités que l'on adorait sous les noms des sept planètes, et de désigner chaque jour par le nom de la divinité qui présidait à sa première heure. On présumait que ces planètes, rangées d'après leurs distances décroissantes à la Terre, se présentaient dans l'ordre suivant :

Saturne, *Jupiter*, *Mars*, le *Soleil*, *Vénus*, *Mercure*, la *Lune* ;
c'est aussi cet ordre que l'on suivait pour la consécration des différentes heures, en recommençant la série chaque fo's qu'elle était épuisée. La première heure d'un jour étant consacrée à Saturne, par exemple, il en était de même de la huitième, de la quinzième et de la vingt-deuxième ; la vingt-troisième l'était à Jupiter, la vingt-quatrième à Mars, et la suivante, c'est-à-dire la première du second jour, au Soleil. On voit de même que la première du troisième jour était consacrée à la Lune, celle du quatrième à Mars, celle du cinquième à Mercure, celle du sixième à Jupiter, et celle du septième à Vénus. Les peuples néo-latins ont changé les noms des deux jours consacrés à Saturne et au Soleil ; mais on retrouve les anciens noms dans les langues d'autres peuples, par exemple en anglais.

Date de l'équinoxe. — Dans les années communes, la date de l'équinoxe surpasse d'environ un quart de jour celle de l'année précédente, mais l'intercalation julienne empêche la différence de se produire plus de trois fois ; de sorte que, si l'on considère deux périodes consécutives de quatre années, on ne trouve plus de l'une à l'autre qu'une différence de trois quarts d'heure à peu près ; cette différence est en sens contraire de la première. En s'accumulant à leur tour, les nouvelles différences amènent une avance de $\frac{3}{4}$ de jours par siècle sur l'heure de l'équinoxe ; mais, par suite de la réforme grégorienne, elles ne peuvent se propager pendant plus de deux siècles, et le printemps commence toujours le 19, le 20 ou le 21 mars.

Voici, pour cinq années consécutives de l'époque actuelle, les dates des commencements des quatre saisons, en temps moyen de Paris.

ANNÉES.	PRINTEMPS.	ÉTÉ.	AUTOMNE.	HIVER.
1865	Le 20 mars, à 2 h. 15 m. du s.	Le 21 juin, à 10 h. 55 m. du m.	Le 23 septembre, à 1 h. 8 m. du m.	Le 21 décembre, à 6 h. 59 m. du s.
1866	Le 20 mars, à 8 h. 4 m. du s.	Le 21 juin, à 4 h. 43 m. du s.	Le 23 septembre, à 6 h. 59 m. du m.	Le 22 décembre, à 0 h. 59 m. du m.
1867	Le 21 mars, à 1 h. 55 m. du m.	Le 21 juin, à 10 h. 28 m. du s.	Le 23 septembre, à 0 h. 51 m. du s.	Le 22 décembre, à 6 h. 55 m. du m.
1868	Le 20 mars, à 7 h. 53 m. du m.	Le 21 juin, à 4 h. 18 m. du m.	Le 22 septembre, à 6 h. 40 m. du s.	Le 21 décembre, à 0 h. 37 m. du s.
1869	Le 20 mars, à 1 h. 41 m. du s.	Le 21 juin, à 10 h. 15 m. du m.	Le 23 septembre, à 0 h. 37 m. du m.	Le 21 décembre, a 6 h. 32 m. du s.

(Livre III, chapitre v.)

Aberration annuelle. — Le phénomène de l'aberration annuelle résulte de ce que la vitesse de la Terre sur son orbite n'est pas négligeable devant la vitesse de transmission de la lumière. Soit T (*fig*. 169) un point de cet orbite, et ET la direction suivant laquelle se propage la lumière venant d'une étoile ; prenons, sur le prolongement de ET, une longueur TA égale à la vitesse de propagation. Pour pouvoir considérer l'observateur comme immobile dans la position T, il faut qu'à partir du moment où il occupe cette position, nous lui imprimions, ainsi qu'à chacun des points du trajet suivi par la lumière, une vitesse, TB, égale et contraire à celle dont la Terre est animée ; la vitesse résultante de la lumière sera représentée en grandeur et en direction par la diagonale, TC, du parallélogramme construit sur les deux droites TA et TB ; le prolongement, TE', de cette diagonale est donc la direction apparente de l'étoile. L'angle ETE', égal à ATC, qu'elle fait avec la direction réelle, s'appelle *l'angle d'aberration*.

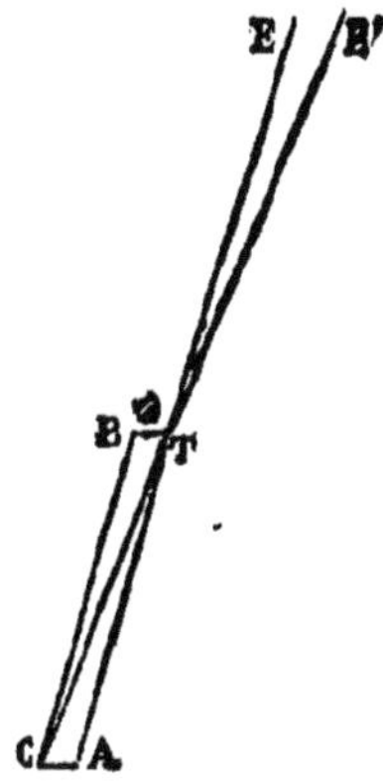

Fig. 170.

Pendant le cours d'une année, la vitesse de la Terre, dont nous pouvons admettre ici que la grandeur est constante, prend successivement toutes les directions dans le plan de l'écliptique ; deux d'entre elles, opposées l'une à l'autre, sont perpendiculaires à TE (*Géométrie descriptive*, 22), et, pour celles-là, l'angle TAC devenant droit, la longueur AC se trouve vue du point T sous le plus grand angle possible ; l'angle d'aberration est donc alors à son *maximum* ; ce *maximum* est le même pour toutes les étoiles, et l'arc qui lui correspondrait, dans un cercle ayant pour rayon l'unité, est à très-peu près égal au rapport $\frac{AC}{AT}$ ou à $\frac{v}{V}$, v étant la vitesse de la Terre, et V celle de la lumière ; si ce rapport était connu, il suffirait de le diviser par la longueur de l'arc d'une seconde pour avoir, en secondes, l'angle *maximum* d'aberration.

En tournant autour du point A (*fig*. 170), pour rester constamment parallèle à la direction du mouvement de la Terre, AC décrit un cercle ; TE' décrit donc en même temps un cône oblique à base circulaire, dont l'intersection avec la sphère céleste est la courbe sur laquelle l'étoile paraît se mouvoir en vertu du phénomène de l'aberration. Dans l'intérieur du cône, dont l'ouverture est très-petite, la surface de la sphère se confond sensiblement avec le plan qui lui est tangent au point où TE la rencontre ; les génératrices du cône, qui sont des rayons de la sphère, se trouvent d'ailleurs à très-peu près perpendiculaires à ce plan. La courbe que l'étoile semble décrire est donc la projection d'un cercle sur un plan, c'est-à-dire une ellipse ayant son centre sur TE (*Géométrie descriptive*, 72). Quelle que soit l'étoile, le demi-grand axe de cette ellipse est égal au *maximum* de l'angle d'aberration.

La découverte de l'aberration de la lumière a été faite par Bradley, de 1725 à 1728.

Rapport de la vitesse de translation de la Terre à la vitesse de la lumière. — En déterminant avec soin les diverses positions apparentes d'une étoile durant le cours d'une ou de plusieurs années, on peut tracer la petite ellipse sur laquelle elle paraît se déplacer annuellement, et soumettre au calcul les *éléments* de cette courbe. En opérant sur un grand nombre d'étoiles, on obtiendra une valeur très-précise du *maximum* de l'angle d'aberration. Cette valeur est 20″,45; de sorte que l'on a

$$\frac{v}{V} = 20'',45 \times \text{arc } 1'' = \frac{1}{10080}.$$

Donc, la vitesse de la Terre sur son orbite est à peu près la dix-millième partie de la vitesse de transmission de la lumière.

Vitesse de translation de la Terre. — On est parvenu à déterminer la vitesse de la lumière par des expériences faites sur des objets terrestres sans le secours d'observations astronomiques, et des mesures récentes ont donné pour cette vitesse 74,500 lieues par seconde. En multipliant ce nombre par le rapport $\frac{1}{10080}$, on trouve la vitesse du mouvement de translation de la Terre, qui est, par seconde, de 7′,380.

150. Distance du Soleil à la Terre. — Le produit de 7,380 par le nombre de secondes que contient l'année sidérale représente la longueur de l'orbite terrestre; et, en divisant cette longueur par le double du rapport de la circonférence au diamètre, on obtient le rayon de l'orbite, ou la distance moyenne du Soleil à la Terre. Cette distance se trouve ainsi déterminée par une méthode qui ne suppose nullement connues les dimensions de notre globe. Le nombre que l'on trouve est le même que celui auquel on a été conduit, en 1804, par une nouvelle discussion des observations du passage de Vénus de 1769.

Parallaxe horizontale. — La parallaxe horizontale, TSA (*fig.* 171), varie pour un même astre, S, avec la distance TS; en représentant cette distance par D, par r le rayon de la Terre, et par π l'angle TSA, exprimé en secondes, on a, dans le triangle rectangle TAS,

$$\sin \pi = \frac{r}{D},$$

ou, comme l'angle π est toujours assez petit,

$$\pi = \frac{r}{D \times \text{arc } 1''}.$$

Ainsi, D étant connu, on peut calculer π, et inversement.

La parallaxe horizontale du Soleil varie de 8″,7 à 9″ ; sa valeur, pour la distance moyenne de l'astre à la Terre, est 8″,80.

Parallaxe de hauteur. — Une parallaxe de hauteur, TS′A (*fig.* 171), se déduit de la parallaxe horizontale qui correspondrait à la distance TS′, et de la distance zénithale, ZAS′, de l'astre. Appelons Z ce dernier angle, p la parallaxe TS′A, et supposons TS′ égal à TS ; le triangle TAS′ donnera

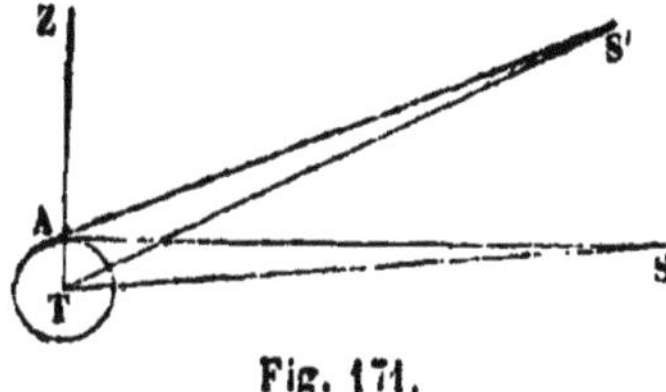

Fig. 171.

$$\sin p = \frac{r}{D} \sin Z = \sin \pi \sin Z,$$

ou, à très-peu près,

$$p = \pi \sin Z.$$

Pour les astres dont la parallaxe horizontale n'est pas insensible, les distances zénithales observées diffèrent de celles qui seraient mesurées du centre de la Terre ; mais, quand on veut obtenir celles-ci, il suffit de retrancher des premières les parallaxes de hauteur correspondantes ; on a en effet (*fig.* 171)

$$ZTS' = ZAS' - TS'A = Z - p.$$

Force qui retient la Terre sur son orbite. — La force qui retient la Terre sur son orbite est constamment dirigée vers le Soleil. En effet, S (*fig.* 172) représentant la position de cet astre, soient T_0T et TT_1 deux éléments consécutifs de l'orbite terrestre, que nous supposons parcourus dans des intervalles de temps égaux entre eux et infiniment petits. Prolongeons le premier élément d'une longueur TT′ égale à lui-même, tirons T′T₁, et joignons le point S aux quatre points T_0, T, T_1 et T′. Pendant le second intervalle de temps, la Terre, si elle avait été abandonnée à elle-même, aurait été de T en T′ ; si, au contraire, elle était arrivée en T sans vitesse acquise, elle aurait éprouvé dans le même temps, et en vertu de la force

Fig. 172.

qui la retient sur son orbite, un déplacement dont la direction aurait coïncidé avec celle de cette force ; la diagonale du parallélogramme qui serait construit sur ce déplacement et sur TT′ doit coïncider avec l'élément TT₁ réellement parcouru ; de sorte que pour avoir la direction de la force, il suffit de mener, par le point T, une parallèle à T'T₁. Or, d'après la loi des aires, les deux triangles ST_0T, STT_1 ont la même surface, et, comme le premier est équivalent au triangle STT', il en est de même du second, ce qui exige que T'T₁ soit parallèle à TS; par conséquent, TS est la direction de la force qui agit sur la Terre lorsque celle-ci se trouve en T. De plus, la courbe décrite tournant sa concavité vers le point S, ce point est situé dans l'intérieur de l'angle T_0TT_1, et, par conséquent, la force est attractive, c'est-à-dire qu'elle tend à rapprocher la Terre du Soleil.

(Livre III, chapitre vi.)

Nutation de l'axe de la Terre. — L'effet que produit l'action de la Lune sur le déplacement de l'axe terrestre ne se borne pas à une modification dans la vitesse du mouvement conique de cet axe, mais cette action amène, dans la position que la précession ferait occuper au point vernal, et dans l'obliquité de l'écliptique, de légers changements dont la période est d'environ 18 ans ⅔. On peut les représenter en supposant que l'astre terrestre décrit un petit cône à base elliptique, autour de la génératrice du cône de précession, pendant que celle-ci effectue son mouvement rétrograde. Ce nouveau mouvement conique constitue la *nutation*. Le grand axe de l'ellipse de base est situé dans le plan des axes des deux cônes; sa moitié est de $10''$; le demi-petit axe de la même ellipse est de $7''$. Le pôle se meut sur cette courbe de manière à se trouver constamment, sur une même perpendiculaire au grand axe, avec un point qui parcourrait en 18⅗, dans le sens rétrograde et d'un mouvement uniforme, la circonférence décrite sur cet axe comme diamètre.

Bradley a été conduit à la découverte de la nutation par les observations qu'il fit sur les étoiles, de 1727 à 1736.

(Livre III, chapitre vii.)

Rayon du Soleil. — Le rayon du soleil étant représenté par R, sa distance à la Terre par D, et son diamètre apparent par δ, on a

$$R = D \sin \tfrac{1}{2} \delta;$$

en appelant π la parallaxe horizontale du même astre, et r le rayon de la Terre, on a aussi

$$r = D \sin \pi;$$

il vient donc

$$\frac{R}{r} = \frac{\sin \tfrac{1}{2} \delta}{\sin \pi},$$

ou, sans erreur sensible,

$$\frac{R}{r} = \frac{1}{\pi}\frac{\delta}{\pi}.$$

Ainsi, le rayon de notre globe étant pris pour unité, celui du Soleil se trouve mesuré par le rapport du demi-diamètre apparent et de la parallaxe horizontale qui correspondent à une même distance de l'astre à la Terre.

Masse du Soleil. — Le mètre étant pris pour unité de longueur, et la seconde pour unité de temps, continuons à représenter par r le rayon de la Terre, par v la vitesse avec laquelle elle décrit son orbite, considérée comme circulaire, et par D sa distance au Soleil; de plus, appelons g la vitesse acquise, après une seconde, par un corps qui tombe à sa surface. Ce nombre mesure, comme on sait, l'intensité de la pesanteur à la surface du globe, c'est-à-dire l'attraction de toute la masse terrestre sur l'unité de masse d'un corps placé à une distance du centre égale à r; à la distance D, l'attraction ne serait plus que $g\dfrac{r^2}{D^2}$. D'un autre côté, la force qui, à cette distance, agit sur chaque unité de masse de la Terre, pour la retenir sur le cercle qu'elle décrit, a pour expression $\dfrac{v^2}{D}$, d'après les lois de la mécanique. Le rapport des deux masses est donc celui de $\dfrac{v^2}{D}$ à $g\dfrac{r^2}{D^2}$, ou $\dfrac{v^2 D}{gr^2}$.

Constitution physique du Soleil. — La lumière émise sous un très-petit angle par un corps solide ou liquide incandescent, offre certains caractères faciles à constater, et qui font dire qu'elle est *polarisée ;* ces mêmes caractères font défaut quand le corps éclairant est, non plus un solide ou un liquide, mais un gaz. Or, ainsi que l'a constaté Arago, l'expérience n'accuse aucune trace de polarisation dans la lumière qui provient des bords du Soleil; la *photosphère*, c'est-à-dire la surface lumineuse de cet astre, est donc à l'état de gaz incandescent.

A mesure que la rotation du Soleil amène une tache près du bord occidental du disque, cette tache, par un effet de perspective, semble se rétrécir peu à peu ; mais on remarque que la portion de la pénombre qui est vue le moins obliquement, c'est-à-dire celle qui est la plus rapprochée du centre de l'astre, diminue néanmoins de largeur plus rapidement que la portion opposée, et celle-ci se trouve encore visible lorsque déjà la première a disparu. La tache n'est donc pas une modification de la surface lumineuse du Soleil; elle ne peut non plus être due à des protubérances ou à des nuages placés au-dessus de la photosphère ; mais elle existe à une certaine profondeur au-dessous de cette surface. Cette conclusion a été confirmée récemment d'une manière remarquable, par les recherches de M. Faye sur les inégalités du mouvement des taches.

Hypothèse de Wilson modifiée par Herschel. — Pour expliquer la forma·
tion des taches et la circonstance que nous venons de signaler, on a supposé que la photosphère gazeuse du Soleil entoure, à une grande distance,
un noyau relativement obscur, et on a eu recours à l'hypothèse d'une
couche nuageuse, peu ou point lumineuse par elle-même, située, à une
certaine hauteur, dans l'atmosphère qui occuperait l'intervalle compris
entre la photosphère et le noyau. Des éruptions de matières gazeuses
parties du noyau viendraient pratiquer, dans cette couche et dans la
photosphère, des ouvertures qui se correspondraient, et qui seraient plus
grandes dans celle-ci que dans celle-là, à cause de la dilatation éprouvée
par la masse gazeuse dans sa marche ascensionnelle. A travers chaque
ouverture, on apercevrait alors une portion du noyau central, constituant
le noyau d'une tache, et, autour, une portion de la couche nuageuse, qui
produirait la pénombre. Cette hypothèse rend compte des apparences des
taches, de la variété de leurs formes et de leur mobilité, mais, si on
voulait l'admettre, il resterait à expliquer l'existence de la couche nuageuse elle-même, et la production des émissions de matières gazeuses limitée à certaines régions du noyau central.

Raies du spectre solaire. — La lumière d'un corps solide ou liquide en
ignition, lorsqu'on la fait passer à travers un prisme transparent, donne
lieu à un spectre continu, sans raies brillantes ni obscures; celle qui provient d'une substance volatilisée produit au contraire un spectre discon-
tinu, formé uniquement d'un certain nombre de raies brillantes et colorées,
qui caractérisent la substance; ainsi, avec la lumière de Drummond, on
a un spectre complet, tandis qu'on n'obtient qu'une raie jaune avec la
flamme de l'alcool contenant un peu de sel marin, et cette raie est carac-
téristique du sodium; enfin, si l'on fait traverser la flamme de l'alcool
salé par les rayons de la lumière de Drummond, on observe dans le
spectre, qui tout à l'heure était complet, une raie obscure, située précisément à la place qu'occupait la raie brillante du sodium.

Le spectre solaire présente, comme on sait, un grand nombre de raies
obscures, et, en comparant les positions qu'elles y occupent avec celles
des raies obscures produites dans un spectre continu par l'interposition
de flammes métalliques, de compositions différentes, on a pu constater
que les métaux suivants existent dans le Soleil :

Sodium, calcium, baryum, magnésium, fer, chrome, cuivre, zinc.

Rien, au contraire, n'y accuse la présence des autres métaux :

Or, argent, plomb, étain, antimoine, arsenic, mercure, silicium, etc.

Cependant, il y a doute pour ceux-ci :

Nickel, cobalt, strontium, cadmium.

Les faits que nous venons d'indiquer, ont conduit quelques physiciens
à considérer le Soleil comme formé d'un noyau solide ou liquide incandescent, qui serait entouré d'une atmosphère beaucoup moins lumineuse,

contenant les éléments volatils qui entrent dans la composition du noyau; les taches seraient dues à des nuages flottant dans cette atmosphère. La supposition d'une atmosphère environnant la photosphère du Soleil s'accorde avec les phénomènes observés lors des éclipses totales de cet astre; mais celle d'une photosphère non gazeuse est en contradiction avec les résultats de l'expérience d'Arago, que nous avons citée plus haut. Quant à des nuages, on en voit en effet tout autour du disque, lors des éclipses totales, mais on ne saurait leur assimiler les taches, qui ne se montrent jamais dans les régions voisines des pôles solaires, et qui d'ailleurs se trouvent non au-dessus, mais à une certaine profondeur au-dessous de la surface lumineuse de l'astre.

Hypothèse de M. Faye. — D'après M. Faye, toute la masse du Soleil se trouve à l'état gazeux. La température des couches intérieures est plus haute que celle à laquelle les affinités chimiques se manifestent; dès lors les substances qu'elles renferment restent en vapeurs isolées; elles conservent leur chaleur et n'émettent pas de lumière. Au contraire, vers la surface externe, la température s'abaisse assez pour que les combinaisons deviennent possibles; des matières liquides ou solides se précipitent, et, rendues incandescentes, elles constituent la photosphère de l'astre.

Entraînées par leur poids vers les couches centrales, les matières précipitées y retrouvent la température de dissociation; elles reprennent alors leur état primitif, mais elles sont remplacées dans les couches superficielles par de nouvelles vapeurs qui, à leur tour, donnent lieu aux mêmes phénomènes calorifiques et lumineux.

Les courants de sens contraires ainsi produits, ont pour résultat de faire concourir la masse entière à la formation de l'énorme quantité de chaleur qui s'échappe du Soleil à chaque instant; on comprend de cette manière comment le flux persiste sans que depuis des milliers d'années l'éclat ni le pouvoir échauffant de la photosphère aient éprouvé de diminution sensible.

Lorsqu'un courant ascendant vient à dépasser la photosphère, celle-ci s'entr'ouvre et une tache semble se former. Si le courant se borne à soulever la surface lumineuse, là où cette surface se trouve refoulée apparaît une facule.

La belle hypothèse de M. Faye concilie l'existence de raies noires dans le spectre solaire avec l'expérience d'Arago; elle explique aussi d'autres phénomènes dont nous n'avons pas fait mention. Les observations suivies dont le Soleil est actuellement l'objet permettront sans doute de la compléter, ou de la modifier sur certains points, et de la mettre ainsi à l'abri de toute objection

(Livre IV, chapitre 1er.)

Identité de la pesanteur avec la force qui maintient la Lune sur son orbite. — En moyenne, l'intensité de la portion de cette dernière force qui est appliquée à l'unité de masse, est exprimée par $\omega^2 d$, d représentant le demi-grand axe de l'orbite lunaire, et ω la vitesse angulaire moyenne avec laquelle cette orbite est parcourue ; mais, si la même unité de masse se trouvait rapprochée de la Terre à une distance égale au rayon r de notre globe, et que la force continuât à varier avec la distance suivant la loi qui vient d'être indiquée, cette force deviendrait $\dfrac{\omega^2 d^3}{r^2}$, expression dont la valeur numérique est précisément égale au nombre qui mesure la pesanteur à la surface de la Terre. La pesanteur est donc la force qui retient la Lune sur son orbite.

Nutation de l'axe de l'orbite lunaire. — En réalité, chaque génératrice du cône qui a pour axe la perpendiculaire au plan de l'écliptique, et pour angle au sommet un angle de 10° 18', ne peut être considérée que comme une position moyenne, autour de laquelle la perpendiculaire au plan de l'orbite décrit un second cône de révolution, dont le demi-angle au sommet est d'environ 9', et que la génératrice du premier entraîne avec elle dans son mouvement. Cette sorte de nutation modifie légèrement le mouvement du nœud et fait varier un peu l'angle du plan de l'orbite avec celui de l'écliptique.

Phases de la Lune. — La phase, telle qu'elle a été définie dans le paragraphe 115, est égale au sinus-verse de l'angle, CLI (*fig.* 173), que forme le plan du cercle d'illumination avec celui de la circonférence du contour apparent.

Parallaxe de la Lune. — On a vu (117) que la parallaxe horizontale de la Lune avait été déduite d'observations simultanées faites par Lalande et l'abbé de la Caille, le premier opérant à Berlin, et le second au Cap, sur le même méridien ; ils mesuraient les distances zénithales ZAL, Z'A'L (*fig.* 174) de l'astre au moment de sa culmination ; appelons z et z' ces distances zénithales, p et p' les parallaxes de hauteur correspondantes, TLA, TLA'. L'angle ZAL étant extérieur au triangle TAL, on a :

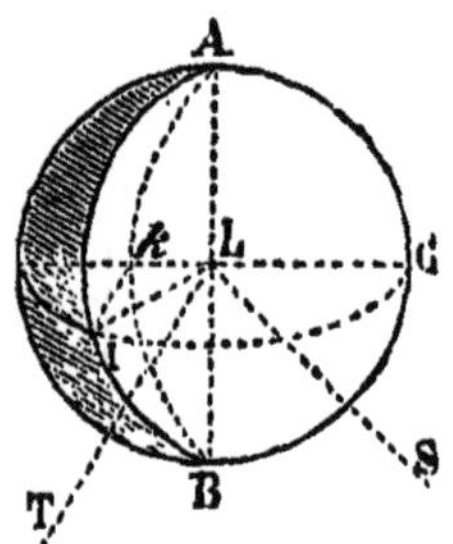

(Fig. 173.)

$$p = z - ATL ;$$

on a de même

$$p' = z' - \text{A'TL};$$

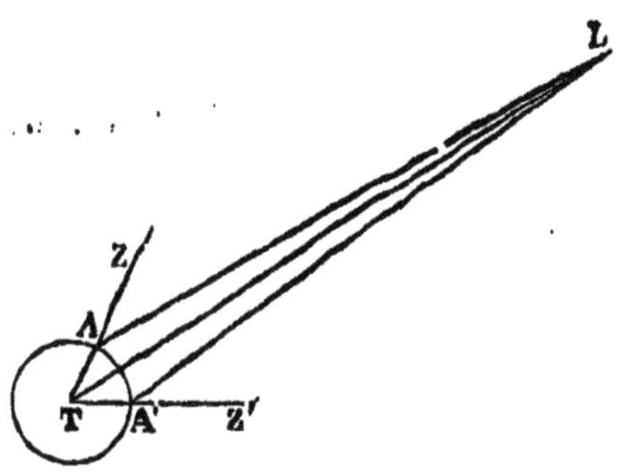

Fig. 174.

comme l'angle ATA' est la somme des latitudes des deux stations A et A', si l'on ajoute, membre à membre les deux égalités, et si l'on représente par l et l' les deux latitudes, il viendra

$$p + p' = (z + z') - (l + l').$$

D'un autre côté, π étant la parallaxe horizontale qui correspond à la distance TL,

on a

$$p = \pi \sin z, \quad p' = \pi \sin z',$$

et, par conséquent,

$$p + p' = \pi (\sin z + \sin z').$$

La comparaison des deux valeurs de $p + p'$ donne

$$\pi = \frac{z + z - (l + l')}{\sin z + \sin z'}.$$

Calcul de la distance du centre de la Lune à un point de la surface de la Terre. — Soit T (*fig.* 174) le centre de la Terre; supposons que, du point A situé à la surface, on ait mesuré la distance zénithale, ZAL, du centre de la Lune. De cette distance zénithale, et de la parallaxe horizontale donnée par les tables, on déduira la parallaxe de hauteur TLA, et les angles du triangle ATL se trouveront connus; on pourra donc calculer, soit le rapport de AL à TL, soit celui de AL à TA.

(Livre IV, chapitre II.)

Masse de la Lune. — Dans le phénomène de la nutation de la ligne des pôles terrestres et dans celui des marées, les actions que la Lune exerce dépendent de sa masse, et les effets qu'elles produisent fournissent le moyen de la déterminer.

Libration diurne. — Chaque jour, le phénomène de la libration se trouve légèrement modifié par la *libration diurne;* cette dernière provient de ce que, l'observateur n'étant pas situé au centre de la Terre, le rayon visuel qui aboutirait au centre de la Lune rencontre la surface en un point variable avec la hauteur de l'astre au-dessus de l'horizon. Sa demi-amplitude a pour limite supérieure la plus grande parallaxe horizontale de la Lune, c'est-à-dire 1° environ, et son amplitude totale ne peut dépasser la 29ᵉ partie du diamètre apparent de l'astre.

Hauteurs des montagnes de la Lune. — Pour que l'on conçoive plus facilement comment les hauteurs des montagnes de la Lune ont pu être déterminées, nous supposerons que l'on opère lors du premier quartier. Soit *a* (*fig.* 175) la projection, sur le plan du disque, du sommet d'une montagne appartenant à l'hémisphère opposé au Soleil; on peut mesurer, à l'aide d'une lunette munie d'un micromètre à fils parallèles (58), la distance *ac* du point *a* au diamètre qui termine le demi-cercle éclairé, et l'évaluer en parties de ce diamètre. Faisons passer un plan par le centre, L, de la Lune et par le rayon solaire SC, qui illumine le sommet A dont il s'agit; tirons LA et LC. Dans le triangle rectangle LCA, on connaîtra LC et AC, qui est égal à la distance mesurée *ac;* il sera donc facile de calculer l'hypothénuse LA; si, de cette hypothénuse, on retranche le rayon LP, on obtiendra la hauteur AP de la montagne.

On peut aussi mesurer les distances, *ab, bd* (*fig.* 176), des deux extré-

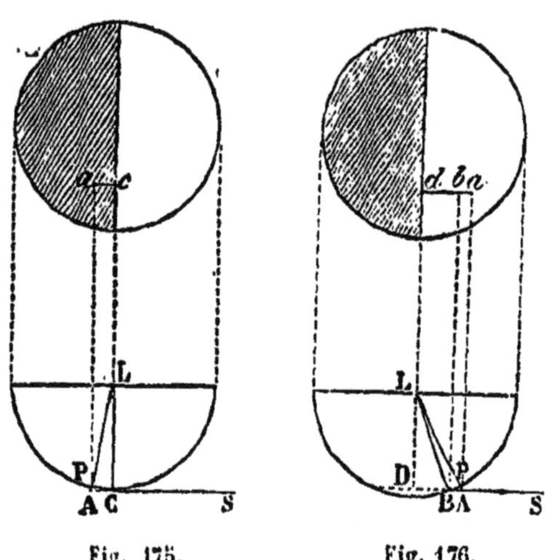

Fig. 175.   Fig. 176.

mités de l'ombre portée par une montagne sur la portion éclairée, au diamètre qui limite cette portion sur le disque. Faisons encore passer un plan par le centre, L, de l'astre et par le rayon solaire, SA, qui rase le sommet A; soit B le point où ce rayon vient rencontrer la surface de la Lune, et où par conséquent l'ombre se termine; tirons LA, LB, et me-

rions LD perpendiculaire au prolongement de SA. Dans le triangle rec·
tangle LDB, on connaîtra l'hypothénuse, LB, ainsi que BD, qui est égal à
la seconde des distances mesurées ; on pourra donc calculer LD ; alors le
triangle rectangle LDA, dans lequel le côté DA est égal à la première
distance, fera connaître LA, et par conséquent LA — LP ou AP, qui est
la hauteur cherchée.

Si la phase n'était pas le premier ou le dernier quartier, on opérerait
de la même manière ; seulement on aurait à tenir compte de ce que les
rayons solaires n'étant plus parallèles au plan du disque, les longueurs
comptées sur ces rayons ne seraient plus égales à leurs projections.

Absence d'atmosphère autour de la Lune. — Il y a dans
le spectre solaire des raies produites par le passage des rayons à travers
l'atmosphère terrestre ; on peut les distinguer facilement des autres,
car elles augmentent d'intensité quand le Soleil se rapproche de l'horizon. Elles sont dues, au moins en partie, à la présence de la vapeur
d'eau qui existe toujours dans l'air en quantité plus ou moins considérable.

La lumière d'un astre éclairé uniquement par le Soleil et qui est entouré d'une atmosphère, doit donner dans le spectre, outre les deux
sortes de raies dont il a été question jusqu'ici, celles qui sont dues à
l'absorption de l'atmosphère de l'astre. Or les observations faites sur la
lumière qui nous vient de la Lune ont toujours donné à cet égard des
résultats négatifs.

On a aussi constaté qu'avant de disparaître, le spectre d'une étoile
n'éprouve aucune modification quand le bord obscur de la Lune se rapproche peu à peu de cette étoile pour l'occulter.

(Livre IV, chapitre III.)

Prédiction des circonstances d'une éclipse de Lune. —
On peut déterminer à l'avance toutes les circonstances d'une éclipse à
l'aide du procédé graphique que nous allons décrire, ou, avec plus de
précision, en ayant recours au calcul. D'après ce qu'on a vu (126),
pour obtenir le demi-diamètre apparent, Δ, de la section faite dans le
cône d'ombre, perpendiculairement à son axe, dans la région où la
Lune doit pénétrer, il suffit d'ajouter la parallaxe du Soleil à celle
de la Lune, et de retrancher, de la somme ainsi obtenue, le demi-diamètre apparent du Soleil ; de plus, on est dans l'usage d'augmenter
le résultat de sa 60ᵐᵉ partie, afin de tenir compte de l'amplification
produite dans la largeur du cône d'ombre par l'atmosphère terrestre.
Pour représenter la section, décrivons une circonférence ayant pour

rayon le demi-diamètre apparent ainsi modifié et mesuré d'après une échelle convenue; soit C (*fig.* 177) le centre de cette circonférence, et

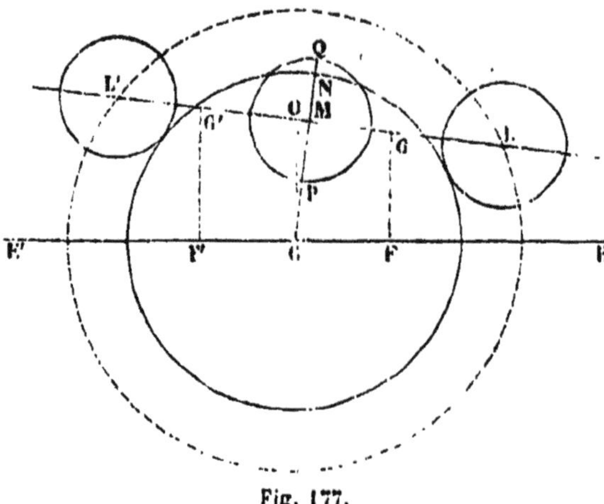

Fig. 177.

soit EE' la trace de l'écliptique sur le plan de la section. Nous pouvons considérer le point C comme immobile, pourvu que le mouvement attribué à la Lune soit son mouvement synodique (113); de plus, on peut regarder ce dernier mouvement comme rectiligne et uniforme, et comme s'effectuant dans le plan de la figure pendant toute la durée de l'éclipse. Cela posé, prenons sur EE', à l'échelle du dessin, les longueurs CF et CF' égales à la différence des longitudes de la Lune et du Soleil, une heure avant et une heure après l'opposition, puis, sur des perpendiculaires à EE', les longueurs FG et F'G' respectivement égales aux latitudes de la Lune pour ces deux instants; enfin, tirons GG'; cette droite représentera l'orbite apparente du centre de l'astre pendant l'éclipse. Menons CO perpendiculaire à EE', CM perpendiculaire à GG', et décrivons une seconde circonférence ayant le point C pour centre, et dont le rayon soit égal à celui de la première, augmenté du demi-diamètre apparent de la Lune ; soient respectivement O, M, les points où la droite GG' rencontre les deux perpendiculaires CO, CM, et L, L' les points d'intersection de la même droite avec la nouvelle circonférence; le centre de la Lune devra se trouver en O au moment de l'opposition, en M lors du milieu de l'éclipse, en L au commencement et en L' à la fin ; de plus, les intervalles de temps qui s'écouleront entre le premier de ces instants et les trois autres seront mesurés par les rapports des longueurs OM, OL, OL' à la longueur OG. Enfin, soit N le point où le prolongement de CM rencontre la circonférence qui a le point C pour centre et Δ pour rayon; prenons sur CM et sur son prolongement, les longueurs MP, MQ égales au demi-

diamètre apparent de la Lune ; le rapport $\frac{PN}{PQ}$ donnera la *grandeur de*
l'éclipse ; on l'exprime ordinairement en *doigts,* c'est-à-dire en douzièmes
du diamètre du disque.

Lorsque le point Q se trouve à l'intérieur du cercle qui figure la section du cône d'ombre, il doit y avoir éclipse totale ; on détermine alors le
commencement et la fin de la totalité de l'éclipse en prenant les points
d'intersection de la droite GG' avec une troisième circonférence ayant
le point C pour centre, et, pour rayon, celui de la première diminué du
demi-diamètre apparent de la Lune.

Le diamètre de la seconde circonférence ne peut dépasser 123', et celui
de la troisième 57' ; comme ils représentent respectivement les plus
grands trajets que le centre de la Lune puisse avoir à parcourir, avec la
vitesse de son mouvement synodique, pendant toute la durée du phénomène et pendant celle de l'éclipse totale, il est facile de calculer les
maximum de ces deux durées. L'un est de 4 heures environ, et l'autre
de 1 heure 52 minutes.

**Étendue des zones pour lesquelles il y a éclipse de
Soleil à un moment donné.** — La zone terrestre pour laquelle
il y a éclipse partielle, à un moment donné, n'occupe jamais qu'une
portion d'un hémisphère, et celle que le cône d'ombre détermine à l'intérieur, lors des éclipses totales, a une très-faible étendue. Remarquons
d'abord que, les diamètres apparents de la Lune et du Soleil étant toujours peu différents l'un de l'autre, le sommet de ce dernier cône ne
peut se trouver qu'à l'intérieur de la Terre, ou dans le voisinage de sa
surface, de sorte que son angle au sommet est sensiblement égal au diamètre apparent du Soleil. Cela posé, considérons en particulier le cas où,
lors d'une éclipse totale, les centres des trois corps viendraient à se placer
à peu près en ligne droite ; soient T celui de la Terre, L celui de la Lune,
K le sommet du cône, H le point de contact d'une des génératrices avec
la surface de la Lune, et R le point où cette génératrice rencontre la
Terre ; joignons ces deux points entre eux. L'angle, RLK (*fig.* 178), sous

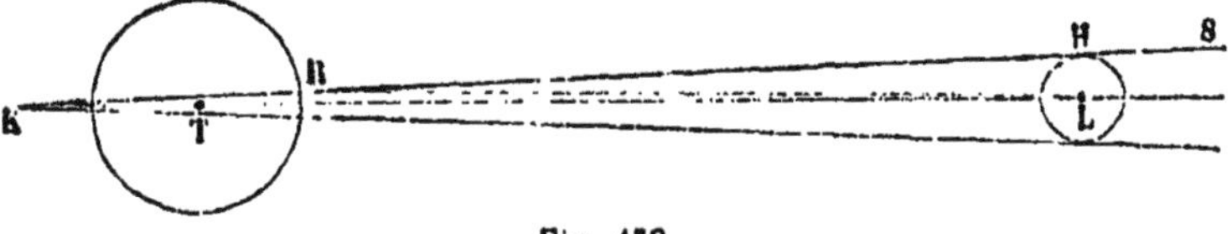

Fig. 178.

lequel serait vu du centre de la Lune le rayon du cercle d'ombre découpé
à la surface de la Terre, est l'excès de l'angle HRL sur le demi-angle
au sommet, RKL, c'est-à-dire du demi-diamètre apparent de la Lune, vue

au zénith, sur le demi-diamètre apparent du Soleil. Cet excès a pour maximum 1′ 18″, ou à peu près $\frac{1}{50}$ de la plus grande parallaxe horizontale de la Lune; le carré de cette dernière fraction est $\frac{1}{2500}$: on voit donc que, dans les circonstances les plus favorables, la portion de la surface de notre globe pour laquelle il y a éclipse totale, au moment que nous considérons, n'est que la 2,500ᵉ partie de la surface d'un grand cercle terrestre, c'est-à-dire la 5,000ᵉ partie de celle de l'hémisphère.

Le sommet du cône de pénombre est à peu près à la même distance de la Lune que celui du cône d'ombre, seulement, il se trouve placé du côté opposé; par conséquent, sa distance à la Terre est environ le double de celle de la Lune; le demi-angle au sommet du premier cône ne surpasse le demi-diamètre apparent du Soleil que d'une quantité négligeable, il est donc de 16′ environ; il suit de là que le rayon du cercle suivant lequel le cône de pénombre rencontre la Terre serait vu de la Lune sous un angle de 32′. En comparant cet angle à la plus petite parallaxe horizontale de la Lune, dont il est les $\frac{16}{27}$, on trouvera que la zone terrestre pour laquelle il y a éclipse partielle, au moment que nous considérons, ne peut occuper plus du 5ᵉ de l'hémisphère.

(LIVRE IV, chapitre IV.)

Diminution qu'éprouve la pesanteur dans les lieux qui ont la Lune au zénith ou au nadir. — La quantité dont la pesanteur se trouve diminuée aux deux extrémités A et A′ (fig. 178) du grand axe de l'ellipsoïde est sensiblement la même; en effet, appelons μ la masse de la Lune, d la distance. TL, des centres des deux astres, le rayon terrestre étant pris pour unité, et représentons par f le *coefficient de l'attraction*, c'est-à-dire l'attraction de l'unité de masse sur l'unité de masse, à l'unité de distance; les attractions exercées par la Lune sur l'unité de masse en A, en T et en A′ seront données respectivement par les trois expressions

$$\frac{f\mu}{(d-1)^2}, \quad \frac{f\mu}{d^2}, \quad \frac{f\mu}{(d+1)^2};$$

la différence des deux premières est

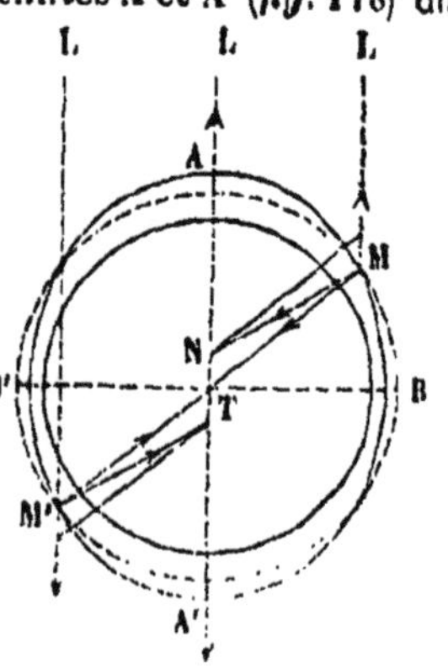

Fig. 179.

$$\frac{f\mu}{(d-1)^2} - \frac{f\mu}{d^2} \quad \text{ou} \quad \frac{f\mu(2d-1)}{(d-1)^2 d^2}; \quad \text{ou} \quad \left(\frac{1-\dfrac{1}{2d}}{1-\dfrac{1}{d}}\right) \frac{2f\mu}{d^3},$$

10.

et celles des deux dernières,

$$\frac{f\mu}{d^4} - \frac{f\mu}{(d+1)^2} \quad \text{ou} \quad \frac{f\mu(2d+1)}{d^2(d+1)^2} \quad \text{ou} \quad \left(\frac{1+\frac{1}{2d}}{1+\frac{1}{d}}\right)\frac{2f\mu}{d^3};$$

or, si l'on néglige la fraction $\frac{1}{d}$ devant l'unité, ces deux différences deviennent l'une et l'autre $\frac{2f\mu}{d^3}$. Il suit de là que la courbe AB'A'B' doit être symétrique, non-seulement par rapport à AA', mais aussi par rapport à BB'.

L'action du Soleil est analogue à celle de la Lune, seulement l'effet qui lui correspond doit être deux fois plus petit; M représentant la masse du Soleil, et D sa distance à la Terre, il est facile en effet de s'assurer que le rapport des deux quantités $\frac{2f\mu}{d^3}$ et $\frac{2fM}{D^3}$ est égal à 2.

(Livre V, chapitre 1er.)

Mouvement apparent des planètes. — Soient S, T et P (*fig.* 180 et 181), les positions du Soleil, de la Terre et d'une planète, lors d'une conjonction de celle-ci avec la Terre; du point T comme centre, avec TS pour rayon, décrivons une circonférence qui représente l'orbite apparente du Soleil; lorsque cet astre sera venu en S', l'orbite de la planète coïncidera avec la circonférence qui a le point S' pour centre, et dont le rayon a pour longueur SP; menons S'N parallèle à SP, tirons S'T, et soit Q le point d'intersection de cette droite avec la circonférence. Le Soleil étant venu de S en S', le rayon vecteur TS a tourné de l'angle STS', lequel est égal à NS'Q; on obtiendra donc la nouvelle position, P', de la planète, en prenant, à partir de l'extrémité, N, du rayon S'N, et

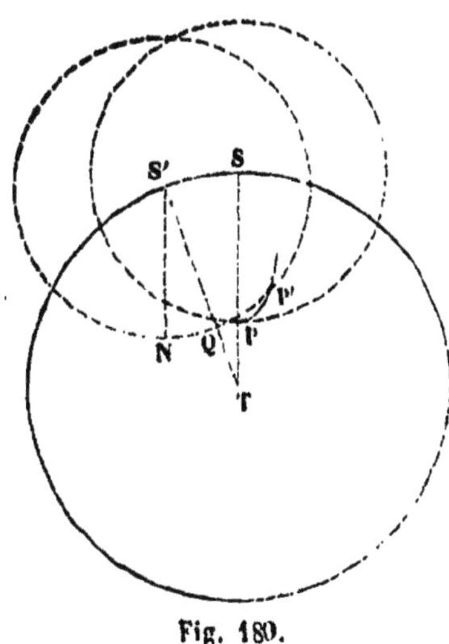

Fig. 180.

dans le sens direct, un arc, NP', qui soit avec l'arc NQ dans le rapport inverse de celui des durées des révolutions de la Terre et de la planète. On construira de la même manière autant de positions que l'on voudra. Suivant qu'il s'agira d'une planète inférieure ou d'une planète supérieure, le rayon SP sera plus petit ou plus grand que le rayon TS, et, de plus, l'arc NP' sera plus grand ou plus petit que l'arc NQ.

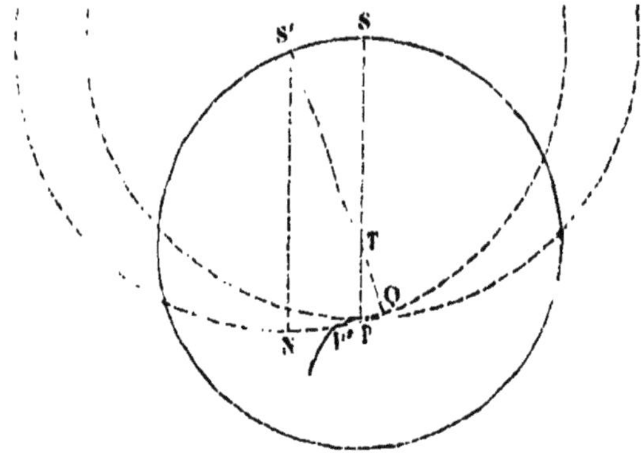

Fig. 181.

Appelons a la distance moyenne de la Terre au Soleil, et T la durée de sa révolution; représentons par a' et par T' les quantités correspondantes pour la planète; enfin, soit t le temps que le Soleil a mis pour aller de S en S'; l'arc SS' aura pour expression $\dfrac{2\pi a}{T}t$, et, l'arc NP', $\dfrac{2\pi a'}{T'}t$; or on a, d'après la troisième loi de Képler,

$$\frac{a'^3}{T'^2} = \frac{a^3}{T^2} \text{ ou } \frac{a'^2}{T'^2} = \frac{a^2}{T^2}\frac{a}{a'}, \text{ ou encore } \frac{a'}{T'} = \frac{a}{T}\sqrt{\frac{a}{a'}}.$$

Donc, suivant que la planète sera inférieure ou supérieure, c'est-à-dire suivant que l'on aura $a > a'$, ou $a < a'$, l'arc NP' (*fig.* 180 et 181) sera plus grand ou plus petit que l'arc SS', de sorte que, si t est un intervalle de temps suffisamment court, la position P' sera vue de la Terre, dans les deux cas, à droite de la position P; en allant de P en P', la planète aura donc paru se déplacer dans le sens rétrograde.

Détermination de la parallaxe du Soleil, par les observations des passages de Vénus. — A cause de la faible obliquité du plan de l'orbite de Vénus sur celui de l'écliptique, l'arc rétrograde et sensiblement rectiligne que la planète décrit pendant la durée du passage est à peu près parallèle au second plan; si, à la vitesse du mouvement angulaire, tel qu'il serait observé de la Terre, on ajoute celle du mouvement apparent du Soleil, dont le sens est direct, on pourra considérer le dernier astre comme immobile. Pour simplifier, nous ferons abstraction de la rotation de notre globe, et nous supposerons les deux observateurs placés aux extrémités d'une corde AB (*fig.* 182), perpendiculaire au plan de l'écliptique. Du centre de la Terre, la surface arron

die du Soleil serait vue comme un disque plan perpendiculaire à la ligne
qui joint ce point au centre du Soleil, et par conséquent, parallèle à AB;
on peut admettre sans erreur sensible que, de chacun des points A et B,

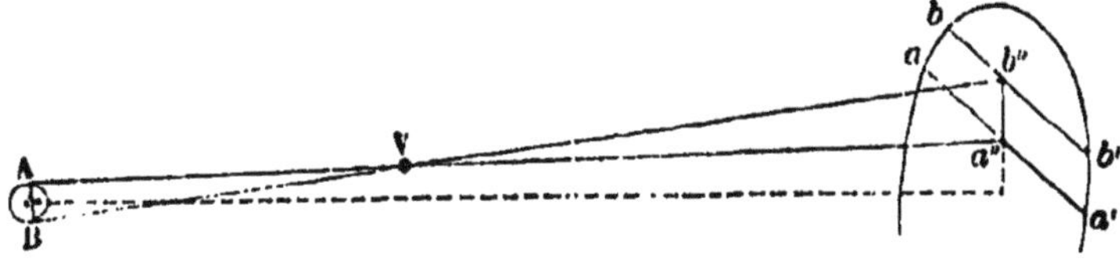

Fig. 181.

on voit aussi le Soleil suivant ce même disque. Pour les deux observateurs, Vénus paraîtra décrire deux cordes différentes, $a\,a'$, $b\,b'$, l'une et
l'autre parallèles au plan de l'écliptique, et la planète se projettera au
même instant sur les milieux, a'', b'', de ces deux cordes; soit V la position qu'elle occupe alors réellement. Des durées observées pour les deux
passages, et de la vitesse angulaire de la planète, modifiée comme nous
l'avons indiqué tout à l'heure, on déduit les angles, γ, γ', sous lesquels
les deux cordes seraient vues de la Terre; d'ailleurs on connaît le diamètre apparent du Soleil; si donc, avec un rayon choisi arbitrairement
pour représenter la moitié de ce dernier angle, on décrit une circonférence, puis, qu'on inscrive dans cette circonférence deux cordes parallèles entre elles et mesurant, à l'échelle du dessin, les angles γ et γ',
la distance de ces deux cordes, que l'on peut calculer facilement, au lieu
de la construire, donnera l'angle, δ, que sous-tend $a''\,b''$ à la distance du
Soleil à la Terre. D'un autre côté, les deux triangles AVB, $a''Vb''$ étant
semblables, le rapport de AB à $a''\,b''$ est le même que celui de VA à Va'',
et ce dernier est connu par les tables des planètes; représentons-le
par k; alors le produit $k\delta$ donnera l'angle sous-tendu par AB à la distance du Soleil à la Terre, et, en multipliant ce produit par le rapport
de la corde AB au rayon terrestre, on aura l'angle sous lequel ce rayon
serait vu à la même distance, c'est-à-dire la parallaxe horizontale du
Soleil.

Lorsque la direction du mouvement de la planète est très-oblique par
rapport à la circonférence du disque, on ne peut déterminer avec précision les instants de l'entrée et de la sortie; c'est ce qui arriverait si les
cordes aa', bb' étaient très-loin du centre. D'un autre côté la distance
d'une corde au centre d'un cercle est mal déterminée par la longueur
de la corde, lorsque cette longueur diffère peu de celle du diamètre,
c'est-à-dire que, dans ce cas, une erreur assez faible sur la seconde
quantité en entraîne une considérable sur la première. Les passages de
Vénus ne sont donc pas tous avantageux pour la détermination de la parallaxe solaire; mais, lorsque les cordes, d'ailleurs très-voisines les

unes des autres, que la planète paroît décrire sur le disque aux divers observateurs, ne sont ni trop rapprochées ni trop éloignées du centre, la différence des durées observées peut s'obtenir à quelques secondes près et devient considérable. Appliquée dans des circonstances favorables, la méthode dont nous venons d'expliquer le principe peut donc fournir avec exactitude la distance du Soleil à la Terre.

151. Principe de la gravitation universelle. — Les deux premières lois de Képler (142) prouvent que la force qui retient chaque planète sur son orbite est une force attractive, constamment dirigée vers le Soleil, et dont l'intensité varie avec la distance de la planète à cet astre, en raison inverse du carré de cette distance (04).

Il suit de là que le produit de l'intensité de la force par le carré du rayon vecteur est constant, et qu'il mesure la force rapportée à l'unité de distance. On démontre de plus que ce produit est indépendant de l'excentricité de l'orbite; pour calculer, en la rapportant à l'unité de distance, la force qui retient une planète sur une orbite dont le demi-grand axe a pour longueur a, et la révolution sidérale pour durée T, nous pouvons donc opérer comme si la planète décrivait un cercle de rayon a, avec la vitesse constante $\dfrac{2\pi a}{T}$, π représentant le rapport d'une circonférence quelconque à son diamètre. Lorsqu'un mobile parcourt un cercle d'un mouvement uniforme, on sait que la force qui agit sur l'unité de masse de ce mobile est dirigée vers le centre, et a pour expression le carré de la vitesse divisé par le rayon, de sorte que l'intensité de la force qui retiendrait la planète sur son orbite, dans les circonstances que nous avons supposées, est, pour l'unité de masse, $\dfrac{4\pi^2 a}{T^2}$; dans le mouvement réel de la planète, l'intensité de cette force, rapportée à l'unité de distance, est donc $\dfrac{4\pi^2 a^3}{T^2}$. D'après la troisième loi de Képler (142), cette dernière expression a la même valeur pour toutes les planètes; par conséquent il résulte de cette troisième loi que, lorsqu'on passe d'une planète à une autre, la force attractive varie encore en raison inverse du carré de la distance au Soleil.

Nous avons vu l'attraction du Soleil sur la Lune expliquer les perturbations du mouvement de ce dernier astre, pourvu qu'on la considère comme variant, avec la distance, suivant la loi qui vient d'être énoncée, et comme étant la même, à égalité de distance, sur l'unité de masse de la Lune et sur l'unité de masse de la Terre. Nous avons vu aussi l'attraction du Soleil se produire, dans le phénomène des marées, non-seulement sur notre globe pris dans son ensemble, mais sur chacune des molécules liquides qui en recouvrent la plus grande partie. Nous devons donc admettre que toute particule matérielle gravite vers le Soleil, c'est-à-dire qu'elle tend à s'en rapprocher, et que la force qui agit sur cette particule est proportionnelle à sa masse, et varie en raison inverse du carré de sa distance au Soleil.

Le mouvement de la Lune autour de la Terre s'effectue sur une orbite elliptique, suivant la loi des aires, et la troisième loi de Képler se trouve vérifiée pour les satellites d'une même planète (142); de plus, les corps tombent à la surface de la Terre, et leur chute est produite par une force de même intensité que celle qui retient la Lune sur son orbite, l'une et l'autre se trouvant rapportées à l'unité de distance (109); le Soleil n'est donc pas le seul corps attirant; les planètes attirent comme lui, et suivant les mêmes lois.

Enfin, l'influence de la Lune sur le mouvement de l'axe de rotation de notre globe, et sur les oscillations périodiques des eaux de la mer, prouve que les corps attirés réagissent à leur tour, et que la réaction est égale à l'action. Deux points matériels, quels qu'ils soient, gravitent donc l'un vers l'autre; chacun d'eux se trouve soumis à l'action d'une force agissant suivant la droite qui les joint, et tendant à les rapprocher; les deux forces ont la même intensité; elles sont proportionnelles aux masses des deux points matériels, et inversement proportionnelles au carré de la distance qui sépare ces deux points. C'est en mesurant à l'aide de la balance de torsion l'attraction de deux grosses boules de plomb sur deux petites boules du même métal, et en la comparant au poids de ces deux dernières, que Cavendish est parvenu à déterminer la densité moyenne de la Terre (104).

La *gravitation* universelle a rendu compte de tous les faits qui se rapportent au mouvement et à la figure des corps célestes; souvent même, dans leur découverte, la théorie à laquelle ses lois servent de base a devancé l'observation; mais elle ne constitue elle-même qu'un fait plus général dont la cause est inconnue. Lorsqu'on dit qu'un corps en attire un autre, on définit la direction et le sens d'une force à laquelle le second se trouve soumis, mais non la nature de cette force; quant à l'attraction considérée comme une action exercée à distance par la matière inerte, l'esprit se refuse à l'admettre, et Newton n'a jamais songé à lui attribuer une existence réelle.

Le principe de la gravitation universelle étant admis, on peut établir la théorie des mouvements des corps célestes en partant des lois de la mécanique. D'abord, on démontre qu'à de grandes distances l'attraction exercée par un corps de forme quelconque, et à plus forte raison par un sphéroïde, est sensiblement la même que si toutes les molécules de ce corps se trouvaient réunies à son centre de gravité. Pour se représenter l'action du Soleil sur une planète, par exemple, il suffira donc de considérer le centre du premier astre, et d'imaginer en ce point une molécule unique ayant une masse égale à la masse totale; les attractions exercées

par cette molécule sur celles de la planète se composeront en une seule;
mais, comme elles correspondent à des distances un peu différentes les
unes des autres, elles ne seront pas rigoureusement égales entre elles;
par conséquent, si l'on fait abstraction de certains cas particuliers, par
exemple de celui où la planète serait un corps sphérique composé de
couches sphériques homogènes, la résultante ne passera pas par le centre
de gravité de cette planète. Ce dernier point se déplacera comme si la
résultante s'y trouvait appliquée parallèlement à elle-même, mais en
même temps la planète tournera sous l'action de cette résultante comme
si le centre de gravité était fixe ; de ce second mouvement, combiné avec
la rotation autour de la ligne des pôles, résultera un mouvement
conique de cette dernière ligne. C'est ainsi que nous avons vu celui
de l'axe de la Terre donner lieu au phénomène de la précession des
équinoxes.

Considérons maintenant le mouvement du centre de gravité. La planète se serait rapprochée peu à peu du Soleil en suivant la droite qui
joint leurs centres, et aurait fini par tomber sur cet astre, si, à une
certaine époque, elle ne s'était pas trouvée animée d'une vitesse ayant
une autre direction. On démontre que, sous l'influence de cette vitesse,
et de l'attraction variant en raison inverse du carré de la distance, la
trajectoire ne peut être qu'une ellipse, une parabole ou une branche
d'hyperbole, le Soleil occupant, dans le premier cas, l'un des foyers de
l'ellipse, et, dans les deux derniers, le foyer de la parabole ou celui de
la branche d'hyperbole; la nature de la courbe dépend de la direction et
de la grandeur de la vitesse initiale. Dans les trois cas, le rayon vecteur doit décrire des aires égales dans des temps égaux; il serait facile
de le prouver en modifiant l'ordre des propositions dans la démonstration de la dernière des notes qui se rapportent au chapitre v du livre III.

La planète à son tour attire le Soleil : leurs actions mutuelles ne produisent aucun déplacement du centre de gravité du système commun
aux deux corps, parce qu'elles se détruisent lorsqu'on les suppose trans-
portées en ce point; mais les deux corps décrivent chacun une ellipse,
dont il occupe un foyer ; ce foyer, lorsqu'il s'agit de la Terre, est situé à
l'intérieur du Soleil, et à une distance du centre de cet astre qui n'est
que la 15me partie de son rayon. Quant au mouvement de la planète par
rapport au Soleil, il est aussi elliptique, et s'effectue suivant la loi des
aires ; en effet, soient f le coefficient de l'attraction, M la masse du
Soleil, m celle de la planète, et d la distance des deux corps à un instant
quelconque. La force qui agit à cet instant sur l'unité de masse de la
planète est $\dfrac{fM}{d^2}$; celle qu'il faut lui ajouter, pour être en droit de considérer le Soleil comme immobile, est une force égale à celle qui agit sur

l'unité de masse du Soleil, c'est-à-dire à $\frac{fm}{d^2}$; la force qui maintient la planète sur son orbite relative est donc $\frac{f(M+m)}{d^2}$; par conséquent elle varie aussi en raison inverse du carré de la distance.

Si l'on rapporte à l'unité de distance la force dont nous venons de parler, son intensité sera $f(M+m)$; d'après ce qui a été dit au commencement de cette note, la même quantité a aussi pour expression $\frac{4\pi^2 a^3}{T^2}$, a représentant comme tout à l'heure le demi-grand axe de l'orbite de la planète; on a donc

$$f(M+m) = \frac{4\pi^2 a^3}{T^2} ;$$

la quantité m, qui entre dans le premier nombre de cette égalité, varie d'une planète à l'autre ; donc il en est de même du rapport $\frac{a^3}{T^2}$ qui se rouve dans le second. On voit d'après cela que la troisième loi de Képler n'est qu'approchée ; de ce qu'elle se vérifie à très-peu près par l'observation, on peut conclure que m est très-petit par rapport à M, c'est-à-dire que les masses des planètes sont très-faibles par rapport à celle du Soleil.

152. Perturbations du mouvement elliptique des planètes. — Jusqu'ici nous avons supposé que le Soleil et la planète se trouvaient seuls en présence, et nous n'avons pas tenu compte des actions exercées sur celle-ci par les autres planètes; ces actions sont très-faibles lorsqu'on les compare à celle du Soleil, à cause de la faiblesse relative des masses des corps qui les exercent; cependant les observations les accusent, et la mécanique céleste en calcule les effets en les considérant comme des *inégalités* du mouvement elliptique. Pour avoir, à diverses époques, la position d'une planète, on imagine une planète fictive se mouvant, suivant les deux premières lois de Képler, dans une orbite dont les éléments varient d'une manière continue, et l'on suppose que la planète réelle oscille autour de la planète fictive. Les perturbations qui affectent les éléments de l'orbite, et qui les font varier avec une extrême lenteur, constituent les *inégalités séculaires;* les écarts de la position réelle de la planète par rapport à celle de la planète fictive sont dus aux *inégalités périodiques;* on démontre que les premières sont aussi périodiques, de sorte que, dans le système solaire, les positions relatives, tout en changeant constamment, ne s'écarteront jamais que très-peu d'un certain état moyen; seulement les périodes sont beaucoup plus longues pour les inégalités séculaires que pour les autres. Les inégalités séculaires n'affectent pas les grands axes des orbites; ces grands axes, et par conséquent les durées des révolutions sidérales sont donc invariables ; mais il n'en est pas de même des autres éléments : c'est ainsi que le plan de l'écliptique se déplace peu à peu de sorte que son inclinaison sur celui de l'équateur diminue actuellement de 48″ par siècle ; l'excentricité de l'orbite terrestre, qui restera toujours comprise entre 0,003 et 0,087, va aussi en diminuant à l'époque actuelle ; enfin, la périhélie se déplace chaque année, dans le sens direct, de 12″ environ, de sorte que son mouvement annuel par rapport à l'équinoxe est de plus d'une minute. Le déplacement apparent du périgée solaire, qui est la conséquence du déplacement réel du périhélie de l'orbite terrestre, a été découvert en l'an 900 par l'astronome arabe Al Batani.

153. Détermination des masses. — On a vu comment l'attraction que le Soleil exerce sur l'unité de masse de la Terre peut être déterminée quand on connaît la distance de ces deux corps et la vitesse qui anime le premier sur son orbite. L'observation du mouvement d'un satellite de Jupiter et la mesure de sa distance à la planète permettent de calculer de la même manière l'attraction exercée par Jupiter sur le satellite ; il est facile ensuite de trouver ce que deviendrait cette attraction si elle s'exerçait à une distance égale à celle de la Terre au Soleil. On connaîtra ainsi les attractions du Soleil et de Jupiter sur l'unité de masse, rapportées à une même distance ; le rapport de la seconde à la première donnera la masse de Jupiter, celle du Soleil étant prise pour unité. On obtiendra par une méthode analogue les masses de Saturne, d'Uranus et de Neptune. Celles des planètes dépourvues de satellites se déduisent des perturbations que chacune d'elles produit dans le mouvement elliptique des autres planètes. Ce dernier procédé appliqué aux actions mutuelles des satellites de Jupiter, a même permis de trouver les masses de ces satellites, qui, réunies, ne forment pas la 5000ᵐᵉ partie de celle de la planète.

Spectres de la lumière des planètes. — Le spectre de Vénus ne présente aucune raie additionnelle révélant la présence d'une atmosphère ; cela tient peut-être à ce que la lumière du Soleil se trouve réfléchie non par la surface de la planète, mais par des nuages situés à une assez grande hauteur. Au contraire les spectres de Mars, de Jupiter et de Saturne accusent la présence d'atmosphères autour de ces astres. L'existence de la vapeur d'eau est probable dans les atmosphères des deux derniers ; celle de Jupiter paraît contenir quelque gaz ou quelque vapeur qui ne se trouve pas dans l'atmosphère terrestre.

Lumière des Comètes. — L'analyse spectrale appliquée aux comètes a montré que la chevelure nous est rendue visible par la lumière réfléchie du Soleil, tandis que le noyau brille d'une lumière qui lui est propre.

(Livre VI, chapitre 1er.)

164. Détermination de la parallaxe annuelle d'une étoile. — A cause des déplacements que la Terre éprouve en exécutant sa révolution autour du Soleil, une étoile dont la parallaxe est sensible doit être vue successivement dans des directions un peu différentes les unes des autres; chaque année elle paraîtra décrire, sur la sphère céleste, une courbe fermée limitant une portion très-restreinte de la surface de cette sphère. Comme on le verra tout à l'heure, cette courbe est à très-peu près une ellipse, dont le grand axe est double de la parallaxe annuelle de l'étoile; on connaîtra donc cette parallaxe si, dans l'intervalle d'une année, on détermine un nombre suffisant de positions de l'étoile, avec toute la précision dont les procédés d'observation sont susceptibles, puis, si l'on calcule les faibles dimensions de la courbe, qui est le lieu de ces diverses positions. Pour nous rendre compte de la nature de cette courbe, imaginons qu'à chaque instant l'on fasse subir à l'étoile et à la Terre un déplacement égal et contraire à celui que la Terre éprouve réellement; celle-ci deviendra immobile, sans que les positions relatives de l'étoile et de l'observateur aient été modifiées : le mouvement apparent de l'étoile est donc le même que si cet astre décrivait, en une année, dans un plan parallèle à celui de l'orbite terrestre, une circonférence, ABA'B' (*fig.* 183), égale à celle de cette orbite ; les rayons visuels, TA, TB, TA', TB', etc., menés aux différents points de la circonférence ainsi définie, sont les directions dans lesquelles on aperçoit successivement l'étoile; enfin, le cône dont ils constituent les génératrices a pour trace, sur la sphère céleste, la courbe que l'étoile semble décrire. Soit O le centre du cercle ABA'B' ; considérons TO comme un rayon de la sphère céleste, et soit ACA'C' la courbe suivant

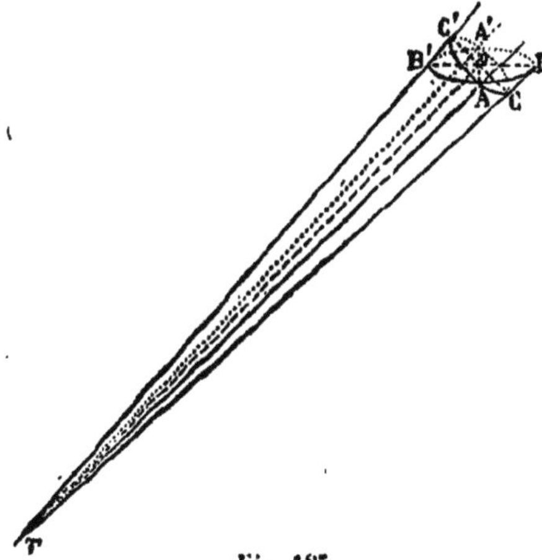

Fig. 183.

laquelle le plan mené par le point C, perpendiculairement à cette droite, coupe le cône TABA'B'; à cause de la faible ouverture de ce cône, on peut admettre que, dans son intérieur, la surface de la sphère se confond avec le plan ACA'C', qui lui est tangent ; la trace du cône

sur cette surface est donc la courbe ACA'C'; d'ailleurs les droites BC,
B'C', etc., sont sensiblement perpendiculaires au plan de cette courbe; donc elle n'est autre chose que l'ellipse suivant laquelle se
projette, sur ce plan, le cercle ABA'B'. Enfin, parmi les diamètres
de ce cercle, il y en a un qui est à lui-même sa projection, c'est le
diamètre AA', suivant lequel se coupent les deux plans ABA'B' et
ACA'C'; il est perpendiculaire à TO; tous les autres diamètres se trouvent réduits en projection, et sont vus obliquement de la Terre; AA'
est donc le grand axe de l'ellipse que l'étoile semble décrire, et
l'angle ATA' est celui sous lequel une longueur AA', égale au diamètre
de l'orbite terrestre, serait vue à la distance qui sépare l'étoile de la
Terre, c'est-à-dire qu'il est le double de la parallaxe annuelle de l'étoile.

Spectres stellaires. — Malgré leur diversité, les spectres des
étoiles sont sillonnés de raies noires comme celui du Soleil, et ils permettent de constater sur ces astres l'existence de quelques éléments terrestres, qui sont le plus souvent le sodium, le fer, le magnésium et l'hydrogène. Les spectres des étoiles colorées fournissent la preuve que les
couleurs de ces étoiles ont leur origine dans la constitution chimique des
atmosphères qui les entourent. Enfin, les raies brillantes que l'on a
remarquées parmi les raies obscures de l'étoile de la *Couronne*
qui, en 1866, a passé en quelques jours de la neuvième à la deuxième
grandeur, et qui, après trois semaines, a repris peu à peu son premier état, indiquent que l'étoile était alors entourée d'une atmosphère
gazeuse incandescente. Cette atmosphère contenait de l'hydrogène; on
peut supposer que l'éclat subit de l'étoile a été causé par l'explosion d'une
masse prodigieuse de ce gaz provenant des parties centrales de l'astre.

(Livre VI, chapitre ii.)

Spectres des nébuleuses. — Tandis que les amas d'étoiles
donnent des spectres continus sillonnés de raies noires, comme le
spectre solaire, il y a des nébuleuses non résolubles dont le spectre est
seulement formé de quelques raies brillantes comme celui d'un gaz lumineux; la position des raies semble indiquer l'hydrogène et l'azote.
D'autres nébuleuses non résolues ont fourni des spectres continus; ce
sont sans doute celles que leur grande distance ou la faiblesse de nos
instruments nous empêchent de reconnaître comme des amas d'étoiles.

Examinée au spectroscope, la matière des comètes paraît semblable à
celle des nébuleuses non résolubles.

TABLE DES MATIÈRES

FIN DE LA TABLE DES MATIÈRES.

PARIS.   IMP. SIMON RAÇON ET COMP., RUE D'ERFURTH, 1.

EXTRAIT DU CATALOGUE

DE

VICTOR MASSON ET FILS

ENSEIGNEMENT. — PHYSIQUE.

CHIMIE. — HISTOIRE NATURELLE. — AGRICULTURE.

PHILOSOPHIE MÉDICALE.

PARIS

PLACE DE L'ÉCOLE DE MÉDECINE

1er août 1868

LIBRAIRIE

DE

VICTOR MASSON ET FILS

ENSEIGNEMENT SCIENTIFIQUE
ET ÉDUCATION

BACCALAURÉAT ÈS SCIENCES (le). Résumé des connaissances exigées par le programme officiel, par MM. *Brisbarre; E. Burat*, professeur au lycée Saint-Louis; *Em. Fernet*, professeur au lycée Saint-Louis; *O. Gréard*, inspecteur d'Académie; *E. Levasseur*, professeur au lycée Napoléon; *Mauduit*, professeur au lycée Saint-Louis; *Alph. Milne-Edwards*, professeur à l'École de Pharmacie; *A. Tissot*, professeur au lycée Saint-Louis; *L. Troost*, professeur au lycée Bonaparte; *Ch. Vacquant*, professeur au lycée Saint-Louis. 3 vol. in-18, avec fig.   24 fr.

Chaque partie est vendue séparément. — Voir pour le détail au nom de chacun des auteurs.

BEUDANT. — Cours élémentaire de minéralogie et de géologie. 10ᵉ édition. Paris, 1865, 1 vol. in-18, avec 800 figures............... 6 fr.

BOURRUS. — Notions élémentaires d'histoire naturelle, à l'usage des établissements d'enseignement spécial. Année préparatoire; 1 volume petit in-8.. 1 fr. 75

BRISBARRE (J.). — Précis de philosophie (extrait du Baccalauréat ès sciences). 1 vol. in-18. Paris, 1865.................... 1 fr. 50

BURAT (E.). — Précis de mécanique *de la collection le Baccalauréat ès sciences*. 2ᵉ édition conforme aux nouveaux programes. 1 vol. in-18, avec figures dans le texte................................ 2 fr. 40

CAHIERS d'histoire naturelle, par MM. *Milne-Edwards* et *Achille Comte*. Nouvelle édition. 3 vol. in-12.

    Zoologie, avec 15 planches...................... 2 fr.

    Botanique, avec 9 planches.................... 2 fr.

    Géologie, avec 10 cartes gravées sur acier......... 2 fr.

CLAVEL. — Traité d'éducation physique et morale. Paris, 1855, 2 vol. grand in-18, avec 2 cartes.................................. 3 fr.

COMTE (A.). — INTRODUCTION AU RÈGNE VÉGÉTAL de *A.-L. de Jussieu*, disposée en tableau méthodique. Une feuille gr. colombier..   1 fr. 25

COMTE (A.). — LE RÈGNE ANIMAL, disposé en tableaux méthodiques. Quatre-vingt-onze tableaux, sur grand colombier, représentant environ *cinq mille figures* d'animaux................................... 114 fr.

COMTE (A.). — PLANCHES MURALES D'HISTOIRE NATURELLE. Ces planches sont imprimées sur papier à fond noir et coloriées avec le plus grand soin ; elles mesurent chacune près d'un mètre carré, et comprennent toutes les questions des programmes d'Histoire naturelle de l'enseignement secondaire et de l'enseignement spécial. — La liste détaillée de cette collection est envoyée à ceux qui veulent bien en faire la demande.

     1re série. Zoologie, 60 feuilles formant 54 planches.

     2e série. Botanique, 26 feuilles.

     3e série. Géologie, 14 feuilles formant 13 planches.

Prix de la collection de 100 feuilles......................... 350 fr.

Montée sur toile avec gorge et rouleau..................... 650 fr.

Chaque feuille séparément................................. 4 fr.

— NOTIONS SANITAIRES SUR LES VÉGÉTAUX DANGEREUX, sur leurs caractères distinctifs et les moyens de remédier à leurs effets nuisibles.

     Trois planches de près d'un mètre carré chacune, contenant environ 100 figures coloriées avec le plus grand soin, et accompagnées d'un texte explicatif. — Planche I, Champignons comestibles. — Planche II, Champignons dangereux. — Planche III, Plantes vénéneuses, ensemble.. 15 fr.

COMTE (ACHILLE). — STRUCTURE ET PHYSIOLOGIE DE L'HOMME, démontrée à l'aide de figures coloriées, découpées et superposées ; 9e édition. Paris, 1867, 1 vol. grand in-18, avec atlas de 8 planches gravées en taille-douce et figures dans le texte.............................. 4 fr. 50

COURS ÉLÉMENTAIRE D'HISTOIRE NATURELLE, adopté par le Conseil supérieur de l'instruction publique et approuvé par Mgr l'Archevêque de Paris. 3 vol. gr. in-18.

     ZOOLOGIE, par M. *Milne-Edwards*, 10e édition. Paris, 1867, avec 484 figures.. 6 fr.

     BOTANIQUE, par M. *de Jussieu*, 9e édition. Paris, 1867, avec 812 figures.. 6 fr.

     MINÉRALOGIE et GÉOLOGIE, par M. *Beudant*, 10e édition. Paris, 1865, avec 800 figures.. 6 fr.

DELAUNAY. — COURS ÉLÉMENTAIRE DE MÉCANIQUE. 6e édit. Paris, 1867, 1 vol. grand in-18, avec 548 fig. dans le texte................ 8 fr.

DELAUNAY. — COURS ÉLÉMENTAIRE D'ASTRONOMIE. 4e édition. Paris, 1865, 1 vol. grand in-18, avec 393 figures dans le texte............ 7 fr. 50

DELAUNAY. — TRAITÉ DE MÉCANIQUE RATIONNELLE. 4e édit. Paris, 1865, 1 vol. in-8, avec 127 fig. dans le texte........................ 8 fr.

DICTIONNAIRE GÉNÉRAL DES SCIENCES théoriques et appliquées, comprenant : les mathématiques, la physique et la chimie, la mécanique et la technologie, l'histoire naturelle et la médecine, l'économie rurale et l'art vétérinaire, par MM. les professeurs *Privat-Deschanel* et *Ad. Fo-*

cillon, avec la collaboration d'une réunion de savants, d'ingénieurs et de professeurs. 2 vol. grand in-8 jésus, imprimés sur 2 colonnes chacune de plus de 1,100 pages, avec environ 1,300 figures...... **30 fr.**

D'ORBIGNY (ALCIDE). — COURS ÉLÉMENTAIRE DE PALÉONTOLOGIE ET DE GÉOLOGIE STRATIGRAPHIQUES. Paris, 1852, 2 tomes publiés en 3 volumes in-18, avec 1,046 gravures dans le texte et accompagnés d'un atlas in-4° de 17 tableaux, cartonné.......................... **15 fr.**

D'ORBIGNY (ALCIDE). — PRODROME DE PALÉONTOLOGIE STRATIGRAPHIQUE UNIVERSELLE, faisant suite au Cours élémentaire de paléontologie et de géologie stratigraphiques. 3 vol. gr. in-18 jésus.............. **12 fr.**

DRION (CH.) ET FERNET (EM.). — TRAITÉ DE PHYSIQUE ÉLÉMENTAIRE, avec des notions de mécanique. 3e édition. Paris, 1868, 1 vol. petit in-8, avec près de 700 figures dans le texte..................... **7 fr.**

EDWARDS (MILNE-). — NOTIONS PRÉLIMINAIRES DE ZOOLOGIE. 1 vol. grand in-18, avec 352 figures......................... **3 fr.**

EDWARDS (MILNE-). — COURS ÉLÉMENTAIRE DE ZOOLOGIE. 10e édition. Paris, 1867, 1 vol. in-18, avec 484 figures..................... **6 fr.**

EDWARDS (MILNE-). — INTRODUCTION A LA ZOOLOGIE GÉNÉRALE, ou Considérations sur les tendances de la nature dans la constitution du règne animal. Première partie. 1 vol. grand in-18.............. **2 fr. 25**

EDWARDS (ALPH. MILNE-). — PRÉCIS D'HISTOIRE NATURELLE, *de la collection du Baccalauréat ès sciences.* Zoologie. — Botanique. — Géologie. 2e édition. In-18, avec figures......................... **3 fr.**

EULER. — MANUEL DE GYMNASTIQUE ÉLÉMENTAIRE. Paris, 1864, in-8, avec 97 figures.. **2 fr.**

FERNET. (Voyez *Drion* et *Baccalauréat.*)

FERNET. — PRÉCIS DE PHYSIQUE, *de la collection du Baccalauréat ès sciences.* 2e édition, rédigée conformément aux nouveaux programmes. 1 vol. in-18, avec figures dans le texte..................... **3 fr.**

FONSSAGRIVES (J. B.). — ENTRETIENS FAMILIERS SUR L'HYGIÈNE. 1 vol. in-18. Paris, 1867.................................... **4 fr.**

GAVARRET. — TRAITÉ D'ÉLECTRICITÉ. Paris, 1858, 2 vol. in-18, avec 448 figures.. **16 fr.**

GAVARRET. — TÉLÉGRAPHIE ÉLECTRIQUE. Paris, 1861, 1 vol. in-18, avec 100 fig. dans le texte.................................. **5 fr.**

GERHARDT (C.) ET CHANCEL. — PRÉCIS D'ANALYSE CHIMIQUE QUALITATIVE. 3e édit. Paris, 1867, 1 vol. gr. in-18, avec fig. dans le texte. **7 fr. 50**

GERHARDT (C.) ET CHANCEL. — PRÉCIS D'ANALYSE CHIMIQUE QUANTITATIVE. 2e édit. Paris, 1864, 1 vol. grand in-18, avec 112 figures.... **7 fr. 50**

GIRARDIN. — CHIMIE GÉNÉRALE ET APPLIQUÉE, à l'usage des établissements d'enseignement spécial. 1 vol. petit in-8. (Chacune des années du cours formera un fascicule séparé.)

Première année. 1 vol. petit in-8, avec 86 figures.......... **1 fr. 80**

Deuxième année. 1 vol. petit in-8, avec 202 figures........ **3 fr. 50**

Troisième année. 1 vol. petit in-8, avec 180 figures........ **3 fr. 50**

GRÉARD (O.). — PRÉCIS DE LITTÉRATURE. Paris, 1865, 1 vol. in-18 (extrait du Baccalauréat ès sciences)............................ 1 fr. 25

GUIRAUDET. — PRINCIPES DE MÉCANIQUE EXPÉRIMENTALE ET DE MÉCANIQUE APPLIQUÉE, à l'usage des établissements d'enseignement spécial.
PREMIÈRE PARTIE (troisième année de l'enseignement). 1 vol. petit in-8, avec 96 figures dans le texte............................ 2 fr. 80
DEUXIÈME PARTIE (quatrième année). 1 vol. petit in-8, avec 100 figures dans le texte............................ 2 fr. 80

HEISER. — TRAITÉ DE GYMNASTIQUE RAISONNÉE AU POINT DE VUE ORTHOPÉDIQUE, HYGIÉNIQUE ET MÉDICAL, ou Cours d'exercices appropriés à l'éducation physique des deux sexes. Paris, 1854, 1 vol. in-8, avec 123 figures............................ 6 fr.

JUSSIEU (DE). — COURS ÉLÉMENTAIRE DE BOTANIQUE. 9e édit. Paris, 1867, 1 vol. avec 812 fig. dans le texte............................ 6 fr.

LEVASSEUR (E.). — PRÉCIS D'HISTOIRE DE FRANCE. Paris, 1865, 1 vol. in-18 (extrait du Baccalauréat ès sciences)............................ 3 fr. 50

LEVASSEUR (E.). — PRÉCIS DE GÉOGRAPHIE. Paris, 1865, 1 vol. in-18 (extrait du Baccalauréat ès sciences)............................ 1 fr. 75

LEYMERIE (A.). — COURS DE MINÉRALOGIE (histoire naturelle). 2e édition. Paris, 1868, 2 vol. in-8, avec 352 fig............................ 12 fr.

LEYMERIE. — ÉLÉMENTS DE MINÉRALOGIE ET DE GÉOLOGIE, comprenant des notions de Lithologie et un lexique où se trouvent indiqués les caractères génériques des fossiles. 2e édition. 1 vol. in-18 en deux parties, renfermant 300 vignettes............................ 9 fr.

MAUDUIT. — PRÉCIS D'ARITHMÉTIQUE, *de la collection du Baccalauréat ès sciences.* 1 vol. in-18. 2e édition, rédigée conformément aux nouveaux programmes............................ 1 fr. 20

MAUDUIT. — PRÉCIS D'ALGÈBRE, *de la collection du Baccalauréat ès sciences.* 2e édition, rédigée conformément aux nouveaux programmes. Paris, 1867, 1 vol. in-18............................ 1 fr. 40

PAYER (J.). — ÉLÉMENTS DE BOTANIQUE. Première partie, *Organographie.* Paris, 1857, 1 vol. grand in-18, avec 600 figures............................ 5 fr.
L'ouvrage sera continué par M. le professeur Baillon.

PELOUZE ET FREMY. — ABRÉGÉ DE CHIMIE. 5e édition. Paris, 1866, 3 vol. grand in-18, avec 174 figures intercalées dans le texte............................ 6 fr.

REGNAULT. — COURS ÉLÉMENTAIRE DE CHIMIE. 6e édition. Paris, 1868, 4 vol. gr. in-18, avec 2 pl. en taille-douce et 700 fig. dans le texte. 20 fr.

REGNAULT. — PREMIERS ÉLÉMENTS DE CHIMIE. 4e édition. Paris, 1861, 1 vol. grand in-18, avec 142 figures dans le texte............................ 5 fr.

ROGUET (CH.). — TRAITÉ D'ARITHMÉTIQUE à l'usage des établissements d'enseignement spécial et des écoles du gouvernement. Paris, 1867, 1 vol. in-8............................ 3 fr.

ROGUET. — LEÇONS ÉLÉMENTAIRES DE GÉOMÉTRIE PLANE, rédigés conformément aux programmes de l'enseignement spécial ; année préparatoire. 1 vol. petit in-8, avec 86 figures............................ 1 fr.

ROGUET — Traité de géométrie, rédigé conformément aux programmes de l'enseignement spécial, et comprenant les applications aux arts et à l'industrie. Première année : Géométrie plane. 1 vol. petit in-8, avec figures.. 4 fr.

SCHŒDLER (Fr.). — Le livre de la nature, ou Leçons élémentaires de physique, d'astronomie, de chimie, de minéralogie, de géologie, de botanique, de physiologie et de zoologie; traduit de l'allemand sur la 13e édition par *A. Scheler.*

En vente, tome 1er, comprenant : Physique. — Chimie. — Astronomie. 1 vol. in-8, avec figures.. 7 fr. 50
Chacune de ces parties est en outre vendue séparément..... 2 fr. 50

SCHREBER. — Gymnastique de chambre. 2e édition, traduite sur la 11e édit. allemande. Paris, 1867, 1 vol. in-8, avec fig. dans le texte. 3 fr.

TISSOT (A.). — Précis de cosmographie, *de la collection du Baccalauréat ès sciences.* 2e édition, entièrement conforme aux nouveaux programmes. Paris, 1868, 1 vol. in-18, avec fig. dans le texte. 2 fr. 40

TISSOT. — Précis de géométrie descriptive, *de la collection du Baccalauréat ès sciences.* 2e édition, rédigée conformément aux nouveaux programmes. 1 vol. in-18, avec fig. dans le texte.............. 1 fr.

TISSOT. — Leçons d'arithmétique, à l'usage des classes de troisième et de mathématiques élémentaires (première année). Paris, 1868. 1 vol. petit in-8.. 2 fr. 80

TROOST (L.). — Précis de chimie, *de la collection du Baccalauréat ès sciences.* 2e édition, rédigée conformément aux nouveaux programmes, et suivie de quelques notions de chimie organique. Paris, 1867, 1 vol. in-18, avec figures.. 3 fr.

TROOST (L.). — Traité élémentaire de chimie, comprenant les applications à l'hygiène, aux arts et à l'industrie. 2e édition, entièrement refondue et véritablement augmentée. Paris, 1868, 1 vol. petit in-8, avec près de 500 figures dans le texte......................... 7 fr.

VACCA. — Physique générale et appliquée, rédigée conformément aux programmes pour l'enseignement spécial.

Première année. 1 vol. petit in-8, avec fig. dans le texte....... 2 fr.

VACQUANT (T.). — Précis de géométrie, *de la collection du Baccalauréat ès sciences.* 2e édition, rédigée conformément aux nouveaux programmes. Paris, 1868, 1 vol. in-18, avec figures............... 2 fr. 60

VACQUANT (T.). — Précis de trigonométrie, *de la collection du Baccalauréat ès sciences.* 2e édition, conforme aux nouveaux programmes. Paris, 1865, 1 vol. in-18.. 1 fr. 20

WURTZ (Ad.). — Leçons élémentaires de chimie moderne. Paris, 1868, 1 vol. in-18, avec nombreuses figures................. 7 fr.

PHYSIQUE — CHIMIE
ARTS INDUSTRIELS

ANNALES DE CHIMIE ET DE PHYSIQUE. — Séries I à III. — 1789 à 1863. — 248 volumes. — Voir, pour les conditions de prix, le Catalogue général.

ANNALES DE CHIMIE ET DE PHYSIQUE, IVe série, commencée en 1864, par MM. *Chevreul, Dumas, Pelouze, Boussingault, Regnault*, avec la collaboration de M. *Wurtz*.

Il paraît chaque année 12 cahiers qui forment 3 volumes et sont accompagnés de planches en taille-douce et de fig. intercal. dans le texte.

Prix
de l'année : { Pour Paris.. 30 fr.
{ Pour les départements (*par la poste*)............. 34 fr.

BASSET (N.). — TRAITÉ THÉORIQUE ET PRATIQUE DE LA FERMENTATION, considérée dans ses rapports généraux avec les sciences naturelles et l'industrie. Paris, 1858, 1 vol. gr. in-18..................... 3 fr. 50

BOUTIGNY (D'ÉVREUX). — ÉTUDES SUR LES CORPS A L'ÉTAT SPHÉROIDAL ; nouvelle branche de physique. 3e édition. Paris, 1857, 1 vol. in-8, avec 26 figures intercalées dans le texte....................... 7 fr.

BOUTRON ET F. **BOUDET**. — HYDROTIMÉTRIE. Nouvelle méthode pour déterminer les proportions des matières en dissolution dans les eaux de sources et de rivières. 4e édition. Paris, 1866, grand in-8...... 3 fr.

BUNSEN (ROBERT). — MÉTHODES GAZOMÉTRIQUES. Traduit de l'allemand, sous les yeux de l'auteur et avec son concours, par M. *Th. Schneider*. Paris, 1858, 1 vol. in-8, avec 60 gravures................... 5 fr.

CHANCEL. (Voir *Gerhardt*.)

DEHÉRAIN.— ANNUAIRE SCIENTIFIQUE publié depuis 1862, formant chaque année un volume in-18, avec figures dans le texte.

Chaque volume est vendu séparément................... 3 fr. 50

DICTIONNAIRE GÉNÉRAL DES SCIENCES théoriques et appliquées, par MM. les professeurs PRIVAT-DESCHANEL et AD. FOCILLON, avec la collaboration d'une réunion de savants, d'ingénieurs et de professeurs. En vente. 2 vol. grand in-8 Jésus de plus 2000 pages, avec plus de 2500 figures... 30 fr.

DINAN. — CONSTRUCTION DES FORMULES DE TRANSPORT POUR L'EXÉCUTION DES TERRASSEMENTS. Paris, 1859, 1 vol. in-8................... 3 fr.

DORVILLE. — MONOGRAPHIE DE LA PILE ÉLECTRIQUE, ses dispositions actuelles, ses applications diverses et ses perfectionnements les plus récents. Paris, 1857, 1 vol. in-8............................ 1 fr. 25

GAVARRET. — Physique médicale. De la chaleur produite par les êtres vivants. Paris, 1855, 1 vol. grand in-18, avec figures........ 6 fr.

GAVARRET. — Traité d'électricité. Paris, 1857-1858, 2 vol. in-18, avec 448 figures.. 16 fr.

GAVARRET. — Télégraphie électrique. Paris, 1861, 1 vol. in-18, avec 100 fig. dans le texte................................ 5 fr.

GERHARDT (C.) et **CHANCEL.** — Précis d'analyse chimique qualitative. Ouvrage contenant : les opérations et les manipulations générales de l'analyse, la préparation et l'usage des réactifs, les caractères des acides et des bases. — Les essais au chalumeau. — La marche de l'analyse qualitative, la recherche des poisons, l'exposition de l'analyse spectrométrique, etc. 3e édition. Paris, 1867, 1 vol. grand in-18, avec 112 figures dans le texte................................... 7 fr. 50

GERHARDT (C.) et **CHANCEL.** — Précis d'analyse chimique quantitative. Ouvrage contenant : la description des appareils et des opérations générales de l'analyse quantitative, les méthodes de dosage et de séparation des bases et des acides, l'analyse par les liqueurs titrées, l'analyse organique, l'analyse des gaz, l'analyse des eaux minérales, des cendres, des terres arables, l'exposition du calcul des analyses. 2e édit. Paris, 1864, 1 vol. grand in-18, avec figures............... 7 fr. 50

GIRARDIN. — Leçons élémentaires de chimie appliquée aux arts. 4e édition, entièrement refondue. Paris, 1861, 2 vol. in-8......... 30 fr.

HELMHOLTZ. — Optique physiologique, traduit de l'allemand par MM. *E. Javal* et *Th. Klein*. 1 vol. in-8, avec 215 figures dans le texte et un atlas de onze planches.............................. 30 fr.

HELMHOLTZ. — Théorie physiologique de la musique, fondée sur l'étude des sensations auditives; traduit de l'allemand par M. Guéroult, avec le concours pour la partie musicale de M. Wolf. 1 vol. in-8, avec figures dans le texte.. 11 fr.

HUGUENY. — Recherches sur la composition chimique et les propriétés qu'on doit exiger des eaux potables. Paris, 1865, grand in-8... 3 fr.

LEFORT (J.). — Chimie des couleurs pour la peinture à l'eau et à l'huile, comprenant l'historique, les propriétés physiques et chimiques, la préparation, la falsification, l'action toxique et l'emploi des couleurs anciennes et nouvelles. Paris, 1855, 1 vol. gr. in-18............. 4 fr.

LEFORT (J.). — Traité de chimie hydrologique, comprenant des notions générales d'hydrologie, l'analyse qualitative et quantitative des eaux douces et des eaux minérales. Paris, 1859, 1 vol. grand in-8, avec figures dans le texte.. 8 fr.

LEHMANN. — Précis de chimie physiologique animale. Paris, 1855, 1 vol. in-18, avec 26 figures dans le texte................... 2 fr.

LIEBIG (J.). — Traité de chimie organique; édit. française, revue et

considérablement augmentée par l'auteur, et publiée par *Ch. Gerhardt.*
Paris, 1841-1844, 3 vol. in-8............................ 25 fr.

LION (Moïse). — ÉLECTRICITÉ STATIQUE. Histoire et recherches nouvelles. Beaune, 1807, 1 vol. in-18, avec figures............... 2 fr.

MARIÉ-DAVY. — MÉTÉOROLOGIE. Les mouvements de l'atmosphère et
des mers, considérés au point de vue de la prévision du temps. Paris,
1866, 1 vol. grand in-8, avec figures et 24 cartes coloriées.... 10 fr.

MARIÉ-DAVY. — RECHERCHES THÉORIQUES ET EXPÉRIMENTALES SUR L'ÉLEC-
TRICITÉ CONSIDÉRÉE AU POINT DE VUE MÉCANIQUE. Paris, 1862, fascicules
1 et 2. Prix de chaque fascicule............................ 3 fr.

MATTEUCCI. — LEÇONS SUR LES PHÉNOMÈNES PHYSIQUES DES CORPS VIVANTS.
Paris, 1847, 1 vol. gr. in-18, avec 18 fig................. 3 fr. 50

MONCKHOVEN (V.). — TRAITÉ D'OPTIQUE PHOTOGRAPHIQUE, comprenant
la description des objectifs et appareils d'agrandissement. Paris, 1866,
1 vol. in-12, avec figures dans le texte et 5 planches......... 4 fr.

MONCKHOVEN (V.). — TRAITÉ GÉNÉRAL DE PHOTOGRAPHIE, comprenant tous
les procédés connus jusqu'à ce jour, suivi de la théorie de la photographie et de son application aux sciences d'observation. 5e édition. Paris,
1865, 1 vol. grand in-8, avec 225 figures dans le texte....... 10 fr.

NIEPCE DE SAINT-VICTOR. — TRAITÉ PRATIQUE DE GRAVURE HÉLIOGRA-
PHIQUE sur acier et sur verre, avec un portrait de l'auteur gravé par
ses procédés. Paris, 1856, petit in-4....................... 5 fr.

NORMANDY (A.). — TABLEAUX D'ANALYSE CHIMIQUE; ouvrage présentant
toutes les opérations de l'analyse qualitative, avec nombreuses observations pratiques. Paris, 1858, 1 vol. in-4, avec fig., relié en toile. 25 fr.

ODLING. — MANUEL DE CHIMIE THÉORIQUE ET PRATIQUE. Édition française
publiée avec autorisation de l'auteur, par M. Edmond WILLM. Première
partie : Métalloïdes. Paris, 1868, 1 vol. in-8, avec figures dans le
texte.. 7 fr.

PASTEUR (L.). — ÉTUDES SUR LE VIN, ses maladies, causes qui les provoquent, procédés nouveaux pour le conserver et pour le vieillir.
Paris, 1866, 1 vol. in-8, avec planches coloriées, imprimé à l'Imprimerie Impériale.. 15 fr.

PASTEUR. — ÉTUDES SUR LE VINAIGRE, sa fabrication, ses maladies, moyens
de les prévenir; nouvelles observations sur la conservation des vins par
la chaleur. Paris, 1868, 1 vol. in-8........................ 4 fr.

PECLET (E.). — TRAITÉ DE LA CHALEUR CONSIDÉRÉE DANS SES APPLICATIONS.
3e édition, entièrement refondue et accompagnée de 650 figures dans
le texte. Paris, 1860-1861, 3 vol. grand in-8............... 42 fr.

PELOUZE ET FREMY. — TRAITÉ DE CHIMIE GÉNÉRALE, ANALYTIQUE, INDUS-
TRIELLE ET AGRICOLE. 3e édition, entièrement refondue, avec nombreuses figures dans le texte. Paris, 1866. Cette troisième édition
comprend six tomes grand in-8 compactes, dont l'un publié en deux

·volumes destinés à être reliés séparément. Une table des matières
formant un volume séparé et ne renfermant pas moins de 12,000 mots,
facilite les recherches dans cet important ouvrage, le plus complet
que possède la science. — Prix de l'ouvrage complet. 7 vol.. 100 fr.

PELOUZE et FREMY. — Notions générales de chimie. Un beau volume
imprimé avec luxe, accompagné d'un atlas de 24 planches en couleur,
cartonné... 10 fr.
Le même ouvrage, édition classique, avec 24 planches en noir. · 5 fr.

PERSOZ. — Traité théorique et pratique de l'impression des tissus.
Paris, 1846, 4 beaux vol. in-8, avec 165 figures et 429 échantillons d'é-
toffes intercalés dans le texte, et accompagnés d'un atlas de 10 planches in-4 gravées en taille-douce, dont 4 sont coloriées. Ouvrage auquel
la Société d'encouragement a accordé une médaille de 3,000 fr. 70 fr.

REGNAULT. — Cours élémentaire de chimie. 6º édition. Paris, 1868,
4 vol. gr. in-18, avec 2 pl. en taille-douce et 700 figures...... 20 fr.

REGNAULT. — Premiers éléments de chimie. 4º édition. Paris, 1861,
1 vol. grand in-18, avec 142 figures dans le texte............... 5 fr.

ROSE (H.). — Traité complet de chimie analytique. Édition française
originale. Paris, 1859-1862, 2 volumes grand in-8............. 24 fr.
Le premier volume est consacré à la chimie qualitative, le second à la
chimie quantitative. Chacun est vendu séparément............. 12 fr.

SCHUTZENBERGER (P.). — Chimie appliquée a la physiologie animale,
a la pathologie et au diagnostic médical. Paris, 1864, 1 vol. in-8. 6 fr.

SCHUTZENBERGER (P.). — Traité des matières colorantes, comprenant
leurs applications à la teinture et à l'impression, publié sous les auspices
de la Société industrielle de Mulhouse, et avec le concours du Comité
de chimie. Paris, 1867, 2 vol. in-8, avec fig. et échantillons. 19 fr.

SOUBEIRAN. — Précis élémentaire de physique. 2º édit., augmentée.
Paris, 1844, 1 vol. in-8, avec 13 planches in-4................. 5 fr.

VERDEIL. — De l'industrie moderne. Paris, 1861, 1 vol. in-8. 7 fr. 50

VERDET (OEuvres d'E.), publiées par les soins de ses élèves. 8 volumes
gr. in-8 raisin, avec figures dans le texte, et imprimés avec luxe par
l'Imprimerie Impériale.

Prix pour les souscripteurs à l'ouvrage complet................. 75 fr.
On peut avoir séparément :

Tome I. Introduction, par M. de la Rive, mémoires originaux... 12 fr.

Tomes II et III. Cours de physique professé à l'École polytechnique, publié par M. E. Fernet, répétiteur à l'École polytechnique. 2 vol. grand
in-8, avec fig. dans le texte........................... 24 fr.

Tome IV. Conférences de physique faites à l'École normale, publiées par
M. A. Gernez, ancien élève de l'École normale. 1 vol. in-8, avec fig. 12 fr.

Tomes V et VI. Leçons d'optique physique, publiées par M. Levistal, ancien élève de l'École normale. 2 vol. grand in-8, avec figures dans le texte... 24 fr.

Tomes VII et VIII. Théorie mécanique de la chaleur, publié par M. A. Prudhon et Violle, ancien élève de l'École normale. 2 vol. grand in-8, avec figures dans le texte................................... 24 fr.

WILLEMIN (Ad.). — Traité de l'agrandissement des épreuves photo-graphiques; étude critique des divers appareils employés aux agran-dissements, suivi d'une méthode pour obtenir les épreuves micro-scopiques. Paris, 1865, grand in-8, avec figures............. 2 fr. 50

WURTZ (Ad.). — Leçons élémentaires de chimie moderne. 1 vol. in-18, avec nombreuses figures. Paris, 1868..................... 7 fr.

WURTZ. — Traité de chimie médicale, comprenant quelques notions de toxicologie, et les principales applications de la chimie à la physio-logie, à la pathologie, à la pharmacie et à l'hygiène. 2ᵉ édition. Paris, 1868, 2 vol. in-18, avec figures dans le texte................. 16 fr.

Chaque volume est vendu séparément..................... 8 fr.

HISTOIRE NATURELLE

ADANSON (Michel). — Histoire de la botanique et plan des familles na-turelles des plantes. 2ᵉ édition, préparée par l'auteur et publiée sur ses manuscrits, par *Alex. Adanson* et *J. Payer*. Paris, 1847-1864, 1 vol. grand in-8, avec une planche..................................... 6 fr.

AGARDH (J.). — Algæ maris mediterranei et adriatici, observationes in diagnosin specierum et dispositionem generum. Parisiis, 1841, grand in-8 .... 3 fr. 50

AGARDH (J.). — Species, genera et ordines algarum : — Volumen pri-mum, Algas fucoideas complectens. Lundæ, 1848, 1 vol. in-8.. 12 fr. — Volumen secundum, Algas florideas complectens, publié en cinq fascicules. Lundæ, 1851-1863....................................... 39 fr.

AGARDH (J.). — Theoria systematis plantarum ; accedit familiarum pha-nerogamarum in series naturales dispositio secundum structuræ normas et evolutionis gradus instituta. Lundæ, 1858, 1 vol. in-8, avec atlas de 28 planches.. 24 fr.

AGASSIZ. — Système glaciaire, ou Recherches sur les glaciers, leur mé-canisme, leur ancienne extension, et le rôle qu'ils ont joué dans l'his-toire de la terre. Paris, 1847, 1 vol. grand in-8, avec un atlas de 3 cartes et 9 planches en partie coloriées...................................... 50 fr.

ANNALES DES SCIENCES NATURELLES, séries 1 à IV, 1824 à 1863.
1re série, 30 volumes................................... 300 fr.
   A partir de la 2e série, chacune des séries comprend 20 volumes
pour la Zoologie, et 20 volumes pour la Botanique, et est vendue
400 francs. — Soit pour les 4 séries..................... 1,600 fr.
ANNALES DES SCIENCES NATURELLES, Ve série, commençant le
1er janvier 1864.
— ZOOLOGIE ET PALÉONTOLOGIE, comprenant l'anatomie, la physiologie,
la classification et l'histoire naturelle des animaux, publiées sous la
direction de *M. Milne-Edwards.*
Il est publié chaque année 2 vol. gr. in-8, avec environ 35 planches.
Paris.................. 25 fr. | Départements.......... 26 fr.
— BOTANIQUE, comprenant l'anatomie, la physiologie, la classification et
l'histoire naturelle des végétaux, publiée sous la direction de *MM. Ad.
Brongniart et J. Decaisne.*
Il est publié chaque année 2 volumes gr. in-8, avec 35 planches environ.
Paris.................. 25 fr. | Départements.......... 26 fr.
AUDOUIN (V.) ET MILNE-EDWARDS. — RECHERCHES POUR SERVIR A L'HIS-
TOIRE NATURELLE DU LITTORAL DE LA FRANCE, ou Recueil de mémoires
sur l'anatomie, la physiologie, la classification et les mœurs des animaux
de nos côtes. 2 vol. grand in-8, ornés de planches grav. et color. 34 fr.
BAILLON. — ÉTUDE GÉNÉRALE DU GROUPE DES EUPHORBIACÉES. Recherche
des types. — Organographie. — Organogénie. — Distribution géogra-
phique. — Affinités. — Classification. — Description des genres. Paris,
1858, 1 vol. grand in-8, avec atlas cartonné.................. 36 fr.
BAILLON. — MONOGRAPHIE DES BUXACÉES ET DES STYLOCÉRÉES. Paris, 1859,
1 vol. grand in-8, avec 3 planches gravées.................. 5 fr.
BERT (PAUL). — CATALOGUE MÉTHODIQUE DES ANIMAUX VERTÉBRÉS qui vi-
vent à l'état sauvage dans le département de l'Yonne, avec la clef des
espèces et leur diagnose. Paris, 1864, in-8, 2 pl.............. 4 fr.
BEUDANT. — COURS ÉLÉMENTAIRE DE MINÉRALOGIE ET DE GÉOLOGIE.
10e édition. Paris, 1863, 1 vol. in-18, avec 800 figures......... 6 fr.
CHENU. — MANUEL DE CONCHYLIOLOGIE ET DE PALÉONTOLOGIE CONCHYLIO-
LOGIQUE, contenant la description et la représentation de près de 5,000
coquilles. Paris, 1862, 2 vol. in-4, avec 4943 figures dans le texte, dont
les principales coloriées .... 32 fr.
COSSON (E.) ET GERMAIN (E.). — FLORE DES ENVIRONS DE PARIS, ou Description des plantes qui croissent spontanément dans cette région et de
celles qui y sont généralement cultivées, accompagnée de tableaux
synoptiques et d'une carte des environs de Paris. 2e édition, 1861,
1 très-fort vol. in-8.................................... 15 fr.
COSSON (E.) ET GERMAIN (E.). — SYNOPSIS DE LA FLORE DES ENVIRONS DE
PARIS, destinée aux herborisations, contenant la description des familles
et des genres, celle des espèces et des variétés sous la forme analytique,
avec leur synonymie et leurs noms français, l'indication des propriétés

des plantes employées en médecine, dans l'industrie et dans l'économie domestique, et une table des noms vulgaires. 2e édition. Paris, 1859, 1 vol. in-18.. 4 fr.

COSTE. — HISTOIRE GÉNÉRALE ET PARTICULIÈRE DU DÉVELOPPEMENT DES CORPS ORGANISÉS, publiée sous les auspices du Ministre de l'instruction publique. Paris, 1848-1860, 3 volumes in-4, avec 50 planches grand in-plano, gravées en taille-douce, imprimées en couleur et accompagnées de contre-épreuves portant la lettre. Prix de la livraison. 52 fr.

4 livraisons sont eu vente, texte et planches.

CUVIER. — LETTRES DE GEORGES CUVIER SUR LA POLITIQUE ET SUR L'HISTOIRE NATURELLE, écrites en allemand, à son ami Pfaff, de 1788 à 1792; publiées pour la première fois en français. Traduction du docteur *Marchant.* Paris, 1858, 1 vol. grand in-18, avec 1 planche.......... 1 fr.

CUVIER (GEORGES). — LE RÈGNE ANIMAL distribué d'après son organisation, pour servir de base à l'Histoire naturelle des animaux et d'introduction à l'Anatomie comparée. Nouvelle édition, publiée par une réunion de professeurs. Paris, 1836-1850, 11 volumes de texte, et 11 atlas formant un ensemble de 993 planches, dont 13 sont doubles, dessinées d'après nature et gravées en taille-douce.

Les 11 tomes du texte, brochés en 10 volumes, les 993 planches et leurs explications réunies en 39 étuis :

Avec planches en noir................................... 590 fr.
Avec planches coloriées............................... 1,310 fr.

DARWIN (CH.). — DE L'ORIGINE DES ESPÈCES, ou Des lois du progrès chez les êtres organisés. Traduit en français par Mlle *Clémence-Aug. Royer.* 2e édition, revue et corrigée. Paris, 1865, 1 vol. in-8.. 7 fr. 50

DAUBRÉE (A.). — CLASSIFICATION ADOPTÉE pour la collection des roches du Muséum d'histoire naturelle de Paris. Paris, 1867, 1 broch. in-8. 2 fr.

DE CANDOLLE. — PRODROMUS SYSTEMATIS NATURALIS REGNI VEGETABILIS, *sive Enumeratio contracta ordinum, generum specierumque plantarum hucusque cognitarum.* Paris, 1824-1866, in-8.

— En vente, les tomes I à XV, et tome XVI, 2e partie......... 262 fr.
Chacun des volumes depuis le tome VIII est vendu............ 16 fr.
Le tome XIII a une deuxième partie vendue................... 12 fr.
Le tome XV, 1re partie, 1864, 1 vol. in-8................... 12 fr.
Le tome XV, 2e partie, in-8. Paris, 1863-1866................ 34 fr.
Le tome XVI, 2e partie, in-8. Paris, 1868.................... 16 fr.

DE CANDOLLE. — INDEX CANDOLLEANUS, par *Buek,* contenant la table des genres, espèces et synonymes des vol. I à XIII inclusivement du *Prodromus.* 2 vol. in-8.. 30 fr.

DE CANDOLLE (A.). — GÉOGRAPHIE BOTANIQUE RAISONNÉE. Paris, 1855, 1 tome grand in-8 de 1,300 pages, divisé en 2 volumes compactes, avec cartes coloriées.. 25 fr.

DESHAYES (V.). — ATLAS DE CONCHYLIOLOGIE, avec texte explicatif. Paris,

. 1858, atlas grand in-8 de 130 planches. Prix, avec figures en noir.. 30 fr.

— *Le même*, fig. coloriées.................................... 72 fr.

D'ORBIGNY (ALCIDE). — PALÉONTOLOGIE FRANÇAISE. Description de tous les animaux mollusques et rayonnés fossiles de France, avec des figures de toutes les espèces, lithographiées d'après nature.

TERRAIN CRÉTACÉ. CÉPHALOPODES, 1 vol. de texte, avec atlas de 150 pl.. 48 fr.
— GASTÉROPODES, 1 vol. de texte, avec atlas de 91 pl.. 30 fr.
— LAMELLIBRANCHES, 1 vol. de texte, avec atlas de 257 pl. 80 fr.
— BRACHIOPODES, 1 vol. de texte, avec atlas de 111 pl. 35 fr.
— BRYOZOAIRES, 1 vol. de texte, avec atlas de 202 pl.. 65 fr.
— ÉCHINIDES IRRÉGULIERS, 1 v. de texte, avec atl. de 207 pl. 67 fr.

Ensemble : 6 vol. de texte et 6 atlas de 1,018 planches............ 325 fr.

TERRAIN JURASSIQUE. CÉPHALOPODES, 1 vol. de texte, avec atlas de 234 pl. 75 fr.
— GASTÉROPODES, 1 vol. de texte, avec atlas de 198 pl. 65 fr.

Ensemble : 2 vol. de texte et 2 atlas de 432 planches............. 140 fr.

PALÉONTOLOGIE FRANÇAISE.—Continuation de l'ouvrage de *d'Orbigny* par une réunion de paléontologistes, sous la direction d'un comité spécial, composé de membres de la Société géologique de France. Cette suite paraît pour les *terrains Crétacés* et pour les *terrains Jurassiques* par livraisons de douze planches avec le texte correspondant. Prix de la livraison.. 6 fr.

24 livraisons sont en vente du Terrain Crétacé et 14 du Terrain Jurassique.

D'ORBIGNY (ALCIDE). — COURS ÉLÉMENTAIRE DE PALÉONTOLOGIE ET DE GÉOLOGIE STRATIGRAPHIQUES. Paris, 1852, 2 tomes publiés en 3 volumes in-18, avec 1046 gravures dans le texte et accompagnés d'un atlas in-4 de 17 tableaux, cartonnés.................................... 15 fr.

D'ORBIGNY (ALCIDE). — PRODROME DE PALÉONTOLOGIE STRATIGRAPHIQUE UNIVERSELLE, faisant suite au Cours élémentaire de paléontologie et de géologie stratigraphiques. 3 vol. gr. in-18 jésus.............. 12 fr.

EDWARDS (ALPH. MILNE-). — DE LA FAMILLE DES SOLANACÉES. Paris, 1864, gr. in-8, avec 2 planches coloriées.............................. 4 fr.

EDWARDS (ALPH. MILNE-). — RECHERCHES ANATOMIQUES ET PALÉONTOLOGIQUES pour servir à l'histoire des oiseaux fossiles de la France.

Cet ouvrage, qui a obtenu le grand prix des sciences physiques en 1866, paraît par livraisons mensuelles de deux ou trois feuilles de texte et 5 planches in-4°, à partir du 15 décembre 1866. Il sera complet en 40 livraisons.

Prix de chaque livraison.................................... 5 fr.

Vingt-deux livraisons formant le premier volume sont en vente.

EDWARDS (MILNE-). — HISTOIRE DES CRUSTACÉS PODOPHTHALMAIRES FOSSILES. Paris, 1865, tome Ier, grand in-4, accompagné de 36 planches. 35 fr.

EDWARDS (MILNE-). — COURS ÉLÉMENTAIRE D'HISTOIRE NATURELLE, Zoologie. 10e édition. Paris, 1867, 1 vol. in-18, avec 484 figures...... 6 fr.

EDWARDS (MILNE-). — LEÇONS SUR LA PHYSIOLOGIE ET L'ANATOMIE COMPARÉE DE L'HOMME ET DES ANIMAUX.

L'ouvrage comprendra environ douze volumes grand in-8 du prix de 9 fr.

En vente : les tomes I à IX, 1re partie. Paris, 1857 à 1866.. 77 fr.

Le complément de l'ouvrage sera publié par demi-volumes de 6 mois en 6 mois.

ETTINGSHAUSEN (Constantin d') et **ALOIS POKORNY.**—Physiotypia plantarum austriacarum. L'*Impression naturelle* appliquée à la représentation des plantes vasculaires, et particulièrement à celle de leur nervation. 500 planches in-folio et 30 planches in-4. Imprimé aux frais de l'État par l'Imprimerie impériale et royale d'Autriche. Vienne, 1856, 5 vol. in-folio et 1 vol. in-4.................................... 700 fr.

FAVRE (Alph.). — Recherches géologiques dans les parties de la Savoie, du Piémont et de la Suisse voisines du mont Blanc. 3 vol. in-8, avec un atlas de 32 planches in-folio, cartonnés............. 60 fr.

GAUTIER (A.). — Introduction philosophique à l'étude de la géologie. Paris, 1853, 1 vol. in-8.................................... 3 fr.

GEOFFROY SAINT-HILAIRE (Isidore). — Histoire naturelle générale des règnes organiques, principalement étudiée chez l'homme et les animaux. Paris, 1854 à 1862, 3 vol. in-8...................... 24 fr.

GRATIOLET. — Recherches sur l'anatomie de l'hippopotame. Publiées par les soins du Dr Alix. 1 vol. in-4, avec 12 pl. lithographiées. 35 fr.

HISTOIRE NATURELLE DU JURA ET DES DÉPARTEMENTS VOISINS.

I. Géologie, par le *F. Ogérien.* Paris, 1867, 1 vol. in-8 en deux parties, in-8, avec 236 fig., une carte météorologique et une carte géologique coloriées.................................... 15 fr.

II. Botanique, par *Michalet.* Paris, 1864, 1 vol. in-8........... 5 fr.

III. Zoologie vivante, par le *F. Ogérien.* Paris, 1863, 1 vol. in-8, avec 211 figures.................................... 7 fr.

JUSSIEU (de).—Cours élémentaire d'histoire naturelle.— Botanique. Paris, 1866, 9e édition, 1 vol. avec 812 fig. dans le texte..... 6 fr.

LACAZE-DUTHIERS. — Histoire de l'organisation, du développement, des moeurs et des rapports zoologiques du dentale. Paris, 1858, 1 vol. in-4, accompagné de 11 planches gravées et de 3 planches en chromolithographie.................................... 25 fr.

LE MAOUT. — Leçons élémentaires de botanique, fondées sur l'analyse de 50 plantes vulgaires et formant un traité complet d'organographie et de physiologie végétale, à l'usage des étudiants et des gens du monde. 3e édition, 1867. 1 vol. grand in-8, avec atlas de 50 plantes vulgaires et 700 figures dans le texte.

Avec l'atlas noir.................................... 12 fr.

Avec l'atlas colorié.................................... 16 fr.

MONTAGNA. — De la houille dans le royaume d'Italie; mémoire sur de nouvelles conséquences géologique et industrielle; traduction faite par *L. Hawerman.* 1 vol. in-8, avec 9 planches............... 5 fr.

OBERLIN. — Aperçu systématique des végétaux médicinaux, alimentaires, ainsi que des végétaux employés dans les arts et l'industrie. 1867. 1 vol. in-18.................................... 2 fr.

PAYER (J.). — ÉLÉMENTS DE BOTANIQUE. Paris, 1857, première partie, *Organographie.* 1 vol. gr. in-18, avec 600 fig. intercalées dans le texte. 5 fr. L'ouvrage sera continué par M. *Baillon*, professeur à la Faculté de médecine de Paris.

PAYER (J.). — TRAITÉ D'ORGANOGÉNIE COMPARÉE DE LA FLEUR. Paris, 1857. 1 vol. grand in-8, avec un atlas de 154 planches gravées en taille-douce, 2 vol., demi-reliure maroquin, les planches montées sur onglets. 160 fr.

PERRIS. — HISTOIRE DES INSECTES DU PIN MARITIME, tome I : Coléoptères. In-8, avec 12 planches.. 25 fr.

ROBINEAU. — HISTOIRE NATURELLE DES DIPTÈRES DES ENVIRONS DE PARIS. Ouvrage posthume publié par M. *Monceaux.* 2 vol. in-8....... 30 fr.

ROQUES (J.). — ATLAS DES CHAMPIGNONS COMESTIBLES ET VÉNÉNEUX, représentant les cent espèces ou variétés les plus répandues, avec un texte explicatif contenant la description détaillée des cent espèces, l'indication des lieux où elles croissent, leurs qualités alimentaires ou nuisibles. Extrait de la 2e édit. Paris, 1864, 1 atlas gr. in-4 de 24 pl. color. 15 fr.

SAUSSURE (H. DE). — ÉTUDES SUR LA FAMILLE DES VESPIDES. 3 vol. et atlas divisés comme suit :

— MONOGRAPHIE DES GUÊPES SOLITAIRES, ou de la tribu des Euméniens. Paris, 1852, 1 vol. grand in-8, avec atlas colorié de 22 planches. 36 fr.

— MONOGRAPHIE DES GUÊPES SOCIALES. Paris, 1860, 1 vol. grand in-8, avec atlas colorié de 39 planches...................................... 66 fr.

— MONOGRAPHIE DES MASARIENS. Paris, 1856, 1 vol. grand in-8, avec atlas colorié de 16 planches.. 42 fr.

SAUSSURE (H. DE). — MÉMOIRES POUR SERVIR A L'HISTOIRE NATURELLE DU MEXIQUE, DES ANTILLES ET DES ÉTATS-UNIS.

1re livraison. CRUSTACÉS. 1858, in-4, avec 6 planches............. 9 fr.

2e livraison. MYRIAPODES. 1860, in-4, avec 7 pl., dont 1 coloriée. 10 fr.

3e et 4e livraisons : ORTHOPTÈRES. — BLATTIDES. 1 vol. grand in-4 de 279 pages, avec 2 planches coloriées................................. 20 fr.

SAUSSURE (H. DE). — MÉLANGES HYMÉNOPTÉROLOGIQUES, 1er et 2o fascicules. In-4, avec planches coloriées. Prix de chaque fascicule.. 6 fr.

SAUSSURE (H. DE). — MÉLANGES ORTHOPTÉROLOGIQUES. 1er fascicule. In-4, avec planche coloriée....................................... 6 fr.

SAUSSURE (H. DE) et SICHEL (JULES). — CATALOGUS SPECIERUM GENERIS SCOLIA (SENSU LATIORI), continens specierum diagnoses, descriptiones synonymiamque, additis annotationibus explanatoriis criticisque. 1 vol. grand in-8 de 352 pages, avec 2 planches coloriées............ 8 fr.

SCROPE (POULETT). — LES VOLCANS, leurs caractères et leurs phénomènes, avec un catalogue descriptif de toutes les formations volcaniques aujourd'hui connues ; ouvrage traduit de l'anglais par *E. Pieraggi.* Paris, 1864, 1 vol. in-8, relié à l'anglaise, avec 2 planches coloriées et figures dans le texte... 14 fr.

UNGER (F.). — LE MONDE PRIMITIF A SES DIFFÉRENTES ÉPOQUES DE FORMATION. Seize gravures, avec texte explicatif. 2e édition, revue et augmentée de deux gravures. Leipzig et Paris, 1860, grand in-plano.. 86 fr.

WALPERS (G. G.). — Repentorium botanices systematicæ. Lipsiæ, 1842-1848, 6 vol. in-8.. 140 fr.

WALPERS (G. G.). — Annales botanices systematicæ. Lipsiæ, 1848-1858, in-8. Tomes I à VI.................................... 170 fr.

WEBB (P.B.). — Otia hispanica, seu Delectus plantarum rariorum aut. nondum rite notarum per Hispanias sponte nascentium. Paris, 1853, 1 vol. petit in-folio, avec 45 planches gravées en taille-douce.. 39 fr.

AGRICULTURE
ET HORTICULTURE

BALTET (Ch.). — L'Horticulture en belgique, son enseignement, ses institutions, son organisation officielle. 1 vol. in-4, avec 7 planches. Paris, 1865.. 10 fr.

BALTET (Ch.). — Culture du poirier, comprenant la plantation, la taille, la mise à fruit et la description des cent meilleures poires. 4e édition. Paris, 1867, 1 vol. in-18, avec figures............. 1 fr.

BALTET. — L'art de greffer. Paris, 1868. 1 vol. petit in-8, avec fig. dans le texte.. 2 fr. 50

BARRAL. — Trilogie agricole. Force et faiblesse de l'Agriculture française. Services rendus par la chimie à l'agriculture. Les engrais chimiques et le fumier de ferme. 1 vol. in-18................. 3 fr. 50

BASSET (N.). — Traité théorique et pratique de la fermentation, considérée dans ses rapports généraux avec les sciences naturelles et l'industrie. Paris, 1858, 1 vol. grand in-18................. 3 fr. 50

BOITEL. — Mise en valeur des terres pauvres par le pin maritime, culture et exploitation de cette essence en Gascogne et en Sologne. 2e édition. Paris, 1857, 1 vol. grand in-8, avec une planche et vignettes dans le texte .... 3 fr.

CATÉCHISME D'AGRICULTURE, par F. Baudry et A. Jourdier. 2e édit., revue et corrigée. 1867. 1 vol. in-18, avec 89 figures........ 1 fr.

CAZALIS-ALLUT (Œuvres agricoles de), recueillies et publiées par son fils, le docteur *Frédéric Cazalis*, et précédées d'une Notice biographique sur l'auteur, par M. Henri Marès, avec 1 portrait de M. Cazalis-Allut. Paris, 1865, 1 vol. in-8............................... 6 fr.

CHARNACÉ (le comte Guy de). — Études sur les animaux domestiques. — Amélioration des races. — Consanguinité. — Haras. — Paris, 1864, 1 vol. grand in-18.. 3 fr. 50

DAUDIN (H.). — Le nouveau théâtre d'agriculture, ou Description raisonnée des travaux nécessaires à la culture des terres, accompagnée d'une étude comparative des auteurs latins qui ont écrit sur l'agriculture. Paris, 1864, 1 vol. in-8.................................. 7 fr. 50

DEJERNON (Romuald). — La vigne en France, spécialement dans le sud-est. 1857. 1 vol. in-8.................................. 5 fr.

DICTIONNAIRE général de médecine et de chirurgie vétérinaires et des sciences qui s'y rattachent, par MM. *Lecoq, Rey, Tisserant* et *Tabourin*, professeurs à l'École impériale vétérinaire de Lyon. — Ouvrage adopté par les Écoles vétérinaires de France. Paris, 1850, 1 fort volume grand in-8, à 2 colonnes.............................. 15 fr.

DU BREUIL (A.). — Instruction élémentaire sur la conduite des arbres fruitiers. Greffe, — taille, — restauration des arbres mal taillés ou épuisés par la vieillesse, — culture, — récolte et conservation des fruits. 7e édition. Paris, 1867, 1 vol. in-18, avec 191 figures. 2 fr. 50

DU BREUIL (A.). — Manuel d'arboriculture des ingénieurs. Plantations d'alignement forestières et d'ornement, boisement des dunes, des talus, haies vives des parcelles excédantes des chemins de fer. Paris, 1865, 1 vol. in-18, avec 234 figures dans le texte................. 3 fr. 50

DU BREUIL (A.). — Culture perfectionnée et moins coûteuse du vignoble. Paris, 1863, 1 vol. in-18, avec 144 figures................ 3 fr. 50

DU BREUIL. — Culture des arbres et arbrisseaux a fruits de table. 6e édition du *Cours d'arboriculture*. Paris, 1868. 1 vol. in-18, avec 573 figures intercalées dans le texte et quatre planches....... 8 fr.

GIRARDIN. — Des fumiers et autres engrais animaux. Sixième édition, revue, corrigée et augmentée. Paris, 1864, 1 vol. in-16, avec 62 figures dans le texte.................................... 2 fr. 50

GIRARDIN et DU BREUIL. — Traité élémentaire d'agriculture. 2e édit. Paris, 1863, 2 vol. in-18, avec 955 figures dans le texte.... 16 fr.

GOUREAU (C.). — Les insectes nuisibles aux arbres fruitiers, aux plantes potagères, aux céréales et aux plantes fourragères. Paris, 1862, 1 vol. in-8.................................. 5 fr.

GOUREAU. — Les insectes nuisibles a l'homme, aux animaux et à l'économie domestique. Paris, 1867, 1 vol. in-8.................... 4 fr.

GUYOT (Jules). — Étude des vignobles de France, pour servir à l'enseignement mutuel de la viticulture et de la vinification françaises. 3 vol. grand in-8, avec environ 1200 gravures dans le texte........ 30 fr.

JAMIN. — Les fruits a cultiver........ 1 vol. in-18...... 1 fr. 50

JOIGNEAUX (P.). — Traité des graines de la grande et de la petite culture. Paris, 1867, 1 vol. in-18, avec figures................ 3 fr.

JOIGNEAUX (P.). — Conseils a la jeune fermière. 2e édit. Paris, 1861, 1 vol. grand in-18, avec figures dans le texte................. 1 fr.

JOIGNEAUX (P.) sous le pseudonyme de *P. J. de Varennes*. — Les veillées de la ferme de tourne-bride, ou Entretiens sur l'agriculture, l'exploitation des produits agricoles et l'arboriculture. Paris, 1861, 1 vol. in-12, avec figures dans le texte............................. 1 fr.

JOIGNEAUX (P.). — Le livre de la ferme et des maisons de campagne, publié sous la direction de M. *P. Joigneaux*, avec la collaboration des principaux agronomes. 2e édition, Paris, 1866, 2 vol. grand in-8 jésus, de plus de 2,000 pages, imprimés sur deux colonnes, avec 1,720 figures intercalées dans le texte............................. 32 fr.

JOURNAL DE LA FERME ET DES MAISONS DE CAMPAGNE, revue complémentaire du *Livre de la Ferme,* publié du 1er janvier 1865 au 31 décembre 1866. 4 beaux volumes grand in-8°, avec nombreuses illustrations, par MM. Joigneaux, André, Baltet, Fischer, Koltz, Pons-Tande, etc., etc. — Prix des 4 volumes............... 48 fr.

Chacun est vendu séparément......................... 12 fr.

JOURNAL DE L'AGRICULTURE, fondé et dirigé par J. A. Barral, fusionné à partir du 1er janvier 1867 avec le *Journal de la Ferme,* paraissant le 5 et le 20 de chaque mois, avec gravures et planches coloriées, et donnant en outre le samedi de chaque semaine un bulletin hebdomadaire.

Un an, 25 fr. ; — six mois, 13 fr.; — trois mois, 7 fr.

— Bulletin hebdomadaire de l'agriculture, paraissant tous les samedis en un cahier de 16 pages. Un an, 8 fr. — Six mois, 4 fr. 50. — Les deux journaux, un an................................. 30 fr.

JOURDIER (A.). — L'agriculture a l'exposition universelle de Londres en 1862. Paris, 1863, 1 vol. in-18........................... 1 fr.
Voyez *Catéchisme d'agriculture.*

KOLTZ. — Traité de pisciculture pratique, ou Des Procédés de multiplication et d'incubation naturelle et artificielle des poissons d'eau douce. 3e édit. Paris, 1866, 1 vol. in-18, avec nombreuses fig. 2 fr. 50

KOLTZ. — Les petits ennemis de la betterave. Brochure in-8, avec figures... 1 fr. 50

KUHLMANN (Fréd.). — Expériences chimiques et agronomiques. Paris, 1847, 1 vol. in-8... 3 fr. 50

MAUMENÉ (E. J.). — Indications théoriques et pratiques sur le travail des vins, et en particulier des vins mousseux. Paris, 1858, 1 vol. grand in-8, avec 100 figures dans le texte........................ 12 fr.

PASTEUR (L.). — Études sur le vin, ses maladies, causes qui les provoquent, procédés nouveaux pour le conserver et pour le vieillir.

Paris, 1866, 1 vol. In-8, avec planches coloriées, imprimé à l'Imprimerie Impériale... 15 fr.

PERSOZ (J.). — NOUVEAU PROCÉDÉ DE CULTURE DE LA VIGNE. Paris, 1849,
brochure grand In-8, avec deux planches In-4 gravées en taille-douce
par *Wormser*... 1 fr. 50

QUATREFAGES (A. DE). — ÉTUDES SUR LES MALADIES ACTUELLES DU VER A SOIE.
Paris, 1859, 1 vol. In-4, avec 6 planches Imprimées en couleur et re-
touchées au pinceau.. 16 fr.

QUATREFAGES. — NOUVELLES RECHERCHES FAITES EN 1859, sur les maladies
actuelles du ver à soie. Paris, 1860, 1 vol. In-4............ 3 fr. 50

RENDU (VICTOR). — AMPÉLOGRAPHIE FRANÇAISE, ou Traité sur la vigne,
comprenant la statistique, la description des meilleurs cépages, l'analyse chimique du sol et les procédés de culture et de vinification des
principaux vignobles de la France. Ouvrage publié sous les auspices de
M. le Ministre de l'agriculture, du commerce et des travaux publics.
Paris, 1857, 1 vol. de texte In-folio et un atlas de 70 planches magni-
fiquement coloriées... 150 fr.

— *Le même ouvrage*, texte seul. 1857, 1 beau vol. grand In-8.   6 fr.

ROQUES (J.). — ATLAS DES CHAMPIGNONS COMESTIBLES ET VÉNÉNEUX, représentant les cent espèces ou variétés les plus répandues, avec un texte
explicatif contenant la description détaillée des cent espèces, l'indication des lieux où elles croissent, leurs qualités alimentaires ou nuisibles. Extrait de la 2e édition. Paris, 1864, 1 atlas grand In-4° de 24
planches coloriées.. 15 fr.

ROSE-CHARMEUX. — CULTURE DU CHASSELAS A THOMERY. Paris, 1862,
1 vol. In-18, avec 41 figures.................................. 2 fr.

SERINGE (N. C.). — DESCRIPTION ET CULTURE DES MURIERS, leurs espèces
et leurs variétés. Paris, 1855, 1 vol. grand In-8, avec figures dans le
texte, accompagné d'un atlas In-4 de 27 planches.............. 9 fr.

THENARD. — NOTICE SUR LE VINAGE DES VINS, en franchise des droits sur
l'alcool qui lui est consacré. Paris, 1864, br. gr. In-8....... 1 fr. 50

TISSERAND (EUG.). — ÉTUDES ÉCONOMIQUES SUR LE DANEMARK, LE HOLSTEIN
ET LE SLESWIG. 1 vol. In-4, accompagné de 3 cartes et 10 planches
lithog. Paris, 1865... 10 fr.

TRACY (VICTOR DE). — LETTRES SUR LA VIE RURALE. 2e édition. Paris, 1861,
1 vol. In-18.. 1 fr.

WECKHERLIN (A. DE). — ZOOTECHNIE GÉNÉRALE. Reproduction, amélioration, élevage des animaux domestiques. Traduit de l'allemand par
M. *Verheyen*. Paris, 1857, 1 vol. grand In-8................. 2 fr.

VERGER (Le). — Publication périodique d'arboriculture et de pomologie, dirigée par M. Mas. Paraissant depuis janvier 1865.

Le Verger publie mensuellement une livraison de 16 pages de texte, contenant la description et la culture de huit variétés, et la représentation de chacune d'elles par la chromolithographie et une *Chronique horticole* formant une feuille spéciale spécialement réservée aux questions horticoles.

Prix de l'abonnement annuel, rendu *franco* dans la France... **25 fr.**

PHILOSOPHIE MÉDICALE
ET MÉDECINE POPULAIRE

BICHAT. — Recherches physiologiques sur la vie et la mort, suivies de notes par M. le Dr Cerise. 4ᵉ édition. Paris, 1 vol. gr. in-18.... **3 fr.**

BONNET. — L'aliéné devant lui-même, l'appréciation légale, la législation, les systèmes, la société et la famille, avec une préface par Brierre de Boismont. Paris, 1866, 1 vol. in-8................... **9 fr.**

BOURGAREL (E.). — Conseils aux mères concernant l'hygiène et les maladies les plus communes de l'enfance. 1863, 1 vol. in-18... **3 fr. 50**

CABANIS. — Rapports du physique et du moral de l'homme. Nouv. édit. publiée par le docteur Cerise. Paris, 1867, 2 vol. in-18....... **6 fr.**

CHAVASSE (Pye-Henry). — Conseils a une mère sur la manière d'élever ses enfants. Traitement à suivre dans les maladies et les accidents qui réclament des soins immédiats. Premier âge, traduit de l'anglais sur la 9ᵉ édition, par *John Montaigu Didsbury*. 1 vol. in-18..... **1 fr. 50**

DELABARRE. — Des accidents de la dentition chez les enfants en bas âge, et des moyens de les combattre. Paris, 1851, 1 vol. in-8, avec fig. dans le texte.. **1 fr.**

DES ÉTANGS. — Du suicide politique en France, depuis 1789 jusqu'à nos jours. Paris, 1860, 1 vol. in-8............................ **3 fr.**

DEVAY (Francis). — Du danger des mariages entre consanguins sous le rapport sanitaire. 2ᵉ édition. 1 vol. in-18............... **2 fr. 50**

DU VIVIER. — De la mélancolie. Paris, 1864, 1 vol. gr. in-18.... **3 fr.**

FONSSAGRIVES (J. B.). — Entretiens familiers sur l'hygiène. Paris, 1867, 1 vol. in-18.. **4 fr.**

FONSSAGRIVES (J. B.). — Le role des mères dans les maladies des enfants, ce quelles doivent savoir pour seconder le médecin. Paris, 1868, 1 vol. in-18.................................. **3 fr. 50**

FONTERET (A. L.). — HYGIÈNE PHYSIQUE ET MORALE DE L'OUVRIER dans les grandes villes en général, et dans la ville de Lyon en particulier. Paris, 1858, 1 vol. grand in-18....................................... 3 fr.

HEISER. — TRAITÉ DE GYMNASTIQUE RAISONNÉE AU POINT DE VUE ORTHOPÉDIQUE, HYGIÉNIQUE ET MÉDICAL, ou Cours d'exercices appropriés à l'éducation physique des deux sexes. Paris, 1854, 1 vol. in-8, avec 123 figures... 6 fr.

JAMES (CONSTANTIN). — GUIDE PRATIQUE AUX EAUX MINÉRALES françaises et étrangères. 6e édition, avec une carte itinéraire des eaux et les principaux établissements thermaux. Paris, 1867, 1 fort vol. grand in-18 de 600 pages, broché... 8 fr. 50

JAMES (CONSTANTIN). — ACCIDENTS ET MALADIES. Premiers soins à donner avant l'arrivée du médecin. 1 vol. in-18, cartonné............. 6 fr.

LAURENT (ARM.). — ÉTUDE MÉDICO-LÉGALE SUR LA SIMULATION DE LA FOLIE. Considérations cliniques et pratiques à l'usage des médecins experts, des magistrats et des jurisconsultes. Paris, 1866, 1 vol. in-8..... 6 fr.

LAPASSE (VICOMTE DE). — ESSAI SUR LA CONSERVATION DE LA VIE, suivi d'un formulaire. Paris, 1860, 1 vol. in-8................... 7 fr. 50

LAPASSE (VICOMTE DE). — HYGIÈNE DE LONGÉVITÉ, guérison des migraines, maux d'estomac, maux de nerfs et vapeurs. Suite à l'Essai sur la conservation de la vie. Paris, 1861, 1 vol. in-18.................. 2 fr.

LEPELLETIER (de la Sarthe). — TRAITÉ COMPLET DE LA PHYSIOGNOMONIE, ou L'homme moral positivement révélé par l'étude raisonnée de l'homme physique, avec des considérations sur les tempéraments, les caractères, leurs influences réciproques. Paris, 1864, 1 vol. in-8......... 7 fr. 50

LIEBAULT (A. A.). — DU SOMMEIL ET DES ÉTATS ANALOGUES, considérés surtout au point de vue de l'action du moral sur le physique. Paris, 1866, 1 vol. in-8.. 6 fr.

MOREAU (de Tours). — LA PSYCHOLOGIE MORBIDE DANS SES RAPPORTS AVEC LA PHILOSOPHIE DE L'HISTOIRE. Paris, 1859, 1 vol. in-8, avec une pl. 8 fr.

MOREL (A.). — TRAITÉ DES MALADIES MENTALES. Paris, 1860, 1 vol. grand in-8 compacte... 13 fr.

MOURE (A.) ET **MARTIN.** — VADE-MECUM DU MÉDECIN PRATICIEN, précis de thérapeutique spéciale, de pharmaceutique, de pharmacologie. Paris, 1845, 1 beau vol. grand in-18 compacte................... 3 fr. 50
— *Le même*, demi-reliure... 5 fr.

ROTUREAU (A.). — DES PRINCIPALES EAUX MINÉRALES DE L'EUROPE. Allemagne et Hongrie, France, Angleterre, Belgique, Espagne, Portugal, Italie, Suisse. Paris, 1858-1864, 3 vol. in-8................. 25 fr.

Chaque volume est vendu séparément :

ROUSSEL. — SYSTÈME PHYSIQUE ET MORAL DE LA FEMME; nouvelle édition, contenant une notice biographique sur Roussel et des notes, par le docteur CERISE. Paris, 1860, 1 vol. grand in-18............... 3 fr.

SAUZE (ALFRED). — ÉTUDES MÉDICO-PSYCHOLOGIQUES SUR LA FOLIE. Paris, 1882, 1 vol. in-8... 5 fr.

SCHREBER. — GYMNASTIQUE DE CHAMBRE médicale et hygiénique, ou Représentation et description de mouvements gymnastiques n'exigeant aucun appareil ni aide et pouvant s'exécuter en tout temps et en tous lieux. 2e édit. Paris, 1867, 1 vol., avec 45 figures............. 3 fr.

TISSOT. — L'ANIMISME, ou la Matière et l'esprit conciliés par l'identité de principe et la diversité des fonctions dans les phénomènes organiques et psychiques. Paris, 1865, 1 vol. in-8........................... 7 fr. 50

TISSOT. — La VIE DANS L'HOMME; t. I, Psychologie expérimentale. Paris, 1861, 1 vol. in-8... 7 fr. 50

TISSOT. — LA VIE DANS L'HOMME; tome II, Psychologie rationnelle. Paris, 1861, 1 vol. in-8... 7 fr. 50

TUROK. — LA VIEILLESSE CONSIDÉRÉE COMME MALADIE et les moyens de la combattre. 1 vol. in-18.

ZIMMERMANN. — LA SOLITUDE. Traduction nouvelle, par X. MARMIER. Paris, 1855, 1 vol. grand in-18............................... 3 fr.

CORBEIL, typogr. et stér. de CRÉTÉ.

www.ingramcontent.com/pod-product-compliance
Ingram Content Group UK Ltd.
Pitfield, Milton Keynes, MK11 3LW, UK
UKHW022213120726
13694UKWH00002B/530